U0220916

葡萄酒爱好者

ENTHUSIASTS OF WINE

荆芳◎著

沈阳出版发行集团
沈 阳 出 版 社

图书在版编目（CIP）数据

葡萄酒爱好者 / 荆芳著 . -- 沈阳 : 沈阳出版社 , 2024.1

ISBN 978-7-5716-3456-8

Ⅰ . ①葡… Ⅱ . ①荆… Ⅲ . ①葡萄酒－品鉴 Ⅳ . ① TS262.61

中国国家版本馆 CIP 数据核字 (2023) 第 191058 号

出版发行：沈阳出版发行集团|沈阳出版社
（地址：沈阳市沈河区南翰林路10号 邮编：110011）
网　　址：http://www.sycbs.com
印　　刷：北京市兆成印刷有限责任公司
幅面尺寸：185mm × 260mm
印　　张：18.5
字　　数：320千字
出版时间：2024年1月第1版
印刷时间：2024年1月第1次印刷
责任编辑：王冬梅
封面设计：胡椒書衣
责任校对：张　磊
责任监印：杨　旭

书　　号：ISBN 978-7-5716-3456-8
定　　价：98.00元

联系电话：024-62564955　024-24112447
E - mail：sy24112447@163.com

目录

第一章：走进葡萄酒的历史长廊

第二章：通过不同角度看葡萄酒分类

第三章：常用酿酒的葡萄品种

第四章：葡萄酒的主要产区

第五章：品饮葡萄酒的工具

第六章：储存葡萄酒

第七章：葡萄酒的成分

第八章：葡萄酒分级

第九章：酒标是葡萄酒的颜值与内涵

第十章：酒局上需要葡萄酒礼仪

第十一章：葡萄酒与爱情

第十二章：葡萄酒爱好者的晋级之路

第十三章：不同场景的葡萄酒

第十四章：葡萄酒与美食搭配的必备知识

第十五章：爱好者的葡萄酒品鉴

第一章 走进葡萄酒的历史长廊

想要了解葡萄酒领域或葡萄酒行业的人，或者是刚刚接触葡萄酒的从业者，知道葡萄的种植、酿造等方面的历史，是很有必要的。这些历史，有的是传说，有的是文字记载，还有的已经成了故事。通过历史看葡萄酒，每一杯酒似乎都带着历史的痕迹来到你的身边，别有一番风味。

葡萄酒的起源与故事

众所周知，葡萄酒已经伴随人类走过了数千年的历史，唐朝王翰的《凉州词》里就有“葡萄美酒夜光杯”名句。很多史料记载显示，葡萄酒大概起源于公元前7000—公元前5000年，甚至成为“西方文明”的象征。考古学家发现，第一批酿造类的葡萄种植在外高加索地区，即亚美尼亚与格鲁吉亚两国之间。后来，埃及人与腓尼基人开始进行葡萄酒贸易。希腊人呢，则通过“殖民拓展”的方式进一步扩大了葡萄的种植面积，也为葡萄酒的发展奠定了基础。

当然，关于葡萄酒的古老传说也有很多。据说曾经有一位波斯国王很喜欢葡萄，把葡萄当作宝贝，甚至连吃剩的腐败葡萄都不舍得扔掉。为了防止葡萄被盗，他还命令臣下在装着葡萄的木桶上贴上标签，写上“毒药”二字。后来，戏剧性的一幕出现了，一位被这位国王冷落的妃子想要寻死，于是打开木桶，打算喝下“毒药”。

结果原本储藏的葡萄早已经变成了葡萄酒，这位妃子发现，这“毒药”不但清澈透亮，而且非常好喝。后来，这位寻死的妃子一勺一勺地舀来喝，结果大醉一场。当然，醉酒通常不会死人的……这位妃子从醉酒状态中醒来，除了脑袋有些疼，并无大碍。这些起源和故事在历史的变迁中逐渐远去，而如今葡萄酒已经成了很多家庭餐桌上不可缺少的元素。

具有争议的葡萄酒发源地

是谁第一个发明了葡萄酒呢？因历史过于久远，很难考证到底是一个人发明的，还是一群人发明的。有人猜测，世界上第一滴葡萄酒酒液来自中国。中国在夏朝时就有了酿酒的工艺，然而夏朝还没有葡萄种植，只能用中国本土的米和黍进行酿酒，酿出来的酒并不是葡萄酒，所以这一猜测似乎是不正确的。

还有一个所谓的“普遍共识”：世界上第一个酿造并享用葡萄酒的地方距离中东地区非常近，即古老的美索不达米亚，最初的葡萄酒极有可能是创造古老文明的苏美尔人所酿，因此，苏美尔人也就顺其自然地成为世界第一瓶葡萄酒的酿造者。有人问：“第一瓶葡萄酒好喝吗？”恐怕，这是一个无解的问题了，因为现今世上再也没有那么古老的葡萄酒，也就没有人去品尝过。

真正的葡萄酒发源地在哪儿？我们只能跟着考古工作者的脚步在众说纷纭的地方走一遍……因历史过于久远，具体是哪一国家最早酿造了葡萄酒已不得而知，源头只能是一个有争议的地方。但是，有相关证据表明，高加索、中东以及地中海地区是葡萄酒的“圣地”。伟大的诗人荷马曾经在《伊利亚特》和《奥德赛》中提到过色雷斯人酿造葡萄酒的历史。从考古学角度讲，保加利亚色雷斯人酿造葡萄酒的历史可以追溯到公元前3000年前。

格鲁吉亚是葡萄酒的源头之一，联合国教科文组织曾经将格鲁吉亚的“古老酿酒法”追溯到公元前 5000年前；保加利亚虽然是非常古老的葡萄种植国，其红蜜和白羽葡萄是非常古老的葡萄品种，但这两个古老的葡萄品种却源自格鲁吉亚。除此之外，塞浦路斯也是“葡萄酒发祥地”之一，据说塞浦路斯也有 5000年的葡萄酒酿造史。至于到底谁是第一，谁是第二，暂且搁置争议，答案只能留给后人继续探索。

不同国家葡萄酒的酿造历史

如今，世界上酿造葡萄酒的国家有很多，不同国家有不同的历史起源。

法国是葡萄酒比较有名的国家，只要讲到葡萄酒，很多人就会马上想到法国葡萄酒。法国葡萄酒的酿酒史起源于2600年前，古希腊人通过马赛港将葡萄种植以及酿酒技术带进了法国。但是，当时的法国人似乎对葡萄酒并不感兴趣……直到公元1世纪，罗马人再次将葡萄和葡萄酒酿造技术带到了法国罗纳河谷，才引起高卢人（法国古代民族）的兴趣，后来葡萄酒逐渐成为法国的特色之一。

再来说说中国的葡萄酒酿造历史吧。原本中国没有葡萄，葡萄是一个“外来物种”。公元前206年，中国开始出现了葡萄种植，那时候葡萄更多是作为水果进行鲜食。直到西汉年间，汉武帝打通了“西域丝绸之路”，并且开始招来西方人进行葡萄酒的酿造，汉武帝甚至亲自种过葡萄树。历史上记载了不少与葡萄酒相关的故事，例如汉朝孟佗竟然用葡萄酒换来凉州刺史一职，可见，中国酿造葡萄酒也具有悠久的历史。

酿酒葡萄的种植与采摘

人们都知道葡萄是一种水果，很多人都喜欢吃葡萄。葡萄品种非常多，有的适合用来鲜食，有的适合用来酿酒。比如，我们市场上常见的红提葡萄，就是一种鲜食葡萄，而赤霞珠葡萄口感酸涩，只能用来酿酒。有历史记载，第一粒酿酒用的葡萄来自公元前7000—公元前5000年的高加索山区，处于石器时代的人们用黑曜石作为酿酒工具。据考古发现，亚美尼亚的一个小村庄有一处酒坊遗址，这家酒坊被誉为“人类历史上的第一个酿酒厂”，并且在那个地方发现了酿酒所剩的葡萄渣……

在早些时候，葡萄种植面积非常小，因此是非常昂贵的东西，通常只有最有权力的人才能享用这一美味。在神学故事中，耶稣传道时曾向人们展示了“将水变成葡萄酒”的神迹，他还把自己比作“葡萄树”，而他的信徒自然而然地变成了“葡萄树”上的“枝叶”和“果实”。古希腊人对葡萄酒及葡萄种植的推广起到了很大的推动作用，好战的古罗马军团也是如此。随着酿制葡萄酒的需求越来越大，人们逐渐开始了酿酒葡萄的专门种植，而酿酒用的葡萄也从一种古老的水果一直演变到今天，变得广为人知。

酿酒葡萄与鲜食葡萄不同。鲜食葡萄采摘下来之后，经过简单的清洗加工，就可以直接上架进行销售了，不同的鲜食葡萄有不同的保存期限。而酿酒葡萄采摘下来之后，需要第一时间转移到仓库进行保存，或者直接去酿酒车间进行酿造。另外，酿酒葡萄采收下来之后，需要做一些细节处理：其一，要进行筛选工作，把腐烂的、变质的、不熟的葡萄剔除出去，只保留品质好的葡萄；其二，筛选出来的葡萄还要进行去梗工作，去掉葡萄梗，酿造出来的葡萄酒才会更加纯正（也有一些酒庄不去梗，而是直接榨汁、酿造）；其三，将葡萄进行榨汁处理。如今，许多酿酒企业直接采用机器进行榨汁，效率很高；但也有一些传统的葡萄酒庄园选择用人工碾压葡萄的做法获得葡萄汁。有人问：“为什么有一些庄园不做去梗工作，而是直接将葡萄进行榨汁呢？”因为，葡萄梗中也含有丰富的单宁（葡萄酒中含有的两种酚类化合物的其中一种），有些酿酒师想要得到单宁含量更高的葡萄汁，就会选择这样的做法。

现代葡萄酒的酿造与调配

最早的酿酒葡萄，是古人选择的古老野葡萄，因此，最原始的酿酒工艺是野葡萄在雨水的作用下进行发酵，从而生成的“葡萄酒”。有人问：“难道现在还在采取这样的古老酿造工艺吗？”当然不是。随着时代的发展，葡萄酒的酿造工艺也发生了天翻地覆的变化。简单来说，葡萄酒的酿酒过程，通常有五个步骤：第一步，将采摘下来的葡萄碾碎，获取足够多的葡萄汁液（浸泡工艺则是让葡萄汁液更加浓郁、醇厚）；第二步，将收集而来的葡萄汁倒进发酵罐里（如今，许多企业采用不锈钢发酵桶，容易清洗、消毒，也不会产生异味），澄清，沉淀，获得更干净的葡萄汁；第三步，将一定比例的糖搅拌到葡萄汁中，然后加入酵母液；第四步，对发酵桶进行封闭、消杀，留排气孔；第五步，将发酵桶放在较为温暖的地方进行发酵，发酵时间为20天至2个月不等，从而得到葡萄酒原汁，再放入橡木桶陈化。而常见的葡萄酒酿造工艺有如下几种：

一、冷浸渍法。冷浸渍法就是将葡萄冷浸渍在13℃的环境中，继而萃取葡萄皮中的单宁，让葡萄酒的酒体更加强壮，冷浸渍的时间越长，单宁、色素也就越多。

二、压帽法。“压帽”就是将漂浮在酿酒桶里的葡萄皮渣压到葡萄酒的酒液中，让其进一步萃取、结合，让皮渣中的单宁、色素等充分释放进酒液里。压帽工艺也是非常传统的工艺。

三、淋皮工艺。所谓“淋皮”，就是将酒液一次又一次地淋在葡萄酒发酵桶的酒帽上，让酒帽中的葡萄皮渣中的单宁、色素等物质进一步得到萃取，从而实现葡萄酒的酿造。

不同的葡萄酒有着不同的酿造工艺，红葡萄酒、白葡萄酒、香槟酒、白兰地等葡萄酒的酿造工艺迥然不同。传统的红葡萄酒的酿造工艺是将采收的葡萄（不去皮）直接挤压出葡萄汁，然后通过浸渍等方式获得皮渣中的更多单宁和色素，再进行酒精发酵。酒精发酵就是将葡萄汁中的糖分转化成酒精的过程，而这个过程通常在发酵桶内完成。白葡萄酒的酿造工艺则是将珍贵的白葡萄采摘下来，去皮去籽后再榨取更加纯粹的葡萄汁，并且进行分层处理，获得清澈的葡萄汁液，再进行发酵。发酵结束之后，将白葡萄酒放入橡木桶或不锈钢罐进行陈化，最后再进行出厂前的装瓶。香槟酒属于起泡酒，因此也有独特的起泡酒的酿造工艺。当酿酒师获得干净的葡萄汁之后，需要加入糖和酵母进行二次发酵，从而获得少量的糖分和二氧化碳，二氧化碳就是起泡酒中冒出的气体。白兰地属于蒸馏酒，要先将发酵出的葡萄酒原液进行蒸馏，最后装入橡木桶进行陈化处理。

如今，许多葡萄酒酿酒厂选择用智能酿酒设备进行智能化、工业化酿造，比传统的酿造方式效率更高，成本更低。不同类型的葡萄酒采用不同的酿造工艺，但总体而言，葡萄酒的酿造过程并不是很复杂，许多人都能掌握这项技能。但是需要注意的是，尽量不要选择自己酿造葡萄酒，因为缺乏品控和消杀环境，自酿葡萄酒会存在极大的腐坏风险，饮用酿坏的酒会引起身体不适。

酿酒师迈克·麦克莫伦曾说：“调配的艺术在于将各个部分的酒款组合成一个整体，使整体的效果大于部分。”另一位酿酒师凯文·怀特认为：“我知道调配可以酿造出更好的葡萄酒，因为我可以从这批葡萄酒中获得泥土气息和明亮的果味，从那批葡萄酒中获得结构感，再从另外一批葡萄酒中获得香料味……虽然有时调配的结果并不理想，但有时也会让人非常惊喜。”由此可见，葡萄酒是需要调配的。许多大型葡萄酒公司都有成熟的调配技术，让一个批次的葡萄酒品质相同，口感几乎没有差异。有的庄园只选择“单一酿造”，独立装瓶，如新世界的很多庄园，保持单独品种葡萄酒的风味。也有的庄园选择把多种葡萄酒调配在一起，如旧世界的一些庄园。当然，调配技术如同艺术，酿酒师进行调配的目的，是获得更好的口感和均衡度，这并不是一件容易的事情。酿酒师曼通在表达自己的观点时说：“有些葡萄酒我们可能需要调配 60 ～ 70 款样酒，才能得出一款比较满意的，而且你还需要一直进行微调。”由此可见，葡萄酒的调配是一个很注重细节的工作，一般只能由有经验的酿酒师完成。

老藤葡萄酒的品质

说到老藤，不得不提近几年茶圈里炒作的“古树”的概念。所谓“古树普洱茶”，

讲的就是普洱茶树的树龄，有古树、大树、小树、台地之分。一种说法是，古树是指树龄超过200年的普洱茶树，古树茶便取自树龄超过200年的普洱茶树。以此类推，老藤葡萄酒就是用年龄较大的葡萄藤上的葡萄酿造的葡萄酒。据说，老藤葡萄内含物更为丰富，酿造的葡萄酒品质更好。那么真的是这样吗？实际上，这仅仅是一个很有意思的说法，仁者见仁智者见智，老藤葡萄酒并不等于品质优良的葡萄酒。

多少年的葡萄藤算“老藤”呢？曾经有人说，超过100年的就算老藤了。其实，对于“老藤”并没有严格的规定。著名酿酒师伯纳·希肯认为：“（老藤）能结出出色的果实，由它们结出的果实往往能够酿造出上好的葡萄酒并且能够完美地展现当地的风土。而新藤则比较活泼、多变，它们也能结出令人满意的果实，只不过需要更多的努力和培养。”对于一个酒庄来说，有老藤，可以证明这个酒庄有历史，但老藤葡萄酿的酒品质如何，也要看具体的酿造技术和当地的自然环境等因素。

如今，葡萄酒圈里早已兴起了一波“老藤热”，许多人选择收藏“老藤”葡萄酒，如果作为一种投资，也不失为一个可以尝试的选择。

橡木桶储存葡萄酒的作用

如今，大多数的优质葡萄酒用橡木桶来储存，一定意义上也告诉大家，经过橡木桶储存的葡萄酒通常有更好的风味呈现。人们到底什么时候开始用橡木桶储存葡萄酒的呢？古希腊历史学家希罗多德描述葡萄酒由幼发拉底河运送至巴比伦的经过时说道：“大半的货品都是由棕榈树做成的木桶装盛着的葡萄酒。”可以看得出来，用木桶储存葡萄酒大概起源于那个时期。

当然，最早的运输葡萄酒的木桶并非橡木桶，可能由其他木材所生产。事实上，真正使用橡木桶陈酿葡萄酒的历史并不长，大概在100多年前，人们才发现橡木桶有着非常好的熟化作用，能够改良酒的品质，甚至还能赋予葡萄酒更好的口感和味道。因为橡木桶的桶壁可以和葡萄酒产生化学反应，让葡萄酒沾染橡木桶的香味。

橡木桶也有许多品种，如法国橡木桶、美国橡木桶，这些橡木桶并非只能用来熟化一般葡萄酒，也可以用来熟化白兰地，或者用来熟化威士忌。橡木桶本身具有透气的作用，橡木桶熟化中的酒会挥发掉一部分。据说，容量50加仑的橡木桶每年可以挥发掉5加仑的葡萄酒，挥发掉的这一部分也就有了“天使的分享”之说，橡木桶中剩余的葡萄酒会变得更加浓郁。

橡木桶与葡萄酒的碰撞，是一种“幸运”。在没有玻璃瓶之前，人们将葡萄酒装进橡木桶里进行储藏和运输，最后反而得到了一桶品质更好的葡萄酒，不得不说，葡萄酒与橡木桶之间有一种“缘分”。橡木桶对葡萄酒有着神奇的作用，能让葡萄酒的风味变得更加丰富。橡木桶的内壁上，分布着许多细小的气孔，这些气孔能够带来一种微氧化的作用，并且赋予葡萄酒更好的香气。如今，大型葡萄酒酿酒厂会使用不锈钢发酵罐储存葡萄酒，这些发酵罐明显起不到橡木桶的作用，而那些传统的葡萄酒庄园通常会将葡萄酒酒液装进橡木桶进行数月至数年的熟化。橡木桶是橡木制成的，橡木富含丰富的

单宁和香料味道，“过桶”的葡萄酒也会被赋予这些神奇的香气，并且混合橡木中萃取的各种“营养物质”。

众所周知，许多庄园酿造葡萄酒后都会放进橡木桶陈化，从而获得更美味的佳酿。但是许多葡萄酒爱好者们会有这样的疑问：“酿造葡萄酒时可以直接用橡木片、橡木块或者橡木提取液吗？这样是不是可以加速陈化速度？”其实，如今确实有葡萄酒公司在做这方面的工作，在酿造葡萄酒的过程中使用橡木片、橡木块，甚至是橡木提取液来解决问题。还有一些公司选择使用橡木粉，类似最近流行一个词“科技与狠活儿”，我觉得这是比较常见的酿造技术。当然还有朋友问：“购买来的橡木片、橡木块或橡木粉，能否直接投进葡萄酒中？”其实，酿造葡萄酒时，可以投放橡木片。因为橡木桶的价格高，而想达到葡萄酒与橡木桶壁接触的同样效果，可以采用在不锈钢罐中放入橡木片的方法，节省成本。但是橡木片要经过提前处理，也就是酿酒圈里人们常说的“酸处理”。浸泡使用过的橡木片还可以继续使用，但是要经过“碱处理”加“烘干处理”后，才能进行二次使用。橡木提取液可以提升葡萄酒中的单宁浓度，从而获得更好的口感和更加强壮的酒体，不过，橡木提取液更多是使用在白兰地的酿造工艺里。

葡萄酒酿造与储存工艺的变革

随着葡萄酒的声名远播，越来越多地区的人们开始引进这一饮品，与此同时，日常饮用时用什么来存放葡萄酒就成为一个需要思考和解决的问题。最早的葡萄酒酿酒容器极有可能是泥罐，酿酒者将酒放在泥罐里……但是泥罐有着十分突出的缺陷，赋予了葡萄酒十分难以下咽的“泥味”，直到人们发现用橡木桶和玻璃瓶运输、储存葡萄酒的方法。那么，在历史上，葡萄酒的酿造与储存工艺到底经历过多少次变革？我想，大体来说经历过以下几个阶段。

第一，古老年代的粗犷酿造。这个时期的人们酿造葡萄酒，更多地是为了满足短暂的需要，一般不需要储存，产出量少，所以是即产即食。

第二，葡萄大量种植的农耕时代。这个时期的人们开始注重葡萄的种植，可能会有大量的产出，但是由于储存条件受限，会出现浪费情况。

第三，罐装时代。为了不浪费剩余的葡萄酒，人们选择使用泥罐储存，以便后续继续饮用。

第四，储存技术改变的时代。感觉到泥罐会影响葡萄酒的味道，人们开始不断思考并尝试制造其他储存容器。

第五，橡木桶熟化时代。随着不断地尝试与摸索，葡萄酒酿造者发现橡木桶十分适合储存葡萄酒，在储存的同时也可以使得葡萄酒更加美味。

第六，现代工业时代。现代葡萄酒的酿造工艺离不开工业技术革命，它将葡萄酒从“作坊酿造”提升到“工业生产”的水平。

中国葡萄酒的酿造历史

与格鲁吉亚、保加利亚等“源头”国家相比，中国的葡萄种植与葡萄酒酿造历史相对较短。据史料记载，中国葡萄酒出现在西汉时期，张骞出使西域，不仅带回

了西域文化，还带回了葡萄酒。汉武帝便开始邀请西方酿酒师在中国酿造葡萄酒。当然，西汉时期的葡萄酒属于皇帝尊享的奢侈品，普通老百姓可是喝不到的，而且葡萄种植面积很小，也限制了葡萄酒的产量。三国时期，曹丕还对葡萄酒发表过自己的认识和评价，他说："且复为说葡萄……酿以为酒，甘于曲蘖，善醉而易醒。"

历史上的中国葡萄酒也有其"辉煌时期"。唐朝诗人王翰的《凉州词》曾经写过"葡萄美酒夜光杯，欲饮琵琶马上催。醉卧沙场君莫笑，古来征战几人回"，也就说明，中国葡萄酒盛行于唐朝。那个时候，葡萄酒不再属于权贵酒桌上的臻享，而是从贵族走向了民间，唐朝的老百姓们也开始种植葡萄、酿造葡萄酒。可以说是盛唐时期的经济繁荣，让葡萄酒产业得到了发展。但是到了明朝，因"禁酒令"的颁布，葡萄酒产业的发展遭遇了严重打击，加上中国白酒酿造工艺有了突飞猛进的发展，葡萄酒身上的"光环"渐渐黯淡下来。直到清朝，葡萄酒产业再次振兴，尤其是白葡萄酒进入中国之后，葡萄酒的酿造工艺已经接近现代工艺了。

区分新旧世界的葡萄酒

葡萄酒分为旧世界葡萄酒和新世界葡萄酒，而且旧世界葡萄酒与新世界葡萄酒的酒标有很大不同。具体来讲，新、旧世界葡萄酒主要以葡萄酒的酿造史进行划分。"旧世界"主要指欧洲地区，包括保加利亚、希腊等酿酒历史久远的国家，以及欧洲诸国如法国、意大利、西班牙、葡萄牙、德国、匈牙利、奥地利等。与旧世界相比，有些国家发展较晚，其酿酒技术多为欧洲殖民者带入，即为"新世界"，主要有美国、澳大利亚、智利、阿根廷、南非等国，这些国家酿造的葡萄酒也被称为"新世界葡萄酒"。

当然，新、旧世界的葡萄酒还有诸多不同。如葡萄的种植方式不同，旧世界产地主要采用人工种植，且有着较为严苛的"亩产限制"；而新世界完全"松绑"了这些规矩，选择了现代机械化种植。新、旧世界的"法规"也有较大区别，如法国、意大利、西班牙的葡萄酒都有严格的"等级标准"，而新世界国家并没有这样的"等级标准"。另外，许多旧世界国家喜欢采用"混酿"工艺，而新世界国家大多选择"单一葡萄品种"进行酿造。

近代葡萄酒的主要事件

人类拥有着几千年的葡萄酒酿造历史，自然也就出现过许多与葡萄酒相关的历史事件。远古时期，人们并没有把相关事件记录下来，震惊世界的“葡萄酒历史事件”几乎都发生在近 300 年。1863 年，欧洲地区爆发了一场名为“根瘤蚜虫害”的灾难，其中法国罗纳河谷、朗格多克地区非常严重，而且“根瘤蚜虫害”持续多年，对欧洲多个国家产生了影响，其中法国葡萄酒总产量由 1875 年的 84.5 亿升降至 1889 年的 23.4 亿升。

1935 年也发生了一起葡萄酒历史上影响极为深远的事件，法国为了重振葡萄酒国的酿酒名声，开始打击泛滥的“假酒市场”，政府出台了原产地命名控制制度，即“Appellation d’ Origine Controlee”，简称 AOC。该制度推出之后，法国葡

萄酒市场有了明显好转，因此周边的其他欧洲国家也纷纷推出自己的制度。后来，法国作为欧盟成员国，为配合欧盟农产品级别的标准形式，将AOC中的Controlee（控制）一词改为了Protégée（保护）一词，只是名称发生了简单变化，变成了AOP，但是有的法国酒庄还沿用AOC。

第二章 通过不同角度看葡萄酒分类

想要了解葡萄酒，就要知道葡萄酒有哪些基本的分类。从不同的角度，如外观颜色、口感甜度、生产工艺等，了解熟悉的和不熟悉的葡萄酒，是必要知识的基础储备，对于在不同的饮用场景、餐饮搭配中选择葡萄酒有很大帮助。

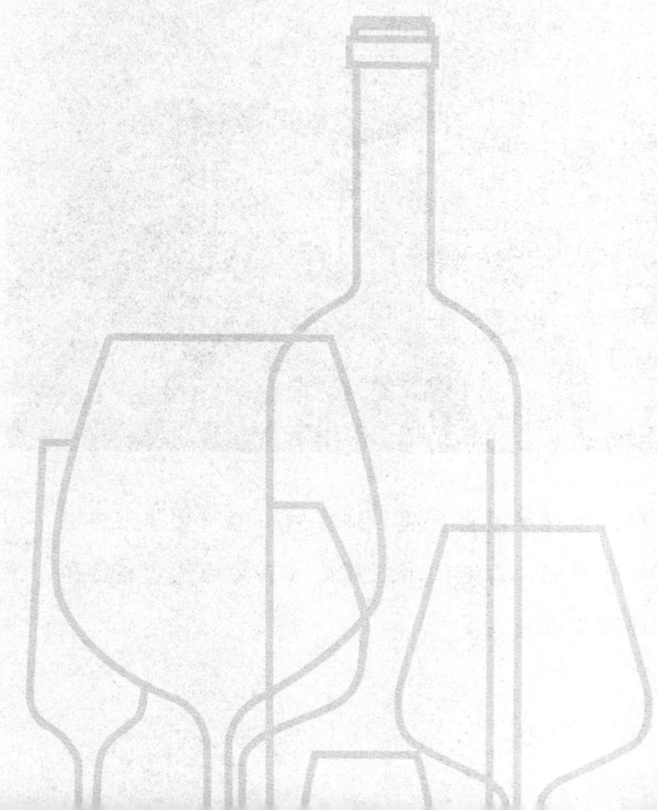

干红葡萄酒

许多人并不明白什么是“干红”，难道“干红”葡萄酒是“干”的？其实，“干红”是一种工艺，这种工艺可以将酿酒用的葡萄汁中的糖分进行充分转化，最后葡萄酒的残糖量等于或低于4.0g/L。喜欢喝葡萄酒的朋友们都知道，干红葡萄酒并不是甜酒，甚至有一点点酸涩，几乎品尝不到任何甜味儿，所以通俗一点说，干红葡萄酒就是不甜的红葡萄酒。

在选择酿造用的葡萄方面，干红葡萄酒通常选用皮红肉白的葡萄或者皮肉皆红的葡萄，因此干红葡萄酒的酒体呈现红色，甚至是自然宝石红。

干红葡萄酒有哪些特点呢？就像上面所讲的，干红葡萄酒的含糖量非常低，而且有一个标准，即含糖量不能超过4.0g/L。干红葡萄酒是由红葡萄酿造而成，如赤霞珠、品丽珠、梅洛等葡萄品种，且葡萄酒的含酸量应该在5.5～6.5g/L。品质优良的干红葡萄酒酒味浓而不烈，也几乎没有苦涩、刺舌的口感，且非常协调，能给人带来愉悦的享受。而且，一瓶好喝、有趣的干红葡萄酒甚至还代表着健康、浪漫与爱情，我们将会在后面讲述这些点滴故事。

干白葡萄酒

有人觉得，干白葡萄酒一定是白葡萄酿造的。刚刚接触葡萄酒的时候，我也是这样认为的，而实际上，白葡萄酒不一定是用白葡萄酿的，白葡萄酒可以用白葡萄品种酿制出来，也可以用红皮白肉的红葡萄品种去皮后，不经过果汁与葡萄皮的浸渍过程，用果汁单独发酵酿制。这也是一种酿酒工艺，叫作“葡萄去皮”工艺。在这里，我还要补充一下“干”这个字的概念。所谓“干”，也是一种酿酒工艺，这种工艺借鉴了香槟酒的酿造，即不添加任何水、香精、食用酒精等添加物，直接让葡萄汁转化为葡萄酒。由于干白葡萄酒在酿造过程中，去掉了葡萄的果皮，只选择了白色而晶莹的葡萄果肉，所以得到的葡萄汁也是白色或者淡黄色的，酿造所得的葡萄酒也是相应的颜色。

与干红葡萄酒相比，干白葡萄酒酒体是轻盈的，充满了花果香而少了葡萄皮所展示的“单宁味儿”。因此，干白葡萄酒更加爽口。在宴会上，白葡萄酒更加受女性朋友们的喜欢，可以在佐餐的时候，选择一款干白葡萄酒搭配沙拉或者海鲜食用……据说世界上最贵的一款干白葡萄酒（7 瓶）拍卖出 16.75 万美元，每瓶价值 2.3929 万美元。

起泡葡萄酒

记得前几年知乎上有个帖子，发帖人问：“情人节快到了，应该选择一款怎样的酒呢？”一位知乎大神说：“当然是起泡酒！”起泡酒含有大量气泡，有种“咕噜咕噜”的感觉，仿佛打开了“潘多拉魔盒”。其实，起泡酒中的气泡是二氧化碳，咕噜咕噜的气泡在舌尖和口腔里能碰撞出奇妙的“化学反应”。我还记得那位知乎大神推荐了起泡酒后，还介绍了它的工艺：“这款起泡酒采用的是香槟酒的酿制工艺与放血工艺……”

什么是放血工艺？放血工艺也叫放血法，法语 Saignée，是用来酿造葡萄酒的一种方法。这种方法将压榨而出的带着果皮的葡萄汁进一步浸渍在发酵桶里，并且进行二次过滤，得到粉红色的葡萄汁，这种方法常常用于桃红葡萄酒的酿造。许多人都会推荐莫斯卡托，莫斯卡托是一种葡萄品种，产自意大利，也算是意大利葡萄家族中的“贵族”葡萄了。用莫斯卡托葡萄酿造的起泡酒有着香气扑鼻的水果味，且口感甘甜，像甜美的初恋……提前冰一下，餐前用郁金香杯饮用，会非常有情调。

香槟酒

有朋友问我：“为什么我觉得香槟酒与起泡酒味道差不多呢？是不是它们之间可以画等号？”其实，对于这个问题，许多人都很纠结。如果这样简单解释，大家就会一目了然了：

1. 香槟是一个产地，起初并不是起泡酒的名字。也就是说，只有产自法国香槟产区的特定葡萄，按照香槟酒的酿造工艺进行酿造的葡萄酒，才能叫“香槟”。

2. 起泡酒没有所谓的产地限制，香槟有所谓的产地限制，因此，起泡酒不一定是香槟，但是香槟一定是起泡酒。

3. 在香槟产区，人们通常会选择三种葡萄进行香槟酒的酿造，即黑皮诺、霞多丽、莫尼耶比诺。

如果想要选择一款性价比高的日常饮用的起泡酒，完全可以选择一款莫斯卡托；如果想要商务宴请，并且对酒有着较高的要求，那就要选择一款“血统高贵”的香槟了。香槟相当于起泡酒里的“劳斯莱斯”，带着法国的“贵族血统”，不但品质一流，而且是世界上最受欢迎的起泡酒。当然，正在寻找爱情的人们也会在浪漫的邂逅场所选择一款来自法国的香槟，它酒体轻盈，充满了浪漫的味道……说不定会给两个寻找爱情的人带来好运。

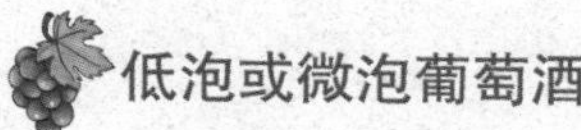

低泡或微泡葡萄酒

并不是所有的起泡酒都有丰富的泡沫，或者有“咕嘟咕嘟”冒泡的感觉，起泡酒的家族中还有微泡酒和低泡酒。其实，微泡酒和低泡酒是一回事儿，其泡沫更少，二氧化碳压力更低，由于在二次酿造发酵过程中提前进行了“中断”，因而产生了这样一种低压力、微泡沫的起泡酒。

低泡酒或微泡酒有三种酿造工艺，我们进行简单说明：第一种叫二氧化碳添加法，就是将二氧化碳直接加入发酵完成的酒体里；第二种叫罐式发酵法，就是让酒体在密闭的发酵罐里进一步发酵并产生气泡；第三种是把发酵过程中排出或者沉淀的未完全发酵的皮渣用于酒体的二次发酵，让皮渣中的糖分转化成二氧化碳。说到微泡酒，就不得不提德国，德国是一个起泡酒的酿造大国，其生产的微泡酒只有1～ 2.5个大气压，且甜度比常见的起泡酒更高，价格适中，很适合大众消费。除了德国，意大利普洛塞克也生产品质优良的微泡酒。通常来讲，起泡酒需要有至少 3.5个大气压……这也就是微泡酒与起泡酒最大的区别了。

半干和半甜葡萄酒

无论是什么样的酒，酒精都是用糖分转化出来的，酿造白酒是如此，酿造啤酒、威士忌、白兰地、朗姆、伏特加等酒皆是如此。在葡萄酒的酿造过程中，葡萄汁含有大量糖分，在酵母的作用下，糖分会逐渐转化为酒精和二氧化碳，酵母发酵完后，没有转化的糖分就会留在葡萄酒里。因此，半干葡萄酒与半甜葡萄酒的区别就在于糖分的含量。

半干葡萄酒含糖量超过干型葡萄酒，含糖量为 4～ 12g/L，因此，半干葡萄酒比干型葡萄酒会更加甜一些，并且带有较为浓郁的果香。半甜葡萄酒的含糖量又比半干葡萄酒高一些，通常来讲，半甜葡萄酒的含糖量为 12～ 45g/L，口感上也会比半干葡萄酒更甜。有人问：“半甜葡萄酒会不会甜到发腻？”当然不会，半甜葡萄酒也有非常怡人的果香和酸甜适中的口感，不会给人一种过于明显的甜味。因此，选择半干与半甜是个人口味偏向的区别，对于葡萄酒爱好者而言，这两款酒都值得品尝。

桃红葡萄酒

桃红葡萄酒同样是葡萄酒大家族里面非常经典且颜值非常高的一款，甚至让我想起了唐代诗人白居易的“人间四月芳菲尽，山寺桃花始盛开。长恨春归无觅处，不知转入此中来”这首诗。桃红葡萄酒的颜色，通常就是桃红色，但是这种颜色是自然色，并不是人工勾调的结果（假冒伪劣产品除外）。

桃红葡萄酒由红葡萄酿制，发酵时间很短，过滤掉葡萄皮，颜色就没那么浓，因此得到了粉红色。而正是由于发酵时间短，酒中单宁含量少，所以丰富多汁，入口柔顺，口感清爽，酸甜可口。

桃红葡萄酒有着悠久的酿造史，据说在遥远的时代，腓尼基人就将桃红葡萄酒带进了法国，并且在法国“安营扎寨”，发展起来。当然，桃红葡萄酒并非法国的专利，世界各地都有生产，美国的加州也是盛产桃红葡萄酒的地区。有人看到桃红葡萄酒会想到法国的浪漫之地普罗旺斯，如果有幸在普罗旺斯开一瓶本地产的桃红葡萄酒，会不会有一种非常浪漫的感觉？桃红葡萄酒有着清爽的口感，靓丽的色泽，品饮它的时候，就仿佛听到了伊迪丝·琵雅芙浪漫而悠扬的La Vie en Rose。

酿造桃红葡萄酒通常会选择颜色很深的葡萄，如设拉子、赤霞珠等葡萄品

种，并且在酿造过程中，有短暂的浸皮过程，浸皮时间通常不超过 48 小时。

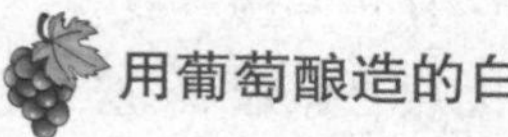

用葡萄酿造的白兰地

白兰地是烈性酒，酒精度数超过 38 度，而桶强型的白兰地甚至会超过 60 度。那么有一个问题，白兰地是葡萄酒吗？从原材料角度来讲，白兰地是否属于葡萄酒，要看是否用葡萄酿造。白兰地属于水果蒸馏酒，可以用葡萄酿造，也可以用苹果酿造，甚至可以用樱桃酿造……只不过许多酿造者选择用葡萄来酿造白兰地，所以用葡萄酿造的白兰地也可以说是葡萄酒。

在历史上，白兰地与葡萄酒有一段不解之缘。1701 年，法西两国发生了战争，战争导致葡萄蒸馏酒价格严重下滑，于是有人将这些滞销的葡萄蒸馏酒装进橡木桶……结果，白兰地便诞生了。通常来讲，白兰地酒液要在橡木桶内贮存一段时间才能称之为“白兰地”，其储存工艺与威士忌的储存工艺相似。橡木桶赋予了白兰地更加馥郁芳香的口味，并且将白色的葡萄蒸馏酒变成了金黄色（琥珀色），就像一滴滴“天使的眼泪”。如今，人们还是会用大量的酿造葡萄酒剩下的葡萄皮渣来酿造白兰地，将这些“废料”变废为宝，白兰地可以说得上是“另一种形式”的葡萄酒了。

去往世界各地的雪莉酒

一提起雪莉酒，有些葡萄酒老饕们会迅速联想起西班牙。雪莉酒是一种强化葡萄酒，它主要来自热情而浪漫的西班牙赫雷斯、桑卢卡尔 - 德巴拉梅达和阿根廷圣玛丽亚港所形成的“金三角”区域。这个区域非常适宜葡萄生长，诸多葡萄园建造在瓜达尔基维尔河和瓜达莱特河之间，跟随着夏季风在连绵不断的丘陵上起伏。为什么说雪莉酒的一生都在“旅行”？这就不得不讲一下雪莉酒的来历了。

公元前 1100 年，腓尼基人带着葡萄来到了西班牙赫雷斯地区，随后几个世纪，地中海沿海的葡萄酒业得到了充分发展，希腊、罗马等国家开始大量进口葡萄酒。其中罗马人认为赫雷斯生产的雪莉酒品质非常好，将赫雷斯称为“塞雷特”，并将雪莉酒运往了罗马帝国各地。当然，雪莉酒的“全球之旅”并没有就此结束，后来雪莉酒还跟着哥伦布去往了美洲新大陆，甚至还是麦哲伦环球之旅“压箱底儿”的好东西。如今，西班牙的雪莉酒还在去往世界各地的路上，它的旅行一直没有结束。大作家莎士比亚非常喜欢雪莉酒，他曾说：“假如我有一千个儿子，作为第一条男人的原则，我会教他们饮用雪莉酒。”

冰雪中诞生的冰酒

冰酒是指冰镇的葡萄酒吗？为什么会叫“冰酒”呢？其实，冰酒不是冰镇的葡萄酒，而是在天气突然变冷的情况下用一种特殊工艺酿造的酒。在我国，辽宁桓仁是盛产冰酒的地方，而另一个有名的冰酒产地就是“枫叶国”加拿大了。

什么是冰酒呢？冰酒是一种甜型白葡萄酒，一般是由在－7℃以下采摘的在葡萄树上自然冰冻的冰葡萄酿造而成。品质优秀的冰酒风味浓郁，饮用起来甜而不腻、酸爽清冽、甘美纯净。

冰酒源于德国，这种酒属于“无心插柳柳成荫”的结果。在德国盛产雷司令葡萄的地区，那些晚熟的雷司令葡萄常常遭遇“命运”的洗礼，在它们尚未被采摘时就会突然遭遇一场霜降或冰雪……这些满含怨气的葡萄会被冻成一个个小冰球。为了“挽救”它们，葡萄园主们硬生生地将冻上的“葡萄冰球”榨成葡萄汁，然后进行酿造。在酿酒过程中，酿酒师们却发现，冰冻过的葡萄汁更加馥郁，并且给人一种十分惊艳的感觉。

200年之后，冰酒的酿造技术传到了加拿大。但是酿造冰酒的原料可遇而不可求，完全靠老天赏脸，只有半夜突然遭遇低温（低于0℃），葡萄结成“冰球”后，才能用来榨汁酿造冰酒。有人问：“葡萄熟了，万一不下雪、不降温该怎么办？”因此，世界上几乎所有的冰酒都来自高纬度地区。

名字特别的贵腐酒

刚刚认识葡萄酒的时候，我一度犯下滑稽又业余的错误，把贵腐酒当成了贵妇酒……估计也有朋友有过这样错误的认识。其实，贵腐酒是一款起源于匈牙利的甜葡萄酒。之所以叫贵腐酒，是因为酿造过程中有“贵腐霉”的参与。世界上最著名的三个贵腐酒产区，分别是匈牙利托卡伊、德国莱茵高、法国波尔多苏玳。贵腐酒也是老天爷的“珍赐”。传说有一年，匈牙利某葡萄园葡萄收得太迟，葡萄感染了“贵腐霉”，呈半腐烂干瘪的状态……有一名叫托卡伊的果农没有扔掉它们，而是尝试用来酿酒，结果贵腐酒就诞生了。

通常来讲，用来酿造贵腐酒的葡萄品种有赛美蓉、富尔民特、长相思，这三种葡萄酿造出的贵腐酒有着迥异的风格。贵腐酒虽然带着一点点“贵腐”的味道，但是瑕不掩瑜，甚至带来了一种类似蜂蜜、杏仁、桃子、柠檬、藏红花并存的独有味道。贵腐酒贵吗？凡是“天赐”的东西都属于珍品，少之又少，能不贵吗？如果把贵腐酒比喻成葡萄酒中的“贵妇”，也未尝不可。由于贵腐酒的特殊酿造工艺和世界上不多的产区，贵腐酒成了很多葡萄酒爱好者钟爱的酒，价格也确实不便宜。

风干葡萄酒

风干葡萄酒又是一款怎样的酒呢？如果说，它是一款小众葡萄酒，想必许多葡萄酒爱好者都能认可这件事。风干葡萄酒，就是将刚刚采摘下来的葡萄进行风干，以达到“迟摘”葡萄的效果，再进行酿造的酒。还有人问，风干葡萄酒属于干红葡萄酒吗？如果风干葡萄酒的含糖量达到了干红葡萄酒的含糖量标准，就属于干红葡萄酒，如果超过了这个标准，就不属于干红葡萄酒。

为什么要对葡萄进行风干呢？其实，这也很容易理解。葡萄的主要成分是水，含水量几乎超过 80%。为了得到更浓稠的葡萄汁，果农们就会将葡萄进行风干处理，将葡萄水分控制到 40% ～ 50% 之间，这样就可以得到浓稠的、甜度更高的葡萄汁液。众所周知，酒精是糖转化而来的，含糖量更高的葡萄汁液可以获取酒精度更高的葡萄酒，并且还能保存足够的糖分，令葡萄酒的口感更加丰富。最有代表性的风干葡萄酒是意大利的阿玛罗尼，而法国、德国、希腊、奥地利、南非、西班牙也生产风干葡萄酒，并且，风干葡萄酒在法国还有“稻草酒”之称，并且可以珍藏十余年。

加强型葡萄酒

葡萄酒的品种之多，真是令人眼花缭乱。有人问：“什么是加强型葡萄酒？”其实，“加强型葡萄酒”从字面上就可以理解为高酒精度的葡萄酒，就是在葡萄酒中加入蒸馏酒精，提升葡萄酒中的酒精含量。

当然，实际操作中，酿酒师通常会添加葡萄蒸馏酒，比如白兰地，来增强葡萄酒的酒精含量，加强型葡萄酒的酒精含量通常在15%～22%之间。有人问，为什么要加入酒精来增加葡萄酒的酒精度呢？其实，酒精度数越高，酒体也就越稳定，保存的时间就可以更长。酒精浓度过高也可以抑制酵母发酵，当酒精被加入的瞬间，葡萄酒的发酵过程也会随之停止，加强型葡萄酒也就含有较高的糖分。加强型葡萄酒有很多细分类型，最为有名的是来自葡萄牙杜罗河上游的波特酒，波特酒也是葡萄牙国酒，原料通常是多瑞加、卡奥红、巴罗卡红等葡萄品种，波特酒有着宝石红般的颜色，非常迷人。另外一种是西班牙的雪莉酒，雪莉酒的酿造过程与波特酒有所区别，它是在葡萄酒发酵结束之后进行的“酒精添加”，通常是“干型”酒。莎士比亚酷爱雪莉酒，曾经把雪莉酒比喻为“装在瓶子里的西班牙阳光”。

脱醇葡萄酒与无醇葡萄酒

如今人们追求健康生活，因此“脱醇酒”也就出现了。脱醇葡萄酒是一种酒精度低于0.5%的葡萄酒，这类葡萄酒通常有“Alcohol Free”“Non-Alcoholic”或“Alcohol-Removed”的标注。也有一些脱醇葡萄酒的酒精度数介于0.5%～8.5%之间，这类脱醇葡萄酒叫作部分脱醇葡萄酒。

当然，还有一些脱醇葡萄酒没有酒精度数，这样的脱醇葡萄酒也叫无醇葡萄酒。因此，有人怀疑：“无醇葡萄酒不就是葡萄汁吗？”其实，脱醇和无醇葡萄酒与葡萄汁完全是两个概念。

首先，无醇葡萄酒的原料是葡萄酒，只是经过了“脱醇工艺”，经历了反渗透或真空蒸馏过程，去掉了葡萄酒中的酒精，但保留了葡萄酒原有的味道。葡萄汁是什么？葡萄汁就是普通果汁，它只是用于生产、加工葡萄酒的原料而已。

其次，脱醇和无醇葡萄酒虽然去掉了酒精，但是含糖量比葡萄汁低很多，并且

拥有葡萄酒的风味。

再次，无醇葡萄酒、脱醇葡萄酒与葡萄汁三者成本也不同，一般无醇葡萄酒成本会高一些。

脱醇、无醇葡萄酒是一种非常健康的饮品，非常值得那些想要品尝葡萄酒却不喜欢酒精的人去尝试。

“葡萄汁发酵后，一定能得到葡萄酒吗？”许多朋友都有自酿葡萄酒的想法，甚至考虑从水果市场购买葡萄来酿造葡萄酒。从酿酒师的角度出发，如果你没有接受过专业的葡萄酒酿酒技术的教学或培训，而且缺乏专业的葡萄酒酿造设备，不推荐自己酿造葡萄酒。原因有三个：其一，酿造葡萄酒是一项技术要求比较严格的工作，只有专业人士才能完成葡萄酒的酿造，葡萄汁发酵时可以产生多种醇，有的醇对人体是有害的；其二，酿造过程中，要保持全程消杀状态，如果葡萄汁在发酵过程中腐败，不但会发酵失败，产生污染的葡萄汁还会对人体造成巨大伤害；其三，酿造过程是时间的艺术，如果发酵不充分，也不会产出葡萄酒。葡萄汁转化成葡萄酒，是酵母将葡萄汁中的糖分转化成酒精和二氧化碳的结果，而且几乎都要选择酿酒用的葡萄，而不是甜度非常高的鲜食葡萄。

静止葡萄酒

葡萄酒圈里还有一个名词叫静止葡萄酒，难道静止葡萄酒是“安静”的葡萄酒吗？当然不是，静止葡萄酒是一种二氧化碳含量较低，且二氧化碳压力低于 0.5个大气压的葡萄酒。这种葡萄酒通常只发酵一次。将采摘下来的新鲜葡萄进行榨汁酿造，成型的葡萄酒放进橡木桶进行短暂熟化，然后进行装瓶处理。

静止葡萄酒与起泡葡萄酒的区别有两个：一是静止葡萄酒的二氧化碳压力通常低于0.5个大气压，而起泡葡萄酒的二氧化碳压力超过0.5个大气压；二是静止葡萄酒只需要发酵一次，而起泡葡萄酒需要发酵两次，并且在第二次发酵时产生更多的二氧化碳。

静止葡萄酒被认为是年轻的葡萄酒，那么它好喝吗？其实，年轻葡萄酒也有年轻葡萄酒的特色，这种酒一般果香怡人，酒体轻盈，喝起来非常爽口。法国博若莱新酒、意大利瓦坡里切拉新酒和葡萄牙绿酒都是非常有名的静止葡萄酒。

单酿和混酿

喜欢葡萄酒的朋友们都知道，按照所用葡萄品种的数量区别，葡萄酒有两种，一种是单一葡萄品种的单酿，一种是多种葡萄品种的混酿。在威士忌里，也有单一麦芽型和混合型的区别……我想，如果说单一品种酿造的葡萄酒一定比混酿的好喝，那就太绝对了。新世界国家通常选择单一葡萄品种进行酿造，单酿因此有着单一葡萄品种的明显特色，比如赤霞珠干红保留着明显的赤霞珠葡萄的特色，品丽珠干红保留了明显的品丽珠葡萄的特色，梅洛干红则保留着明显的梅洛葡萄的特色。但是，混酿则有些不同之处。

在法国，许多名庄级别的葡萄酒都被标记为“混酿”，而许多新世界酿酒国则

选择“单酿”的工艺。其实，无论是混酿还是单酿，都会出现品质很高的葡萄酒，也会出现品质很差的葡萄酒，换句话说，有些混酿未必比单酿更好喝。在这里，我们还可以借助中国白酒的例子证明这一点。众所周知，茅台酒是中国国酒，而且是高粱酒；五粮液是五种粮食酿的酒，属于白酒中的“混酿”，同样品质一流。但是，除了茅台和五粮液之外，不论是单酿还是混酿，中国还有很多出色的白酒。还有人问：“混酿是多种葡萄混在一起酿，还是多种葡萄酒混合在一起？”其实，混酿是将多种葡萄采摘下来，放在一起进行酿制，它是一种工艺，也是一种尝试。在早期，人们发现，许多葡萄品种并不容易区分，因此会将这些没有细分的葡萄同时采摘下来，然后混在一起酿制。但是，不同品种的葡萄有不同的特点，而混酿的特点就是集所有的特点于一身，有利于弥补某些葡萄的缺点而创造更合适的口感。工艺成熟、酿酒技术先进的混酿，能够让葡萄酒的风味变得更加丰富，当然这取决于葡萄酒酿酒师对葡萄品种的熟悉，并需要按照不同的比例进行配置才能酿造出来。

比如很多法国著名葡萄酒酒庄出产的混酿葡萄酒，酿酒师通常会选择三种葡萄。优质的混酿融合了几种不同葡萄的特色，并且将其发挥到了极致，从而互相弥补缺点。在一定意义上，混酿或调配能给予酿酒师更多的发挥空间，让他们可以更好地掌控葡萄酒各自风味之间的平衡。

世界上优质的混酿非常多，如今，我国也有葡萄酒庄园在生产混酿。在我看来，葡萄酒只有酒本身品质的高低，没有单酿好于混酿或者混酿好于单酿这一说。对于葡萄酒爱好者来讲，选择一款适合自己的酒最重要，喝茶讲究“茶无上品，适口为珍”，喝葡萄酒亦是如此。

就餐不同环节葡萄酒的选取

如果你是一个非常讲究的人，就需要了解餐前酒、佐餐酒和餐后酒的一些区别和特点，这也可以帮助你选择适合自己的葡萄酒。

餐前酒又名开胃酒，顾名思义就是增加食欲的酒。这样的酒，通常有相对较低的酒精度数和轻盈的酒体，甚至带有一点酸度来提升人的胃口，如鸡尾酒、起泡酒、桃红等。

佐餐酒就是进食过程中，用来搭配食物的酒。在葡萄酒领域里，有着“红酒配红肉、白酒配白肉”的说法，具体内容我们将会在后面章节进行解析，说得通俗一点，佐餐酒就是吃正餐配的酒。

餐后酒又名消化酒，用来帮助饱腹的人们消化食物。当然，餐后酒的选择范围很广，既可以选择白兰地这样的烈酒，也可以选择一款金黄色的冰酒，甚至还可以选择一款价格昂贵的贵腐酒。

如果你是葡萄酒初学者，我觉得在任何时刻选择一款自己喜欢的葡萄酒都是非常好的，但是还是要提醒一句：葡萄酒也是酒，含有酒精，喝酒要适量，超量伤身。品酒在于惬意，比如在睡觉前小酌一杯促进睡眠，就像那些法国浪漫电影中所描述的场景，有时候微醺的状态还会给人带来灵感。

就葡萄酒而言，诸多爱好者在选择葡萄酒的时候，会有自己的想法与观点，如果想要成为一名经验丰富的葡萄酒爱好者，需要了解相关的道理，这时候可以参考以下建议。

1. 适合自己的才是好酒。

什么酒是好酒？有人说，名庄佳酿才是真正意义上的好酒，酒的品质高，价格也高，数量稀少，无论如何都应该是好酒。还有人说，好酒就是适合自己的酒，其实，我的观点也是如此。有些人喜欢葡萄酒，但是却喝不起那些非常名贵的酒，怎么办？酒是用来喝的，如果有一款酒既可以喝得起，而且品质也不错，这样的酒就是好酒。就像茶道中的“适口为珍”，有些人喜欢喝名贵的龙井，也有人喜欢喝口感非常重的黑茶，每个人的体验不同，也就有不同的选择。葡萄酒很好，但有些人不喜欢葡萄酒，就喜欢喝白酒，难道你能说“白酒一定不如葡萄酒”吗？适合自己的酒，一定是自己能够买得起的，并且符合自己口味的酒。有一位朋友非常喜欢干白，而且特别喜欢智利长相思干白，所以一直购买某个品牌的智利长相思干白，而那些法国优质的干红葡萄酒，他一点也不感兴趣，这就是葡萄酒中的“适口为珍”！

2. 放下评价去享受葡萄酒。

曾经有一个葡萄酒从业者告诉我：“现在，我越来越不喜欢这个行业了！”我问他：“到底发生了什么？你不是个非常喜欢葡萄酒的老饕吗？”他的解释是这样的：“我喜欢葡萄酒，但是在葡萄酒领域里浸淫太多年，喝了太多我不喜欢的酒，也做出了太多与酒相关的评价，我确实累了！”我对他的建议是：“既然如此，那就放下这些包袱，把葡萄酒生意交给一个靠谱的人帮忙打理，你去享受生活！”如果我们总是把葡萄酒评价当成一回事，也会迷失自己。我们到底想要喝怎样的酒？是一款评分最高的葡萄酒？还是一款最贵的限量版红酒？还是去追求“适口为珍”？在我看来，生活在当下是最重要的。喝葡萄酒是一种生活，生活就是要学会放下该放下的，学会“轻装上阵”，如果我们活在各种各样的评价里，想必过得很辛苦，也会对喜爱的事物失去兴趣。

3. 爱上葡萄酒从爱上品鉴开始。

演员维吉妮娅·马德森说过一句话：“我喜欢葡萄酒成长的过程，每次打开一瓶葡萄酒都让我惊喜——它跟我上次打开的时候不一样！葡萄酒是有生命的，给它时间让它成长，它会变得越来越复杂迷人。”葡萄酒是“慢熟”的，它会陪伴一个人一直成长。葡萄酒是有生命的，有自己的年幼期、青年期、成熟期、衰老期。因此，葡萄酒为人们所爱，甚至为人们所狂。喝葡萄酒需要一点仪式感，一个真正喜爱酒的人，一定是一个珍惜酒的人，而不是一个大口狂吞的人，更不是一个大言不惭的人。葡萄酒需要有艺术眼光的人去欣赏它，需要懂它的人去了解它，需要一个想要与它结下“情愫”的人去邂逅它。因此，它需要品鉴，需要一个人在安静的午后，或者夜晚，在欣赏漂亮的高脚杯的同时，慢慢品饮它。如果你是一个真正爱葡萄酒的人，一定要爱上品鉴，只有细细品饮，学会品鉴，才能了解更多葡萄酒。

4. 根据场景和目的选酒。

不同的场景需要选择不同品质的葡萄酒，不同的目的也要选择不同的葡萄酒。有些场景是典型的聚会场景，几个朋友在一起聚会，以交流感情为目的，葡萄酒的作用仅仅只是助兴，因此不需要花费很高的价格去购买一瓶葡萄酒，完全可以选择

口味简单且容易上口的畅销款新世界葡萄酒，开瓶即饮，不需要准备太多工具。如果，大家对品鉴感兴趣，还可以组织成品鉴型的朋友聚会，多带几款酒。如果是商务宴请，目的是达成商务合作，这时候选择葡萄酒就应该谨慎一些，选择一些高品质的葡萄酒，提升自己在商务谈判或合作中的印象分。还有一些聚会可能是两个人的“相亲会”，或者是恋人聚餐。如果对方喜欢喝酒，那就带一支香槟吧，香槟酒也是“恋情之酒”，微微的气泡、轻盈的酒体，能给彼此带来浪漫的感觉。如果是家庭聚会，可以参考朋友聚会的场景进行选酒。如果有老人，应该尽量准备干型葡萄酒，而不是甜酒，绝大多数老人不能摄入过多糖分，干红和干白是最好的选择。

5. 经营葡萄酒也需要精打细算。

有些人认为：“葡萄酒是利润很高的商品，从事葡萄酒方面的生意一定不会错。”葡萄酒生意确实是一门很火的生意，但也是重资产运营的生意。从事葡萄酒生意需要一定的经营面积，需要提供门面铺位，还需要对门面铺位进行装修，这些都需要不小的花费。在装修方面，一定要节俭，不要乱花钱。另外，葡萄酒进货是一门学问，有些人进了很多葡萄酒，但是却很难将这些葡萄酒快速卖出去，大量积压导致经营资金紧张。因此，从事葡萄酒生意的朋友们一定要管理好库存，不要一次进货太多，如果供货商可以直接代发，还可以节省一部分进货资金。另外，采购葡萄酒的时候，一定要了解当地的市场行情和消费能力，有些葡萄酒经营者进了许多“贵货”，但是却卖不出去，最后只能低价让利，甚至“割肉”赔钱也要卖，不但没有赚钱，而且还赔了本钱。与此同时，葡萄酒采购应该多选择一些“组合品种”。许多消费者有猎奇心理，希望可以购买到各种葡萄酒的组合产品，而这种组合产品一定要有性价比，才能吸引消费者。

6. 专业化的学习是必须的。

批判家贺拉斯说过一句话：“葡萄酒能点亮心灵深处的秘密，给我们带来希望，击退怯懦，驱走枯燥，也教会我们如何达成所愿。”正因葡萄酒有这样的魅力，所以越来越多的人喜欢葡萄酒。如果你想要更加深入地了解葡萄酒，想要成长为一名葡萄酒老饕，那就需要学习一些葡萄酒的专业知识。学习专业知识大概有这样几个途径：一、购买葡萄酒相关书籍。葡萄酒的书籍非常多，各大书店、网上书店都有与之相关的书籍，读书也是获得知识门槛最低的途径；二、与其他葡萄酒爱好者进行交流、学习。不同的人掌握的知识不同，在彼此的交流与分享中能够获得更多葡萄酒方面的新知识；三、多品鉴葡萄酒。葡萄酒是酒，只有经常喝，才能喝出经验，喝出知识，如果有条件可以多参加一些葡萄酒的品鉴会；四、报名参加培训班。如今，国内有许多葡萄酒公司有线上或线下课程，直接购买专业课程是不错的选择。

第三章 常用酿酒的葡萄品种

似乎所有的葡萄都可以酿酒，但是常见的、经典的专门酿酒的葡萄品种又各有特点，了解不同品种的酿酒葡萄的种植、生长环境、酿造特点、口感，对于深入了解葡萄酒有很大的帮助，也更容易让你在交流时显得专业。

低调却不平凡的品丽珠

说到品丽珠，许多人会瞬间想到赤霞珠，甚至还有人误把品丽珠和赤霞珠当成同一品种，实际上，它们是完全不同的葡萄品种。品丽珠是种植非常广泛的葡萄品种，带有强烈的青草气味，并且还有某种神秘的桑葚味儿，用它酿出来的酒，酒体非常轻盈。因此，许多庄园选择用品丽珠进行混酿。这种葡萄在世界范围内都有大量种植，中国的蓬莱沿海就种植了很多。当然，酿酒用的葡萄进行鲜食可不会有太好的体验。这种葡萄的产量很大，果实与果实挨得非常紧密，颜色为紫黑色，每一串葡萄的穗重为 250 ～ 450 克，颗粒较小，每一粒葡萄约有 1.4 克重，含糖量约为

19% ～ 21%，含酸量约为 0.7% ～ 0.8%，出汁率约为 73%，酿的酒呈现出宝石红色。在法国波尔多地区，品丽珠是非常流行的一种酿酒葡萄，作为混酿的主要葡萄品种，其占比可以超过 50%。

如今在我国也有许多地区大量种植品丽珠葡萄。有人十分好奇："品丽珠能否作为单一酿酒葡萄进行酿酒？"当然可以，一款质量非常好的品丽珠葡萄酒，酒体适中，味道芬芳，酸度可口，单宁柔美，非常值得品饮。

广泛种植的赤霞珠

经常喝葡萄酒的人，总会联想到自己在某个地方喝过一瓶赤霞珠葡萄酒。这样一个号称"葡萄酒选用第一"的葡萄品种到底有哪些来历呢？

赤霞珠来自法国的波尔多地区，这种葡萄最大的特点是非常"泼辣"，能够适应各种生长环境，因此在世界各地都有广泛种植。赤霞珠属于种植量比较大的葡萄品种，也比较常见，由于用其酿制的葡萄酒的口感被大众接受，在全球各个主要的葡萄酒产区基本都有种植。

赤霞珠是一种颗粒较小但是酸度较高的葡萄，因此作为鲜食葡萄食用的话体验较差，但是，作为一种酿酒用的葡萄，它简直太有名了。赤霞珠葡萄酿制的葡萄酒除了拥有品丽珠那样的青草味儿，还有浓郁的黑醋栗味儿和一点点胡椒的味道。赤霞珠葡萄的穗子较小，平均穗重只有 165 克，果实小而结实，颜色非常深。

有一个知识点需要讲述给大家：虽然赤霞珠葡萄广泛种植于世界各个国家，但是由于不同的国家有不同的风土，所产的赤霞珠葡萄酒的风味也就有所不同。一些阳光十分充足的国家所产的赤霞珠葡萄可以用来单独酿酒，无须采用混酿的工艺。中国同样是赤霞珠的种植大国，不论在中国的沿海还是内陆地区，都有大面积种植赤霞珠的葡萄庄园。

蛇龙珠不等于解百纳

蛇龙珠葡萄酒的销售量也比较大，可谓是中国的"国民葡萄酒"。说到蛇龙珠，许多葡萄酒爱好者就会迅速联想到"解百纳"这个名词，因为在中国，张裕解百纳

简直是一个“神话”。蛇龙珠与解百纳之间到底存在怎样的关系呢？原产法国的蛇龙珠属于解百纳品系中的一员，人们常常给两者画等号。但是，将解百纳与蛇龙珠直接画等号太过绝对，解百纳是一种古老的酿酒工艺，而非某个特定的葡萄品种。蛇龙珠葡萄的出身众说纷纭，甚至还有过起源之争，这又是怎么回事呢？坊间，关于蛇龙珠的起源有四种说法：

1. 蛇龙珠是一种杂交品种，是赤霞珠与品丽珠的“爱情结晶”，后来被张裕引入中国，引入时间是 1982 年。

2. 蛇龙珠其实是品丽珠的另一种称谓，却被误打误撞地错误拼写成“Cabernet Gernischt”，即混合的卡本内。

3. 蛇龙珠据说是张裕酒庄于 1931 年自主培育的新品种，在欧洲，尤其是法国，根本找不到母本。

4. 蛇龙珠是佳美娜的另一个称呼，DNA 的检测研究证明，蛇龙珠与佳美娜确实有着相同的 DNA 序列。

蛇龙珠属于解百纳葡萄品系，以蛇龙珠为主的古老酿酒工艺就叫解百纳。蛇龙珠葡萄酒的风味似乎介于赤霞珠葡萄酒和品丽珠葡萄酒之间，相当有趣。

娇气早熟的梅洛

梅洛葡萄是一种非常经典的葡萄，属于波尔多地区的明星品种，如今广泛地种植于世界各地。梅洛葡萄是早熟型的葡萄品种，早于赤霞珠、品丽珠下市，因而给酿酒师们增加了一个选择，就是当其他酿酒葡萄尚未下市之际，可以用梅洛葡萄酿造一款具有梅洛葡萄特色风味的葡萄酒。

梅洛（Merlot）还有一个名字，叫美乐，是因为翻译的习惯不同而产生的不同叫法，梅洛葡萄与美乐葡萄可以画等号。用这种葡萄酿制的葡萄酒通常拥有高酒精度，这种葡萄一般含糖量较高，所以会造就高酒精度的葡萄酒。梅洛葡萄酒单宁非常柔和，不会给人带来强烈的刺激感，而且还带有一种柔顺、丝滑的果香气息。需要进一步解释的是，梅洛葡萄并不是一个非常古老的葡萄品种，它在 18世纪末才出现，它果实很小，皮很薄，有着迷人的乌蓝色泽，因此比较“娇气”，特别讨厌细雨连绵的季节，更喜欢凉爽保水的生长环境。

智利国宝佳美娜

说起智利，有这样几样东西令人难忘，一个是狂野的安第斯山脉，这条山脉也是世界最长的山脉，造就了狂野的南美大陆风景；另一个是羊驼，一种被中国人戏称为“神兽”的食草类动物；还有一个就是智利足球，中国球迷还记得智利的“双萨”组合吗？然而，智利还有一个东西非常值得一提，就是葡萄酒。智利葡萄酒为什么这么有名？这就不得不提智利的真正意义上的国宝——佳美娜。

佳美娜拥有着少女般好听的名字，也是一个非常古老的葡萄品种，原产地是法国的吉伦特省。佳美娜是自然杂交的结果，其“父母”分别是品丽珠和大卡本内。其中，大卡本内已经消失于世界，而佳美娜也有着极其波折的命运，虽然它表现出

顽强的生命力，但是其葡萄藤的根部容易腐烂生病，因而产量非常低。为了解决这个难题，爱思考的种植者们将葡萄嫁接到抗病能力强的砧木上，从而解决了这个难题。佳美娜还是一个“娇滴滴的公主”，它非常难以种植，并且需要适量灌溉，它怕冷，冷会让它有得病的风险，而水分过量则会让它产生一种类似青椒和香草的气味。佳美娜可以酿造出酒体非常饱满的酒，单宁非常柔和，也常常用于混酿。如今，许多国家不再种植佳美娜，是因为它产量低、太过娇气，只有智利这个国家还在种植，并且将它酿造成享有世界声誉的佳美娜葡萄酒。

扎根阿根廷的马尔贝克

马尔贝克（Malbec），又称马贝克、玛碧。说到马尔贝克，已经身在葡萄酒圈的葡萄酒爱好者会瞬间联想到阿根廷，它是一个迷人的国度，拥有着狂野的“潘帕斯雄鹰”足球队和有“世界尽头”之称的巴塔哥尼亚高原。没人想到，来自法国的葡萄品种马尔贝克竟然在阿根廷这个国家扎根，马尔贝克在阿根廷的种植面积达到了数万公顷，几乎占到了全世界的四分之三。为什么马尔贝克不远万里来到了阿根廷呢？不得不说，阿根廷拥有着更加适宜马尔贝克生长的环境，这就多亏了安第斯山脉的帮助——是安第斯山脉挡住了来自太平洋的丰沛水汽，让阿根廷变得干燥。阿根廷是一个高原国家，日照时间长，早晚温差大，这让马尔贝克变得更加强壮。

著名的品酒大师罗伯特·帕克曾经说过这样一句话："到2015年，这个被长期忽视的葡萄品种将稳固地列位于优质葡萄酒的圣殿之上。"

有人说，阿根廷的牛排是世界上最美味的，如果在享受一份美味的牛排时，搭配一款来自阿根廷本土酿制的优质马尔贝克干红葡萄酒，简直不能再美好了。

澳大利亚国宝葡萄西拉

西拉葡萄是一种非常古老的葡萄，据说它来自中东地区的叙利亚。但是，世界上超过一半的西拉葡萄种植于法国，尤其是有"西拉故乡"之称的法国的北罗纳河谷。在法国北罗纳河谷，还有大西拉和小西拉两个品种，这又是怎么一回事呢？其实，大西拉与小西拉都是西拉，大西拉果实更大一些，但是风味较为平淡；小西拉个头小，但是酚类物质含量更加丰富，风味也更加浓郁，可以说"浓缩的都是精华"。在法国，西拉的种植面积很大，是法国种植面积排第三的酿酒葡萄品种（第一名和第二名分别是梅洛和歌海娜）。

同样是西拉，法国和澳大利亚西拉表现差异非常大，法国称Syrah，澳大利亚叫Shiraz，又译为"设拉子"。说到西拉葡萄，必须讲一讲西拉在澳大利亚的种植。西拉是澳大利亚最具代表性的葡萄品种。澳大利亚阳光充沛、气候干爽，葡萄成熟度高，这使得用西拉酿造的葡萄酒具有饱满柔和的酒体。众所周知，澳大利亚的国宝之一是考

拉，也就是树袋熊，同时，澳大利亚人也把西拉葡萄当成国宝。1832年，澳大利亚葡萄酒之父詹姆斯・布斯比将产自法国的西拉葡萄带到了澳大利亚，并且在澳大利亚新南威尔士州开始大面积推广种植。截至2008年，澳大利亚种植西拉葡萄的面积一直是比较大的。西拉葡萄之所以称为澳大利亚国宝，不仅是因为澳大利亚种植得比较多，还因为很多品酒师认为澳大利亚的西拉葡萄酒更具有西拉的特点，更浓郁、更卓越。

如熊猫般珍贵的黑皮诺

黑皮诺葡萄是一种“小众”葡萄吗？我并不这样认为，黑皮诺广泛种植在许多国家，如法国、美国、新西兰、澳大利亚、智利、南非等，其原产地是法国勃艮第。黑皮诺还有许多名称，如贝璐娃、黑品乐、黑匹诺等。黑皮诺果实颗粒小而丰盈，有着紫黑色的颜色，果实平均重为1.45克，含糖量约为17.3%，出汁率却高达74%。但是黑皮诺也是一种“天性娇弱”的葡萄品种，皮薄，极其不喜欢寒冷的天气，又有较差的耐光性。因此，黑皮诺的产量并不高，价格也相对较贵。有人问：“黑皮诺为什么贵？”当然是物以稀为贵。总的来说，主要有两个原因：一是种植环境非常苛刻；二是酿造成本非常高。

黑皮诺是法国香槟产区的重要葡萄品种，许多当地的葡萄酒酿酒师用它酿造起泡酒，当然，用黑皮诺酿造的干红葡萄酒的品质也是相当出挑的。用黑皮诺葡萄酿造的葡萄酒有樱桃、李子、黑醋栗的味道，甚至夹杂香料的味道，经过一段时间的陈酿，黑皮诺葡萄酒还会呈现出有趣而迷人的甜菜头味。美国加州和俄勒冈州也是黑皮诺的主要种植区，其中俄勒冈州生产的黑皮诺葡萄酒有着细腻而果香馥郁的口感。因生产高品质的黑皮诺葡萄酒，俄勒冈州也有着“美国勃艮第”的美誉。

托斯卡纳的特产布鲁奈罗

听到“布鲁奈罗”这个名字，是不是会联想到一系列的意大利人名？我就会瞬间想到曾经在中国执教的著名球星卡纳瓦罗，听上去，布鲁奈罗与卡纳瓦罗就像一对“兄弟”。当然，布鲁奈罗其实是一款产自意大利托斯卡纳南部的蒙塔希诺地区的酿酒葡萄，而布鲁奈罗-蒙塔希诺产区也是意大利优质的法定葡萄酒产区，布鲁奈罗则是意大利另外一种名为“桑娇维塞”的葡萄的变种。布鲁奈罗酿制的葡萄酒有着果香馥郁的口感，有着丰富的单宁和强劲的酸度，因而需要陈年存放，才能获得更柔和的口感。

曾经有朋友问我：“是不是买回家的布鲁奈罗葡萄酒都要进行瓶陈？”通常来讲，那些葡萄酒酿酒师或者职业品酒师都会建议自己的朋友：“为了缓解高酸度和高单宁带来的酸涩感，布鲁奈罗葡萄酒需要瓶陈一段时间。”即便是普通的布鲁奈罗葡萄酒，也要经过至少两年的橡木桶桶陈或四个月的瓶陈才能获得更好的口感，而优质或者珍藏级的布鲁奈罗葡萄酒则要至少熟化五年才能获得更好的口感。由此可见，一瓶好的布鲁奈罗葡萄酒是“时间的艺术”。

意大利的小甜果多姿桃

多姿桃，名字听起来很像一个“小公主”，十分有趣，其外文名字叫“Dolcetto”，即“小甜果”的意思。早在1593年，多姿桃就已经出现了，并且有了记载，它是一种早熟的、低酸度的酿酒葡萄品种，通常用来酿造干红。多姿桃的原产地是意大利，几乎绝大多数的多姿桃都在意大利的皮埃蒙特法定区域的库内奥地区和亚历山德里亚地区种植。这种葡萄拥有着迷人的甘草与杏仁味，所酿造的葡萄酒有着清新脱俗的口感，但是绝大多数的多姿桃干红葡萄酒需要在三年之内饮用完毕，只有个别品质非常优良的多姿桃干红葡萄酒可以存放五年以上。

多姿桃在意大利种植面积广泛，但是因根瘤蚜虫病的肆虐，有些地区减少了种植面积，也有一些地区（如巴贝拉地区）增加了种植面积。多姿桃既可以用于单酿，也可以进行混酿。有人问：“为什么多姿桃干红葡萄酒不宜长期存放？”这与多姿桃低酸度的特点有关，虽然如此，多姿桃的单宁含量却十分丰富。如今，多姿桃在法国、美国、澳大利亚等地也有小范围种植。

西班牙的公主歌海娜

如果说，多姿桃是意大利公主，那么歌海娜就是西班牙公主。歌海娜的“故乡”是西班牙的阿拉贡自治区，如今在整个地中海沿岸广泛种植。歌海娜同样是一种非常热情、迷人、带有拉丁味道的酿酒葡萄，在西班牙阿拉贡、纳瓦拉和里奥哈地区被大面积种植。与多姿桃相比，歌海娜是不折不扣的晚熟品种，产量很大，且有很高的含糖量，西班牙人常用歌海娜酿造桃红葡萄酒。

歌海娜喜欢那种干旱、炎热且有一点点“地中海”味道的气候环境。但有人竟然带它穿越了危险的比利牛斯山脉，来了法国南部。如今在法国，歌海娜是非常常见的葡萄种植品种，尤其在教皇新堡产区，它常常与西拉混酿成一款具有辛辣气息的干红葡萄酒。还有一些酿酒师在歌海娜、西拉的基础上，又添加了慕尔维多葡萄，让葡萄酒的口感更加复杂、立体、柔和。我甚至想到了一句话："只有好的葡萄遇到好的酿酒师才能诞生一款优质的干红葡萄酒。"如果问，最好的歌海娜葡萄酒产自哪儿？我只能说，可能产自西班牙的Priorato产区。

与体育相关的内比奥罗

还记得我们用意大利足球明星卡纳瓦罗来调侃意大利的名优葡萄品种布鲁奈罗吗？现在，内比奥罗也来了。难道，内比奥罗与体育也有关系吗？当然有，曾经的国际田联、世界大学生体联主席名字就叫内比奥罗，他曾经非常看好中国的田径运动项目，与其名字相同的这种葡萄是来自意大利皮埃蒙特地区的品种，它还有着"雾葡萄"的美称。

为什么被称为"雾葡萄"呢？因为，内比奥罗的名字起源于皮埃蒙特语中的"内比亚"一词，而"内比亚"的意思就是"雾"。内比奥罗同样是晚熟的葡萄品种，收获季要在十月底，那时候，皮埃蒙特地区会产生大雾，并且在果实上结下一层白色的雾状水珠。内比奥罗是一种酸度、甜度、单宁十分均衡的葡萄品种，有点像体育赛场上的"六边形战士"，因此，用它可以酿造出适于陈年且均衡度非常好的葡萄酒。

德国瑰宝雷司令

大名鼎鼎的雷司令终于来了，这位葡萄界里的"司令长官"，绝对是霸气十足的。雷司令大部分产自德国，比较著名的有三种，分别是蓝姑雷司令、蓝色德堡雷司令和洛温斯坦雷司令。可以说，没有德国，也就没有雷司令；反过来讲，雷司令也是德国的一个响当当的招牌。许多国家都种植有雷司令，但是全世界65%的雷司令种在了德国，是名副其实的德国瑰宝。雷司令喜欢低温，生长非常缓慢，是典型的晚熟品种，十月中旬才能开始采摘，一直持续到十一月下旬。雷司令可以用来酿造各种各样的葡萄酒，如甜酒、干酒、冰酒、贵腐酒等。

当然，雷司令是典型的白葡萄，它虽然喜欢低温，却也喜欢阳光，这听上去似

乎有些矛盾，但事实上就是这样。有些事情，我们目前无法用认知范围内的科学去解释。总的来说，雷司令是一款非常好的酿酒葡萄品种。有文献记载，1435 年，卡森伯根公爵购买了 6 株雷司令葡萄树，带回去进行实验种植。到了 1463 年，特里尔的圣雅克布济贫院购买了 1200 株雷司令葡萄树进行种植。随后，雷司令葡萄慢慢“占领”了德国。

葡萄中的味精小维铎

如果说有一种葡萄专门为“画龙点睛”而生，那一定是小维铎。小维铎是酿酒葡萄里面的“小个头”，个头虽小，却拥有着强劲的单宁酸和高酸度，性情十分狂野，简直就像一匹桀骜不驯的小野马。诸多特点使得小维铎不适合单独用来酿制葡萄酒，而主要被用来“调味”，所以，小维铎就有了“葡萄酒味精”之称。小维铎是一种非常古老的品种，以至于无法考察它的出身，在法国波尔多地区，小维铎葡萄的种植历史要早于大名鼎鼎的赤霞珠。当然，小维铎葡萄并非法国专有，虽然许多著名法国酒庄将小维铎葡萄用于混酿，并且生产出一款又一款经典的葡萄酒，但是在美国、阿根廷、智利等国家，小维铎也有一定的种植面积。

值得补充的是，我们国家也曾引种过小维铎葡萄。据说，20 世纪初，有酒庄曾经将小维铎引种到中国，并且取名“魏天子”。后来，小维铎葡萄还在河北怀来扎根下来，并且有酿酒师大胆地将小维铎酿造成单一品种的小维铎葡萄酒，这款酒据说香气浓郁，非常辛辣、狂野，有着果香和青草的味道。但通常来讲，小维铎主要用于混酿，且在混酿中的占比不适合超过 10%。

充满少女气息的仙粉黛

还记得曾经风靡自媒体的粉黛乱子草吗？许多女孩来到粉黛乱子草的海洋里，摆出各种各样的姿势，仿佛粉黛乱子草有一种魔力，赋予女孩们一种“仙女”的气质，然而酿酒葡萄中也有一种充满少女气息的品种——仙粉黛。网络上有一个名句，用来形容仙粉黛葡萄非常合适，即“粉黛轻点胭脂红，似水一笑月朦胧”。仙粉黛葡萄的故乡是克罗地亚的达尔马提亚地区，它拥有娇嫩、纤薄的果皮，带有浓郁的黑樱桃和蓝莓果香，用它酿成的葡萄酒，具有黑胡椒的辛辣和甘草的清香，非常优雅，如今，它已经晋升为美国的国宝级葡萄品种了。

据说，仙粉黛还是“文体两开花”的品种，这是什么意思呢？所谓“文体两开花”，就是指仙粉黛既可以酿造品质优良的干红，又可以酿造优雅浪漫的桃红，甚至还可以酿造起泡酒和加强酒……各种类型的葡萄酒，它无一不胜任。如今，仙粉黛的重要种植区是美国加州，并且在美国的华盛顿特区和俄勒冈州也有种植。2008 年的数据显示，仙粉黛在美国的种植面积就达到了 2.0377 万公顷，仅次于赤霞珠。如今，仙粉黛葡萄酒几乎是美国葡萄酒的标志了。

古老而著名的长相思

提及“长相思”，有些人会想到大诗人李白的名作《长相思》：“长相思，在长安。络纬秋啼金井阑，微霜凄凄簟色寒。孤灯不明思欲绝，卷帷望月空长叹。美人如花隔云端……”而葡萄酒世界里也有一种非常有名气的酿酒葡萄——长相思。长相思葡萄是白葡萄的一种，主要酿制充满芳草气息的白葡萄酒。据说，赤霞珠是长相思与品丽珠的自然杂交结果，由此可见，长相思也是一种相当古老的葡萄品种。早在 1534 年，长相思便在法国卢瓦尔河谷出现，后来经专家检测，长相思极有可能与白诗南、塔明娜有关。

通常来讲，用长相思酿制葡萄酒会采用一种“低温浸皮法”的工艺，这种方法可以有效保存长相思的风味，酸酸的、果香浓郁的，甚至带有花香和“火药”的味道，真是令人大开眼界。长相思由中国人翻译而来，其原名叫“Sauvignon Blanc”，因而还有白沙威浓、布兰克、白苏维翁等名字。长相思同样也是适应能力比较好的葡萄品种，因此在法国、意大利、西班牙、新西兰、智利等国均有种植。

千变美女霞多丽

喜欢白葡萄酒的朋友们都知道，如果你去超市购买葡萄酒，走到干白葡萄酒区域时，经常会看到名为霞多丽干白或莎当妮干白的葡萄酒。其实，霞多丽与莎当妮是同一款葡萄，只是音译不同而已。霞多丽是环境适应能力非常强的一种白葡萄品种，它的“老家”是法国勃艮第。据说，全世界有超过 20 个国家引种了霞多丽。这种葡萄产量十分稳定，非常适合中等肥力的钙质土壤，即便在我国也广泛种植。霞多丽葡萄的果穗较小，果穗的平均重量约有 225 克，但是果实与果实之间的排列非常紧密，像亲密无间的兄弟。

有人问：“为什么人们会大面积种植霞多丽葡萄呢？”其实，这与霞多丽葡萄酿制出的干白葡萄酒

有关。霞多丽葡萄酒的酒体有着“贵族”般的淡金色，非常干净透明，而且酸甜适中，拥有迷人的果香，口感非常圆润，非常开胃，适合各种餐桌。有人说：“霞多丽是千变美女！”我觉得，当霞多丽变成莎当妮，那种“千变”就已经出现了，它时而婉约，时而狂野，有一种别样的风情。

前途不错的马瑟兰

马瑟兰，英文名为Marselan，是1961年由法国国家农业研究院培育出来的新品种，它的“父母亲”非常有名，一个是赤霞珠，另一个是黑歌海娜。为什么要培育这样一个新品种呢？据说，是为了培育一种更加适应法国朗格多克的自然生态气候，更能抵抗真菌性病害的葡萄品种。虽然马瑟兰是一个新品种，但毕竟有着“高贵”的出身，用其酿造的红葡萄酒也有很高的品质。有人说：“马瑟兰酒兼具了赤霞珠和歌海娜的特点，果香浓郁，酒色深红，但是不酸不涩，口感柔美，带着一种荔枝、薄荷的味道。”能得到这样的评价，马瑟兰葡萄酒可谓有很好的前途。

2001年，我国也引种了马瑟兰，并且在部分地区进行推广，时至今日，我国的山东蓬莱、新疆和硕、甘肃天水、北京延庆等地区也开始种植马瑟兰。当然，美国、阿根廷等国家也开始种植这一新品种。在马瑟兰葡萄的老家法国，酿酒师通常将其用于混酿，并且常常与歌海娜、西拉、慕合怀特等一起酿造葡萄酒，可能在不久的将来，马瑟兰会成为酒桌上的葡萄酒明星。

强壮的慕合怀特

慕合怀特是一个非常有个性、非常强壮的酿酒葡萄品种，它甚至让我想到一名NBA球星，效力于波士顿凯尔特人队的德里克·怀特。德里克·怀特是一名非常强壮且有个性的篮球明星，慕合怀特也是葡萄酒界的一个“新星”。有一种说法是，慕合怀特的“老家”是西班牙瓦伦西亚附近的一个小村落。早在20世纪初，慕合怀特就在这里扎根了，它非常喜欢高温天气，并且对钾、镁等元素有适当的需求。

虽然慕合怀特的个头不大，但是果皮非常厚实，糖分十足，因而有着高糖分、高单宁的特点，用它酿出来的葡萄酒，也是极具个性的。慕合怀特葡萄酒口感非常

丰富，因糖分高而拥有较高的酒精度，在高单宁的配合下，能够释放出一种兼具黑莓、桑葚、覆盆子、松露、桂皮、胡椒等味道的复合型风味，非常诱人。如今，慕合怀特被广泛种植，其中西班牙占了全球种植面积的85%。除了西班牙，法国的普罗旺斯和朗格多克也有较大种植面积，甚至美国、澳大利亚、南非等地也有庄园主尝试种植并推广这种“强壮”的酿酒葡萄。

很多老酒客对慕合怀特都很喜欢，那是因为它具有独特的口感，也正是因为这种独特的口感，让慕合怀特这个品种酿造的葡萄酒成了品酒会的常客。

西班牙贵族丹魄

讲到西班牙，人们都会想到什么呢？西班牙斗牛，它似乎是西班牙的“国粹”，代表着西班牙的“斗牛士”精神。还有什么呢？当然，您一定听过西班牙火腿，在很多品酒会上也品尝到西班牙火腿，其中比较有名气的是伊比利亚火腿，火腿中的“贵族”，一根火腿价值上千欧元……但是在伊比利亚半岛上，还有一个明星，那就是丹魄。丹魄是一种产自伊比利亚半岛的酿酒葡萄品种，是西班牙酿酒葡萄的代表。丹魄的原名是 Tempranillo，因此拥有众多译名，如棠普尼罗、添帕尼尤、田普兰尼洛等。

丹魄是西班牙种植最为广泛的葡萄品种，有着“西班牙赤霞珠”之称，是名副其实的西班牙“贵族葡萄”，用丹魄酿造的葡萄酒一般也拥有非常高的品质。年轻的丹魄葡萄酒非常适合饮用，而高品质的丹魄葡萄酒也可以长年存放在橡木桶里。

丹魄葡萄酒呈现宝石红色，酒体非常饱满，带着一种美妙的香草、烟草、皮革以及黑加仑的味道，丹魄葡萄也是西班牙非常有名的里奥哈葡萄酒的主要原料。如果您到西班牙旅游，完全可以品尝一下丹魄酿造的葡萄酒。

带有麝香风味的白诗南

在文艺世界里，似乎与“诗”相关的东西都是美好的东西，而有一种酿酒葡萄，名字带着“诗”，它叫白诗南，来自法国卢瓦尔河谷。白诗南还有一个不为人知的秘密，“她”似乎才是真正的千面女王，比霞多丽（莎当妮）更加多变，甚至还带着麝香味。在法国卢瓦尔河谷，它能酿造出可以存放最久的高品质白诗南甜酒；在南非，它却可以酿造出各种中性的、微甜的实惠餐酒。白诗南同样属于生命力顽强的酿酒葡萄品种，产量高，有较强的抗病虫害能力。正因如此，许多葡萄酒庄园主会想尽办法控制它的产量，从而获得更高品质的白诗南葡萄。

有人问：“为什么法国生产的白诗南葡萄酒品质高、价格贵，还具有一定的陈年能力，而南非生产的白诗南葡萄酒几乎都很廉价呢？”我认为主要原因是，旧世界更加追求葡萄酒的品质，因而会控制白诗南的产量，从而获得更高质量的酿酒原料，酿造出品质更高的白诗南葡萄酒；而新世界并不会对葡萄园的葡萄产量进行严格控制，所以会生产出大量的高性价比的白诗南酒。白诗南葡萄酒已经占领了消费者的餐桌，如果您追求实惠，也不是老酒客，完全可以选择一款平价白诗南，它也不会令您失望。

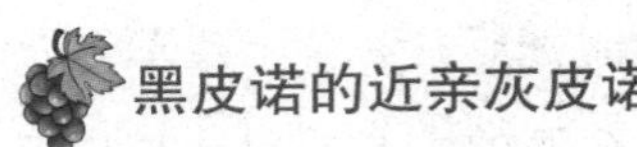

黑皮诺的近亲灰皮诺

前面我们介绍了享誉全世界的珍贵葡萄黑皮诺，那灰皮诺又是怎么一回事呢？难道它们是“两兄弟”，只是肤色不同？其实，这样理解也不是没有道理。灰皮诺和黑皮诺都是“皮诺家族”的成员，但是灰皮诺属于黑皮诺的变异品种，黑皮诺属于红葡萄，但是灰皮诺的果皮呈现粉色，属于白葡萄。由此可见，虽然它们都是“皮诺家族”成员，但是已经完全“分道扬镳”了。灰皮诺的老家是法国，并且在法国阿尔萨斯地区被大量种植。阿尔萨斯人用灰皮诺酿制了一款简称为“Tokay”的酒，这种葡萄酒非常清爽怡人，酒液稠密，散发着混合香料和蜂蜜的香气。用灰皮诺酿制的酒，往往还兼具霞多丽的奶油味和雷司令的甘草香。灰皮诺虽然是白葡萄品种，但是在法国勃艮第仍被列为“法定红葡萄品种”。灰皮诺是黑皮诺的“近亲”，但是同样选择了“远走他乡”，在许多国家扎根。在这里，不得不提意大利，意大利的特伦蒂诺-上阿迪杰、威尼托等地，大面积种植灰皮诺葡萄并用来酿制名为“Pinot Grigio”的葡萄酒，这款葡萄酒在当地非常受人喜欢，它廉价且有淡淡的香气，那种淡淡的奶油香、果香、蜂蜜香、花香深深打动了意大利人。

北国明珠龙眼葡萄

记得小时候，老家的宅院里种了一株葡萄树，这种葡萄果实硕大、晶莹剔透，有着酸甜适中的口感，大家都叫它“龙眼葡萄”，或简称“龙眼”。这种龙眼葡萄可谓是中国人的挚爱之一，郭沫若先生就曾经把龙眼葡萄比作“北国明珠”。世界上，既能鲜食，又能酿酒的葡萄少之又少。我曾经有过一次品尝品丽珠葡萄的经历，那种酸涩的口感简直不可名状。绝大多数的酿酒葡萄都是难以鲜食的，但是素有“北国明珠”之称的龙眼葡萄既可以用来酿造品质不错的白葡萄酒，又有不错的鲜食口感，非常难得。

龙眼葡萄是中国的古老葡萄栽培品种，尤其在中国北方地区……记得儿时，许多家庭都会在自己家的庭院里种植，不仅夏天可以遮阳，而且还能给家人奉献解暑的水果。怀涿盆地是中国国产龙眼葡萄的原产地保护区，盛产高品质、可以酿酒用的龙眼葡萄。用龙眼葡萄酿制的白葡萄酒色泽微黄，酒体清澈、干净，并且带有悦人的果香和怡人的花香，口感舒爽、均衡，非常适合中国人的口味。

葡萄的品种与种群

“橘生淮南则为橘，生于淮北则为枳。”任何地区特产的葡萄品种，如果引种到另外一个地区，就会出现差异。因此，不同的地区对相同品种的葡萄也有不同的称呼，甚至制定不同的酿酒标准和酿酒工艺。还有人问：“酿酒葡萄中的梅洛和美乐是同一个葡萄品种吗？”当然是同一个葡萄品种，只不过翻译不同而已。从植物学上讲，葡萄是一个非常大的“大家族”，从古至今，人们已经发现并培育了超过8 000个葡萄品种，其中长期人工栽培的葡萄品种约有 200个，还有许多野生葡萄品种尚没有开发出来，因此，未来葡萄酒的行业品类，还有持续发展、生长的空间。葡萄主要分为四大种群，即欧亚种群、东亚种群、美洲种群和杂交种群。在我国，种植面积最大的葡萄品种是巨峰葡萄，当然，这种鲜食葡萄并不适合用来酿造葡萄酒，即使酿造葡萄酒，也不会特别好喝。但是聪明的中国人并没有停止脚步，他们将巨峰葡萄的葡萄汁酿造成葡萄蒸馏酒，也有了一定的市场。另一种名叫“大红球”的葡萄品种是中国种植量较大的葡萄品种，它还有个学名叫“红提”，同样是一种鲜食葡萄，也不适合酿酒。

第四章 葡萄酒的主要产区

由于地理位置、光照时间、土壤状态等自然环境的不同，各地的葡萄酒产区有着不一样的特点，不同产区的同一种葡萄酒口感也不同。了解世界主要葡萄酒产区的特点，让你不用亲自周游世界，也可以更深刻地理解各地葡萄酒的不同口感。

典型的旧世界葡萄酒“大国”法国

说起葡萄酒的话题，就永远绕不开法国。法国是一个传统又浪漫的国家。去过法国的朋友们都知道，法国并不像美国西海岸那样高度现代化，而是一个非常传统古典的国家，甚至连首都巴黎都没有逃过这种“宿命”。我喜欢浪漫的法国，也喜欢法国浪漫而优雅的葡萄酒，优雅中甚至还有一丝庄严的味道。

在葡萄酒的世界里，法国属于典型的旧世界，常年与意大利角逐葡萄酒产量第一大国的宝座，每年都会产出大量的高品质葡萄酒。法国是一个葡萄酒生产的传统“大国”，有严格的质量控制制度，其他旧世界国家几乎都模仿了法国这种葡萄酒质量控制制度，在确保葡萄酒生产质量的同时，树立了市场口碑。众所周知，法国有许多名酒庄，这些名酒庄产量不一定很高，但是绝大多数名庄酒的品质都相当优良，受到世界各地消费者的喜欢。法国的土壤能够种植出优质的葡萄，这些葡萄也给法国贡献出美味的玉液佳酿。

古老而有魅力的法国产区波尔多

许多人都喝过波尔多葡萄酒，波尔多是法国非常有名的一个葡萄酒大产区，甚至在世界上都算比较重要且规模较大的葡萄酒产区。波尔多是一座法国西南部城市，毗邻大西洋，典型的海洋性气候，这种气候非常适合葡萄生长。在波尔多有一句流传甚广的名言：“酒是酿酒师的孩子。”是的，酒成就了酿酒师，酿酒师也成就了酒。从这一点看，波尔多是一座不折不扣的酒城。波尔多还是一座非常古老的城市，建立于公元前 300年左右，被人称之为“Burdigala”，意思是指“居住在低洼的地方”。中国新闻周刊曾有一篇名为《波尔多：一座被葡萄酒耽误的城市》的文章，作者叶克飞在文中写道：“围绕着波尔多，遍布众多迷人酒乡与顶级酒庄，堪称魅力无法挡。但也正因如此，许多人忽视了波尔多本身，仅仅将之作为葡萄酒之旅的起点。这座多少被葡萄酒耽误的城市，曾被《孤独星球》评为全球最佳旅行地之一。”由此可见，这座古老的城市多么迷人。大作家雨果这样评价波尔多：“将凡尔赛和安特卫普两个城市融合在一起，您就得到了波尔多。”喜欢美食的朋友们也可以去波尔多，据说波尔多拥有许多顶级餐厅。你一边享受着美食和美酒，也就一边享受了充满异域风情的波尔多街景，简直太幸福了。

法国的另一风水宝地勃艮第

在中国，当人们讨论葡萄酒的时候，除了波尔多，还会经常谈及一个重要的法国产区勃艮第。勃艮第也是法国有名的葡萄酒大区，它拥有深厚的历史底蕴。勃艮第位于汝拉山脉与巴黎盆地东南端之间，莱茵河、塞纳河都从此经过，简直是块风水宝地。最初，勃艮第是一个日耳曼人建立的王国，据说勃艮第人的先祖来自波罗的海的博恩霍尔姆岛。如同波尔多一样，勃艮第盛产优质的葡萄酒，并且远销世界各地。每年 11 月的第三个周末，勃艮第都会举行盛大的庆祝活动，以庆贺葡萄丰收，那些机智的葡萄酒商人们就会借此参加拍卖，提升自己红酒的知名度。

曾经有朋友问我：“什么是勃艮第瓶？”世界上有两种经典葡萄酒瓶，一种是波尔多瓶，另一种就是勃艮第瓶。勃艮第瓶也叫“斜肩瓶”，一般容量 750 毫升，高 31 厘米左右，与“苗条高冷”的波尔多瓶相比，勃艮第瓶拥有着圆润的曲线，就像一个“胖哥哥”，这种瓶形，就是因勃艮第产区而命名的。

盛产最棒的起泡酒的香槟地区

法国这个旧世界的葡萄酒大国拥有着众多著名的葡萄酒产区，巴黎东北部的香槟地区同样大名鼎鼎。香槟产区有三个重要产地，即马恩河谷、兰斯山和白丘。香槟曾是法国的一个行省，这里种植的葡萄非常适合酿造起泡酒。马恩河谷主要种植莫尼耶皮诺葡萄，这种葡萄可以酿造出口感柔和的起泡酒；兰斯山则种植着大面积的黑皮诺；白丘地区则是霞多丽葡萄的主产区，能够酿造出高酸度、富有柑橘和花香的起泡酒……而这里的酿酒师更是发明了一种香槟工艺，这种工艺也是起泡酒酿造工艺中最为复杂的一种。

许多女性喜欢香槟，香槟酒经常出现在她们的宴会上。美妙的香槟，带着一丝丝浪漫与甘甜，总能让饮用的人舒爽。但是大家知道吗？只有香槟产区生产的起泡酒才能叫“香槟”，香槟产区之外的地方生产的起泡酒，只能称为起泡酒。还有人问：“香槟酿制工艺是谁发明的？”香槟酿制工艺的发明人是一位名叫唐·培里侬的神父，他找到了一种提高香槟酒中二氧化碳含量的方法，即往发酵过一次的香槟酒酒体内加入糖和酵母进行第二次发酵，从而得到气泡丰富的香槟酒。

被誉为法国后花园的卢瓦尔河谷

“法国的后花园是哪里？”很多人认为，法国的“后花园”当然是它的殖民地。其实，二战结束之后，这种所谓的“殖民地文化”已经慢慢被去除，那些曾经被殖民的非洲国家和地区自然就不再是法国的后花园。言归正传，法国的后花园，也是法国的第三大葡萄酒产区——卢瓦尔河谷，据说整个卢瓦尔河谷有超过300座的壮丽城堡。

卢瓦尔河谷也被称为卢瓦河谷，因卢瓦尔河而闻名，是法国著名的旅游胜地，甚至与法国南部的普罗旺斯齐名。卢瓦尔河是法国境内最长的河流，是法国文明的发源地。刚才提到，卢瓦尔河谷有许多闻名世界的壮丽城堡，其中昂布瓦斯城堡是法国国王路易十二的皇宫，舍农索城堡和阿宰勒里多城堡曾属于弗朗西斯一世。卢瓦尔河谷的葡萄酒酿造史可以追溯到公元5世纪，法国皇室成员推动了葡萄酒产业在这里的发展，其中都兰产区、夏龙纳产区、奥尔良产区、桑塞尔产区都是非常有名的葡萄酒产区。卢瓦尔河谷独特的地理位置和舒适的气候非常适合葡萄生长，因而有了“法国后花园”的美誉。

法国的十二大葡萄酒产区

前面我们讲述了法国的波尔多产区、勃艮第产区、卢瓦尔河谷产区以及香槟区，除了这四个产区之外，有一些产区同样出产一些品质优良的葡萄酒。如今，法国的葡萄种植面积和葡萄酒产量和意大利差距不大，排名也很接近。有一组关于法国葡萄酒的数据应该提及一下，即法定产区葡萄酒（AOC）占比 53.4%，优良地区餐酒（VDQS）占比 0.9%，地区餐酒（VDP）占比 33.9%，日常餐酒（VDT）占比 11.7%。如今，在中国葡萄酒市场上，除了优良地区餐酒不容易见到之外，其他品种和规格的法国葡萄酒是十分常见的。

法国拥有十二大葡萄酒产区，它们分别是勃艮第（Burgundy）、汝拉-萨瓦（Jura-Savoie）、罗纳河谷(Rhone Valley)、波尔多(Bordeaux)、香槟区(Champagne)、阿尔萨斯(Alsace)、卢瓦尔河谷（Loire Valley）、博若莱（Beaujolais）、西南产区（South-West France）、朗格多克-露喜龙（Languedoc-Roussillon）、普罗旺斯（Provence）和科西嘉（Corsica）。

其中香槟产区的起泡酒享誉世界，也只有香槟产区酿造的起泡酒才能叫“香槟”；阿尔萨斯产区的白葡萄酒名声显著；卢瓦尔河谷是法国最有名的“城堡之乡”，也有“法国后花园”之称；勃艮第产区和波尔多产区的葡萄酒在法国最为有名，而且分布着大大小小各级酒庄；罗纳河谷的桃红葡萄酒最具有特色，这里的桃红葡萄酒主要出口到英国；西南产区有着“小波尔多”之称，也盛产优质的葡萄酒；而朗格多克则是法国餐酒生产最多的地方，或许我们购买的一款便宜且好喝的餐酒，就来自法国的朗格多克；普罗旺斯的薰衣草出名，它的葡萄酒同样出名，有很多AOC级别的酒来自充满“诱惑”的普罗旺斯。

意大利的明星葡萄产区托斯卡纳

恐怕很多中国人都不会忘记意大利的托斯卡纳，为什么呢？因为中国国家男足队的前主教练里皮就是地道的托斯卡纳人，而里皮教练有两个爱好，一个是抽雪茄，另一个是喝产自托斯卡纳的葡萄酒。托斯卡纳是意大利的明星葡萄产区，著名的桑娇维塞、卡内奥罗等品种的葡萄在这里都有种植。整个意大利托斯卡纳地区拥有超过6.3万公顷的葡萄园，每年可以生产超过2亿1千万升葡萄酒，其中70%是红葡萄酒，30%是白葡萄酒。

托斯卡纳是丘陵地区，冬季温暖，夏季炎热，典型的地中海式气候。在这里，桑娇维塞是“土皇帝”，还有着“丘比特之血”的称号。其实，托斯卡纳就是意大利的“波尔多”，洋溢着葡萄酒般的浪漫与热情。

诞生过经典爱情故事的威尼托

讲到意大利威尼托，或许不少人从未听闻过这样一个地方。但是威尼托的首府却大名鼎鼎，那就是水城威尼斯。位于意大利东北部的威尼托地区同样盛产优质的葡萄酒，虽然地方不大，却是意大利三大葡萄园产区之一，这里的气候条件与托斯卡纳相似，典型的地中海式气候，有着干净的天空和浪漫的氛围。威尼托产区拥有法定产区（DOC）29个，每年可以生产10亿升葡萄酒，其中格雷拉（Glera）葡萄的种植面积最大，占了全部葡萄园的24%，其次是梅洛葡萄和科威纳葡萄。

意大利威尼托不仅有著名的水城威尼斯，还诞生过一个经典的爱情故事。威尼托有一座小城叫维罗纳，喜欢足球的朋友们都知道，这座城市有一支足球俱乐部，就叫维罗纳。维罗纳诞生了罗密欧与朱丽叶的爱情故事，其中维罗纳卡佩罗路27号小院就是朱丽叶的家，院子里还有朱丽叶的青铜雕像，许多去意大利旅游的游客都会去维罗纳的朱丽叶故居看一看，然后找一家地道的意大利餐厅品尝意大利美食和产自威尼托的葡萄酒，这可谓惬意人生。

阿尔卑斯山下的皮埃蒙特

皮埃蒙特拥有美丽的山地景观，拥有优质的葡萄酒和味道诱人的巧克力，其首府都灵是意大利的“巧克力之都”。喜欢巧克力的朋友应该都看过蒂姆·波顿的电影《查理和巧克力工厂》，这是一部非常有趣的电影，充满神奇的想象。除此之外，皮埃蒙特还有享誉世界的葡萄酒，如巴罗洛、阿斯蒂、布拉凯托和巴巴莱斯科葡萄酒。与此同时，我还想起朱丽叶·比诺什演绎的经典爱情片《浓情巧克力》，巧克力与爱情有关，葡萄酒也与爱情有关，而皮埃蒙特既盛产巧克力，也盛产优质的葡萄酒，简直太美好了。

意大利的西西里岛和两种基安蒂

说起西西里岛，很多朋友会瞬间想起电影《西西里的美丽传说》，那是一个极具意大利风情的电影，电影里莫妮卡·贝鲁奇的美丽身影令人难忘。但西西里不仅有“美丽传说”，还有品质优良的葡萄酒。西西里岛有着“地中海明珠”之称，是地中海最大的岛屿，岛上有丘陵和火山，是典型的地中海气候，非常适合葡萄生长。黑珍珠葡萄是西西里岛的特优品种，也是种植面积最大的葡萄品种，这种葡萄还有一个名字，叫卡拉贝斯。除了西西里岛之外，还有一个著名的意大利葡萄酒产区不得不提，就是位于托斯卡纳大产区内的基安蒂，这个地区以基安蒂酒闻名于世。基安蒂酒有两种，一种是标着“黑公鸡”标志的经典基安蒂，还有一种是 Chianti DOCG产区生产的 Chianti酒，就叫基安蒂。经典基安蒂的价格比基安蒂的价格高很多，两种酒虽然都代表着基安蒂，却斗争了整整 300年，或许这也是意大利酒的一个特色吧。

西班牙的五大优势产区

西班牙是旧世界葡萄酒里不可缺少的拼图。西班牙不仅盛产享誉全世界的火腿，还有热情洋溢的拉丁舞，还有着悠久的葡萄酒酿酒历史，有著名的“五大产区”，简单介绍如下：

1. 里奥哈：西班牙较负盛名的葡萄酒产区，主要生产高品质、口感顺滑的陈年红酒。在曾经的根瘤蚜病使波尔多地区的葡萄酒产业遭受灭顶之灾时，里奥哈则把葡萄酒带到了西班牙。

2. 杜埃罗河岸：著名葡萄酒酒庄贝加西西里亚就在这里，这座酒庄也是著名葡萄酒评酒师帕克打过高分的酒庄。

3. 佩内德斯：不得不说，佩内德斯相当于法国的香槟区，盛产高品质的起泡酒，而这款起泡酒名曰加瓦（又称卡瓦）起泡酒。

4. 赫雷斯：赫雷斯人（安达卢西亚人）非常喜欢烈酒，赫雷斯的雪莉酒就非常有名，而且这里的“酒鬼们”喝醉了酒就会回家，赫雷斯的街道经常“空无一人”……

5. 拉赫里亚：这里拥有着西班牙最古老的博物馆——格利佛博物馆，这里拥有着最有趣的葡萄种植园和最奇怪的葡萄种植技术，这里的葡萄园位于火山岩上。

西班牙不可忽略的普里奥拉托

说到西班牙，就不得不提普里奥拉托产区的葡萄酒了，普里奥拉托拥有 900 多

年的葡萄酒酿酒史。早在12世纪，加尔都西会修道院的修士将法国普罗旺斯的葡萄种植技术带到了这里，并且帮助普里奥拉托人酿造葡萄酒。到了1835年，普里奥拉托的葡萄园面积就已经达到了5 000公顷。随后，整个欧洲地区爆发严重的根瘤蚜虫灾害，导致葡萄园的面积大为缩小，直到多年之后，普里奥拉托产区才逐渐恢复了葡萄酒产能。

普里奥拉托产区位于西班牙加泰罗尼亚，2000年被加泰罗尼亚政府宣布为第二个DOQ产区，之后又被西班牙政府封为DOCA产区。据不完全统计，普里奥拉托地区竟然有着超过100家葡萄酒庄园，这里的风土非常适合葡萄生长，而且这些葡萄园距离海洋非常近，在海风的加持下，更能产出优质的葡萄酒。

西班牙北部的里奥哈与加泰罗尼亚

西班牙里奥哈是西班牙的优质葡萄产区，这个产区非常低调，却能生产出品质极高的葡萄酒。有人认为，里奥哈葡萄酒的品质完全可以与法国波尔多和勃艮第产区的葡萄酒相比，且价格十分低廉。里奥哈产区位于西班牙内陆地区，山地众多，北靠坎塔布里亚山，南接伊比利亚山，气候温暖而干燥，非常适合葡萄生长。里奥哈分为三个分产区，即上里奥哈、下里奥哈、里奥哈阿拉维萨。里奥哈的葡萄种植历史与普里奥拉托差不多。19世纪，欧洲遭受根瘤蚜虫灾害，导致西班牙、法国等国家的葡萄酒产量严重下滑，法国波尔多的一些酿酒师却在这里起家，将里奥哈地

区产的葡萄酒带到了法国。里奥哈地区主要种植丹魄、歌海娜和格拉西亚诺等葡萄品种。

西班牙的加泰罗尼亚红酒非常有名，除了普里奥拉托之外，还有四个西班牙的法定产区，即香尼德斯、克斯特斯德尔萨葛雷、阿雷亚和贝雷拉塔四个产区。加泰罗尼亚人非常擅长酿酒，并且将酿酒工艺进行了改良、升级，从而得到一种名叫“Moscatel”的甜酒和开瓶就会冒泡的加瓦酒。此外，加泰罗尼亚还出产品质优良的白兰地，尤其是蒙的亚和帕尔玛·德尔·孔塔多的白兰地酒非常有名。

西班牙的风水宝地杜埃罗河岸产区

杜埃罗河岸产区是一个迷人的地方，这个地方产出的葡萄酒品质很高，经常能够在品酒会上拿到大奖。杜埃罗河岸产区位于西班牙卡斯蒂利亚－莱昂自治区，也就是伊比利亚半岛上，平均海拔超过了800米。正因如此，这个地方属于大陆性气候，夏天很短，冬天寒冷，降水量较少，且日夜温差较大，非常适合种植葡萄。但是，卡斯蒂利亚－莱昂自治区的土壤并不是很肥沃，土壤含有较高的石灰质和少量石膏，换句话说，这样的特殊土壤里还能生长出优质葡萄是一个奇迹。

杜埃罗河岸产区的果农们主要种植丹魄和歌海娜，并且用歌海娜酿造桃红葡萄酒。除了歌海娜之外，还有一些果农种植赤霞珠、梅洛和马尔贝克，甚至采用波尔多传承的工艺酿造混酿。杜埃罗河岸产区的葡萄种植面积超过了2万公顷，葡萄酒酿酒厂达到了279家，每年酿造葡萄酒超过6 000万升，是产量丰盛的葡

萄酒产区。这里也有闻名世界的葡萄酒庄园，葡萄酒酒评家帕克曾经给这里的葡萄酒打过高分，由此可见，杜埃罗河岸产区是西班牙的风水宝地。

如同葡萄品种“宝库”的葡萄牙

喜欢葡萄酒的人都知道，葡萄牙的波特酒是非常有名的，它风格多变，口感非常饱满。为什么葡萄牙也是旧世界葡萄酒生产国呢？葡萄牙位于伊比利亚半岛，与西班牙紧紧相连，并且还是曾经的“世界豪强”，其远洋船队一度非常有名，甚至还有大名鼎鼎的“葡萄牙海盗”。葡萄牙的葡萄酒酿酒历史非常久远，那里的酿酒师坚持传统酿造工艺，总能酿造出品质一流的葡萄酒。但是，葡萄牙也是一个葡萄品种非常多的国家，据说，葡萄牙拥有 400多个本土葡萄品种，如同一个葡萄品种的“宝库”。

葡萄牙独特的地理环境非常适合葡萄生长，许多葡萄园就分布在葡萄牙长达 600多英里的海岸线上。这些地方多为海洋性气候，夏天炎热，冬天湿润寒冷。除了海岸线上的葡萄园，葡萄牙的内陆地区也有大量的葡萄种植园，但是这里的气候与沿海地区的气候截然不同，是典型的大陆性气候。葡萄牙的国土面积不大，却拥有大面积的葡萄种植园，非常难得。

盛产雷司令的吕德斯海姆

吕德斯海姆，又叫吕德海姆，位于莱茵河畔，被誉为“莱茵河谷耀眼的明珠”。其实，这里不仅有壮丽、旖旎的风景，还是雷司令的主产区，有着“酒城”的称号。吕德斯海姆的周围分布着大大小小的葡萄园，葡萄园的外面还散落着大大小小的教堂和城堡。酷爱旅游的人们来到吕德斯海姆小镇，第一站就会选择“画眉鸟巷”，这条铺鹅卵石的小巷子拥有着浓郁的德国风情，巷子两侧的餐馆和小酒吧也会出售吕德斯海姆盛产的葡萄酒。

吕德斯海姆最有名的还是葡萄酒，这里每年生产超过2 700万支葡萄酒，而吕德斯海姆只是一个人口不到一万的小城镇。吕德斯海姆盛产一流的雷司令葡萄酒，其雷司令葡萄酒的价格远远高于德国其他地区，且有一定的陈年能力。在这样的一个小镇上，几乎家家生产葡萄酒，而吕德斯海姆小镇门店的后面，可能就藏着一座种植雷司令葡萄的庄园。吕德斯海姆是酒城，更是雷司令的家乡，如果想要在德国品尝雷司令葡萄酒，一定要来吕德斯海姆。

盛产白葡萄的德国莱茵产区

如果去德国，你的第一站会选择哪座城市？居住在德国的中国朋友告诉我，到德国的第一站不会是柏林，不会是慕尼黑，更不是盖尔森基兴，而是有着“航空港”之称的法兰克福。到了法兰克福，驱车35分钟就能抵达德国非常有名的白葡萄酒产区莱茵高产区。莱茵高产区并不是德国最大的产区，它仅仅在德国13个葡萄酒主产区中排名第八，种植面积还不到3200公顷。但是，莱茵高产区却是整个莱茵地区的最高产区，这里的葡萄园几乎都在莱茵河畔的山坡上，背靠陶努斯山脉，高大的陶努斯山脉像一堵墙，阻挡了来自北方的冷空气，为葡萄种植园营造了良好的生长环境。

莱茵高产区仅仅是莱茵大产区的一小部分，还有一个著名的莱茵产区不得不提，那就是莱茵黑森产区。莱茵黑森产区是一个“骑在”山丘上的产区，这里又被誉为“千山之地”。莱茵黑森产区是德国最大的葡萄酒产区，拥有2.68万公顷的葡萄种植面积，是整个莱茵高产区的8倍之多，在这里，雷司令和米勒-图高白葡萄是最主要的葡萄种植品种，传统的德国本土葡萄品种Silvaner葡萄也有大量种植。

以梯田式葡萄园闻名的拉沃

许多人去欧洲旅游，都会选择瑞士，瑞士的湖光山色优美明媚，有着“欧洲阳台”之称，就在这里，还藏着非常有名的葡萄园——拉沃。不久前，还有一个世界葡萄酒庄园排行榜，位于拉沃产区的瑞士拉沃庄园位列十大酒庄排行榜第一名。拉沃葡萄园占地 890 亩，沿着日内瓦湖延伸 40 公里，是瑞士最有名的葡萄产地。为什么这里能够酿造出顶级美酒？因为这里有品质一流的原料。日内瓦湖畔的拉沃小镇，拥有着充足的阳光和适宜的温度、湿度。更有趣的是，拉沃有着“三个太阳”的传说，这“三个太阳”分别是天空中的太阳、日内瓦湖的太阳倒影以及葡萄园石墙的太阳倒影。2007 年，联合国教科文组织将拉沃“梯田葡萄园”列入《世界遗产名录》，并且给出这样的评语：“拉沃梯田式葡萄园体现出居民同环境之间为优化当地资源、酿制优质葡萄酒而进行的相互调整和适应，堪称文化遗产。”如今，拉沃梯田葡萄园已经有近千年的历史，著名葡萄酒庄园所有者克里斯多芬家族说：“世界上没有什么职业比我们的更好，也没有哪个地方比这里更美。”

音乐之都维也纳也产葡萄酒

奥地利的维也纳被誉为世界音乐之都，最为有名的“金色大厅”就在维也纳。其实，奥地利的维也纳同样盛产葡萄酒。维也纳产区位于奥地利东北部区，这里是阿尔卑斯山的腹地，多瑙河在此穿过，盛产霞多丽、威斯堡格德、雷司令、黑皮诺等葡萄品种。维也纳产区的土壤含有丰富的石灰土，因而土壤肥沃，适合种植葡萄。维也纳产区的气候条件非常怡人，西部受大西洋洋流影响，夏季炎热，冬季寒冷，

日照时间长，昼夜温差大。当然，维也纳产区并不是一个非常大的产区，只拥有612公顷的葡萄园。维也纳产区所产的葡萄酒有着“酒馆酒”的称号，意思是说，维也纳产区的葡萄酒酒体轻盈，非常适合餐桌饮用。如果你去维也纳游览，可以去金色大厅参加音乐会，音乐会结束后，脱掉身上沉重的外套，便可以在奥地利维也纳的一家有特色的小酒馆吃一吃美食，品尝一下浪漫的维也纳美酒。

匈牙利的四大葡萄酒产区

几年前，我曾经有幸品尝了匈牙利葡萄酒，并且深深爱上了这个国家的葡萄酒。喜欢旅行的人们都知道，匈牙利的首都布达佩斯也是一个浪漫的城市。但朋友们知道吗？匈牙利不仅产出品质优良的葡萄酒，而且还有四大产区，分别是马特拉、埃格尔、塞克萨德、托卡伊。

马特拉产区：该产区位于匈牙利北部城市珍珠市，距离布达佩斯只有80公里，拥有面积7 000公顷的葡萄种植园，分布于马特拉山区。马特拉产区主要以白葡萄品种为主，如雷司令、灰皮诺、琼瑶浆、麝香葡萄等。

埃格尔产区：埃格尔是匈牙利的英雄城市，距离布达佩斯130公里，挨着埃格尔河。埃格尔产区主要种植卡达卡、蓝布尔格尔、品丽珠、赤霞珠等品种的葡萄，盛产著名的“公牛血”葡萄酒，许多葡萄园都集中在一个名曰“美人谷”的地方。

塞克萨德产区：塞克萨德是匈牙利托尔瑙州的首府，临近希欧河，距离首都布达佩斯也只有128公里。由此可见，如果从布达佩斯出发，两个小时内就可以抵达匈牙利三大产区。

托卡伊产区：托卡伊产区是整个匈牙利最耀眼的“明珠”，托卡伊地区拥有超过 6 000 公顷的葡萄园，并且盛产世界上顶级的甜白葡萄酒。托卡伊产区距离布达佩斯 200 公里，靠近乌克兰和斯洛伐克。

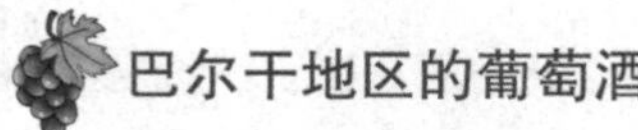

巴尔干地区的葡萄酒

说起巴尔干半岛，人们会迅速想到那个已经分裂的国家——南斯拉夫。这个曾经属于“社会主义阵营”的国家，之前是一个盛产葡萄酒的王国。但是，前南地区经济状况不理想，加上生产工艺落后，葡萄酒生产一度处于停摆状态。南斯拉夫解体后的巴尔干半岛，经济出现复苏，葡萄酒酿造也逐渐得到恢复。巴尔干半岛上自西向东，从波斯尼亚的赫塞哥维纳到马其顿，都是葡萄酒产区……这个地区是典型的地中海气候，夏天炎热干燥，加上土壤优势，非常适合葡萄生长。在这里，不得不提马其顿的葡萄酒“明珠”——kavardaci 镇。在前南时期，这里的葡萄酒产业一直被抑制，反而被钢铁厂所取代。1990 年，这个地区得到独立，一些葡萄酒厂才逐渐恢复生产。波黑首都萨拉热窝的一家葡萄酒厂老板表示：“近半个世纪以来，巴尔干地区不只必须面对战争带来的损害，同时也经历社会转型的阵痛，这都是造成葡萄酒酿造走回头路的因素。私有化后，原本集合的大葡萄园，被划分成数百个区块，这些小酒商惯于制造廉价散装酒，难以满足消费者越来越刁的味蕾，并且支付短期账款所带来的获利压力，将不利于长期的市场营销计划。”不过如今，巴尔干半岛的葡萄酒产业逐渐得到恢复，假以时日，这里也将出现品质一流的葡萄酒。

希腊克里特岛上的葡萄酒

希腊是古老的欧洲国度，这里诞生了无数奇迹，比如古希腊哲学、古希腊神话。但是，古希腊的智慧离不开一个地方——克里特岛。克里特岛是希腊最大的岛屿，面积有 83.36 万公顷，人口约 60 万，也是整个爱琴海最大的岛屿。据考古研究所示，公元前 2800 年，克里特岛就已经有人开始种植葡萄，酿造葡萄酒。这里是典型的地中海气候，岛上种植着葡萄、橄榄、柑橘等植物，有着“海上花园”之称。

克里特岛是人类最早的酿酒地之一，葡萄酒在此曾经兴盛一时。后来，拜占庭帝国将克里特岛的酿酒技术和葡萄种植技术带到了罗马地区，以及欧洲其他地区，这些技术在其他地区逐渐发展起来。克里特岛上的葡萄果农们主要种植维拉娜葡萄，属于白葡萄品种。除了维拉娜葡萄之外，还种植蕾契娜、良提克、曼蒂拉利亚、科斯特法丽、达芙妮、维迪亚诺等葡萄品种。如果有幸去克里特岛旅行，一定要品尝一下来自古老酿酒中心的白葡萄酒，尤其是蕾契娜白葡萄酒。

葡萄酒发源地之一格鲁吉亚

到底哪个国家才是最古老的葡萄酒发源地呢？我们刚刚讲到了克里特岛，在介绍它的时候，在“发源地”的后面加了“之一”二字。为什么呢？因为我们前面还讲到了古老的葡萄酒历史，讲到了高加索地区，考古学家在舒拉维尔山民居遗址找到了10颗珍贵的葡萄籽，经过科学检测，这些葡萄籽竟然有8000年的历史。以此类推，格鲁吉亚的葡萄酒酿酒史可能超过了 8000年，也就是可以追溯到公元前 6000年之前。格鲁吉亚是斯大林的故乡，也是苏联国宴用酒的产地。旅行家沙尔登曾写道：“没有一个国家像格鲁吉亚一样，生产数量如此之多、质量如此上乘的葡萄酒。”而且，格鲁吉亚也是一个葡萄品种“宝库”，仅仅在这里，就有 524个葡萄品种。斯大林非常喜欢葡萄酒，尤其是产自家乡格鲁吉亚的葡萄酒，并且喜欢红白葡萄酒混起来喝。

保加利亚的葡萄剪枝节

保加利亚也出产葡萄酒吗？某网站的一则关于“保加利亚葡萄酒打入中国网购市场”的新闻曾写道：“保加利亚的葡萄酒等多种食品已可以通过中国的门户网站直接销售到中国市场。截至目前，保加利亚葡萄酒已实现了对华出口，但还无法达到往年出口约 550万升的水平，其市场有望在 2022年之前恢复。保加利亚已收到 33个用于葡萄酒生产投资的新项目，其中16个为新成立的酿酒厂。”由此可见，保加

利亚也是一个盛产葡萄酒的国度。其实，保加利亚还有一个浪漫的节日——葡萄剪枝节。在这一天，保加利亚人身穿节日盛装，载歌载舞，并且在剪断的葡萄藤蔓上洒上香气扑鼻的葡萄酒。除此之外，那些葡萄庄园里更是热闹非凡，几乎每一个保加利亚葡萄酒庄园里，都会在节日中，让赤足的少女用美丽的双脚碾碎酿酒桶里的葡萄。当地人说，只有经过少女踩挤的葡萄汁酿造出来的葡萄酒才更加好喝。有着保加利亚“玫瑰城”之称的卡赞勒克，每年还会举办玫瑰葡萄酒大赛。对于保加利亚人来说，葡萄酒或许已经相当于第二门“语言”了。

酒神的故乡罗马尼亚的葡萄酒

罗马尼亚是旧世界葡萄酒生产国，这个国家似乎不如法国、意大利、西班牙等国家如雷贯耳，但是罗马尼亚也有着悠久的葡萄酒酿造史，全国的葡萄种植面积高达 19.1 万公顷，2018 年年产葡萄酒高达 5.1 亿升，在整个欧盟排名第 6，全球排名第 13。罗马尼亚并不是一个人口很多的国家，但却是一个人均消费葡萄酒非常高的国家。罗马尼亚每年生产超过 5 亿升葡萄酒，却只有 3.5% 的葡萄酒出口到海外，绝大多数酿造的葡萄酒供应给了国内消费者，由此可见，罗马尼亚人多么喜欢葡萄酒。

酒神狄俄尼索斯的诞生地就在罗马尼亚的 Thracia，罗马尼亚也就是酒神的故乡。由于罗马尼亚与格鲁吉亚接壤，有人推测，这里的葡萄种植历史也超过了 8000 年，即公元前6000年就有人种植葡萄。罗马尼亚人相信，葡萄酒是酒神的“恩赐”。冷战结束之后，罗马尼亚的葡萄酒“一飞冲天”，其葡萄酒得到欧洲各国追捧。后来，罗马尼亚加入欧盟，罗马尼亚的酒商们纷纷带着自己的葡萄酒参加葡萄酒国际比赛，并且在众多权威赛事上拿下金银奖。不得不提的是，罗马尼亚也颁布了一套像法国、意大利、西班牙等国那样的“等级制度”，用于规范本国葡萄酒行业市场。

美国是世界第四大葡萄酒生产国

美国，是当今世界上唯一的超级大国，经济发达，许多行业都位居世界前列。于是就有人问：“美国的葡萄酒产量如何？能否位居前列？”其实，美国是世界第四大葡萄酒生产国，其产量仅次于意大利、法国、西班牙，葡萄种植园面积超过44.5万公顷，年产葡萄酒286万吨。更令人震惊的是，美国的50个州全部有葡萄种植园和葡萄酒酿酒厂。当然，并不是所有的州产区都能酿造出品质优良的葡萄酒，美国最为集中的葡萄酒产区主要位于加州、俄勒冈州、华盛顿州，其中又以加州产量最大，占了全国总产量的89%。美国是一个历史不长的国家，建国到现在，也只有200多年，因此它属于新世界葡萄酒产区国。

那么，到底是谁将葡萄酒酿造技术带到这片大陆上来的呢？据说，1562年到1564年期间，胡格诺教徒的定居者在美国佛罗里达州附近发现了野葡萄，并且用这些野葡萄酿造葡萄酒。但是，他们发现，用这些野葡萄酿造的葡萄酒一点也不好喝。为了解决这个问题，1619年，他们将熟悉的葡萄品种从法国带到了美国，才有了现在的美国葡萄酒。1920年，美国施行“禁酒令”，葡萄酒产业遭到沉重打击，直到1933年“禁酒令”被废除才渐渐得以恢复。

如中国“茅台镇”般的神奇纳帕谷

纳帕谷是美国的加州葡萄酒中心，这里并不是地形落差很大的山谷，而是连绵不断的丘陵。纳帕谷拥有着葡萄生长的适宜条件，但是纳帕谷的葡萄酒却很少出现在中国大陆，这是什么原因呢？纳帕谷出产非常优质的葡萄酒，但是价格相对比较高，因此中国大陆少有销售。纳帕谷有16个子产区，每一个产区都非常具有特色。但是，纳帕谷并不是加州葡萄酒产量最大的区域，纳帕谷只有1.8万公顷的葡萄种植园，许多酒庄每年的葡萄酒产量不到1万箱。据统计，纳帕谷有475家葡萄酒酿酒厂，每年只能酿造900万箱葡萄酒，因此，纳帕谷的葡萄酒也因奇缺而昂贵。纳帕谷主要种植赤霞珠葡萄，当然也有本土培育的葡萄品种。品酒大师帕克曾经给这里的多款酒庄酒打出90分的高分，也是对纳帕谷葡萄酒品质的肯定。虽然纳帕谷不大，葡萄酒产量也十分有限，但是纳帕谷的葡萄酒产业每年却能提供4.6万个工作岗位以及130亿美元的经济收入。1976年，纳帕谷葡萄酒在巴黎盲品会上大展身手，取得佳绩，也让美国纳帕谷这个地方一炮而红。如今，纳帕谷已经成为如中国“茅台镇”般的神奇存在。

美国的中央峡谷

说到中央峡谷，葡萄酒爱好者们会迅速联想到智利的中央山谷。其实，美国加州有一个中央峡谷，人们有时也会把这个中央峡谷翻译成“中央山谷”。美国的中央山谷面积非常大，与纳帕谷不同的是，这里的葡萄种植园面积大、产量高，据统计，整个加州地区的葡萄种植园约有一半在此地。中央山谷由北部的萨克拉曼多河谷和南部的圣华金河谷组成，西侧是太平洋，东侧是内华达山，水源充分，气候适宜，为葡萄生长提供了良好条件。中央山谷有八个葡萄酒小产区，它们分别是 Diablo Grande、Fresno County、Lodi、Madera、River Junction、Salado Creek、Tracy Hills 和 Yolo County。中央山谷的某些区域夜晚较冷，昼夜温差很大，因此适合种植高酸度的葡萄，如霞多丽、白诗南、巴贝拉、鸽笼白等葡萄品种。Lodi 产区是中央山谷最为有名的产区，以盛产优质的老藤仙粉黛葡萄酒闻名，这里的气候非常像地中海气候，因此可以出产与地中海区域风味类似的葡萄酒。

拥有 107 个法定产区的加州

美国加州面积相对较大，跨越 10 个纬度，整个州地形多样，有山谷，有平原，有高山，也有丘陵，因此才能拥有多达 107 个法定葡萄酒产区。葡萄果农们汇集在加州，葡萄园的种植面积足足有 17.3 万公顷，这里包括了纳帕谷、俄罗斯河山谷、卢瑟福、索诺玛山谷等著名产区。中央山谷作为整个加州山谷中产量最大的一个区域，这里的葡萄酒产量是整个加州产量的 75%。加州产区的葡萄酒是典型的“新世界酒”，风味朴实，非常适合聚会和佐餐。由于这里的风土，葡萄园海拔高，昼夜温差大，葡萄含糖量较高，酿造的葡萄酒大多超过了 13.5 度。加州出产的霞多丽葡萄酒是非常有特色的，当地葡萄酒酿酒师用苹果乳酸菌进行葡萄酒发酵，然后将发酵而成的葡萄原酒装入橡木桶熟化，因此其葡萄酒带有一种非常奇妙的黄油味。整个加州地区约有 850 家葡萄酒庄园，整个地区的产量比澳大利亚的全国总产量还要多出 1/3。如果单独把加州当成一个“国家”，它也将是世界第四大葡萄酒生产国。

智利的中央山谷

提到智利葡萄酒，很多人就想到智利的中央山谷，与美国加州的中央山谷名字一样，英文都是Central Valley，但是智利的中央山谷名气一点也不比美国加州的中央山谷差，甚至更为著名。中央山谷是智利最有名的葡萄酒产区，产区内主要种植赤霞珠和佳美娜葡萄，当然，梅洛、霞多丽、黑皮诺、长相思等葡萄也在这里被广泛种植。智利中央山谷有八个产区，它们分别是马利谷、阿空加瓜谷、卡萨布兰卡谷、圣安东尼谷、美波谷、空加瓜谷、卡恰波阿尔谷、库里科斯。

阿空加瓜谷因“南美第一山”阿空加瓜山而闻名，这座山拥有着6 958米的海拔，也是世界级的旅游胜地。马利谷则是中央山谷地区最大的一个产区，拥有超过2.8万公顷的葡萄种植面积，是典型的地中海气候，夏季干燥，冬季湿润，年平均降水量超过700毫米。卡萨布兰卡谷是一个以白葡萄种植为主的葡萄酒产区，主要种植霞多丽和长相思葡萄。附近的港口城市Valparaiso也是世界级的旅游胜地，如果有幸去这里旅游，一定要品尝一下卡萨布兰卡谷的白葡萄酒。智利品质最好的赤霞珠产自美波谷，这里是安第斯山脉的丘陵腹地，昼夜温差高达20℃，并且拥有1万公顷左右的葡萄种植面积。

性价比高的智利葡萄酒

“去驴行”平台有一篇名为《老朋友智利：葡萄酒免关税进入中国，中央山谷我国是它最大的买家》的文章，文章写道：“为什么智利的中央山谷会如此迷人呢？

大方面来说，这类辽阔和温暖的气候条件下，俨然已经成为智利葡萄酒产业的根据地。据相关数据统计，出口到全球的智利葡萄酒，超过 90% 都是来自这里。这就意味着，大家迷恋上的智利葡萄酒，绝大部分就是来自中央山谷，我国是它最大的买家！”由此可见，智利中央山谷的酒是非常讨人喜欢的。日照充足、昼夜温差大、土壤条件适宜，让中央山谷诞生了许多优质的葡萄酒，其品质并不比法国、意大利等国家的葡萄酒差，甚至性价比更高。性价比高就是智利中央山谷葡萄酒畅销的主要原因。记得几年前，朋友带了一支智利长相思葡萄酒参加聚会，我对那瓶酒的印象极深。我问他：“哥们儿，这酒多少钱一瓶，品质很不错啊！”他悄悄对我说：“其实啊，这酒才百十块钱……”即使是智利的顶级葡萄酒，价格也就在七八百元左右，性价比比法国、意大利等国家的顶级庄园酒高多了。当然，智利酒有智利酒的风味，喜欢法国酒和意大利酒的葡萄酒老饕仍旧还是以法国酒和意大利酒为主。

智利被称为酿酒师的天堂

智利盛产优质的葡萄，这些葡萄更加适合酿造葡萄酒。许多法国庄园主选择来到智利，并且将旧世界的酿酒技术一并带到了这里。正是这种“飞来横福”，吸引了许多富有想象力的酿酒师来到智利，因此，智利也有“酿酒师的天堂”和“葡萄种植的天堂”之称。还记得我们曾经提到的“根瘤蚜虫病”吗？根瘤蚜虫病曾经席卷了整个欧洲，让欧洲许多国家的葡萄酒产量骤减。但是智利是一个被“上帝”眷顾的国家，安第斯山脉使其拥有了独特气候，同时也把外来入侵物种和根瘤蚜虫病害阻挡在外面，给酿酒师们创造了良好的酿酒条件。智利是世界上最狭长的国家，其中南纬 32 度到 38 度之间，隶属于智利的葡萄酒产区，其产区条件绝不亚于美国加州、法国波

尔多、意大利托斯卡纳产区。智利与中国关系非常好，有超过 4 万华人生活在智利。中国是智利葡萄酒最大的海外市场，与此同时，中国人还品尝了来自大洋彼岸智利的车厘子和蓝莓。如今，整个智利有三大葡萄酒产区，即中央山谷、艾尔基谷和伊塔塔谷。

阿根廷葡萄酒的宝石门多萨

阿根廷门多萨地区是阿根廷最有名的葡萄酒产区，阿根廷 70% 的葡萄酒来自这里，这个地方也属于安第斯山脉区域，每年都有许多慕名而来的游客旅游。门多萨地区气候干燥，非常适合种植葡萄，也属于高海拔地区，平均海拔超过 900 米，高纬度、强力的阳光照射，以及独特的“风土”，造就了高品质的酿酒葡萄。这里种植着许多品种的葡萄，以马尔贝克、赤霞珠、丹魄和西拉为主，而这里的白葡萄酒的酿酒葡萄品种以霞多丽、维欧尼、赛美蓉、特浓情为主。这里酿造的葡萄酒品质不错，红葡萄酒色泽偏黑，果香浓郁，而用特浓情酿造的白葡萄酒酒体丰满，有着非常好的平衡度，且酸度适宜。门多萨产区还有许多子产区，比如路冉得库约、圣拉菲尔、迈普等。路冉得库约产区是阿根廷第一个法定命名的子产区，这些子产区里分布着许多有名的酒庄，大名鼎鼎的若顿酒庄就在门多萨产区，是世界上最古老的酒庄之一，同样吸引着许多游客前来探访。可以说，阿根廷门多萨产区是阿根廷葡萄酒皇冠上的宝石，熠熠生辉。

神秘的巴塔哥尼亚高原

作家保罗·索鲁在《老巴塔哥尼亚快车》一书中写道：“我知道自己在什么都不是的地方，但最让人意外的是在这么久以后，我仍在这个世界里，在地图下方的一个点上。景色虽然有着憔悴不堪的外貌，但我无法否认它还是有其可读的特色，而我正身在其中。这是个发现——它的风貌。我心想：什么都不是的地方，还是一个地方。”是的，巴塔哥尼亚高原就是这样的地方，一个神秘的地方，这里有着最危险的山峰，也有着惊人的登山纪录。但是，在雪域高原之下，还有浓情而浪漫的葡萄酒庄园，这里的产区叫黑河产区，也是阿根廷最南部的葡萄酒产区，位于南纬

39 度。这里气候凉爽，年平均温度只有 14℃，整个产区有点类似于法国的罗纳河谷，降水少，葡萄成熟期很长，所以造就了品质非常高的酿酒葡萄。黑河产区主要以琼瑶浆、雷司令、霞多丽和长相思这几种白葡萄为主，偶尔也会种植一些红葡萄品种，如黑皮诺、梅洛和马尔贝克。虽然黑河产区名气不大，但是潜力无限，或许多年以后，这里将变成一颗明星。

南非开普产区有海岸葡萄园

南非也是一个葡萄酒酿造大国，这里出产了许多品质优良却价格低廉的葡萄酒，我个人非常喜欢南非生产的葡萄酒。如今，南非拥有超过 11 万公顷的葡萄种植面积，分布在长达 800 公里的土地区域里。其中南非靠近大海的开普沿岸上，有着许多漂亮的葡萄园，这里的葡萄园有着“海岸葡萄园”之称。开普沿岸的气候并不是海洋性湿润气候，而是地中海气候，夏天炎热、少雨，给葡萄生长提供了非常好的条件。在南非，也有严格的关于葡萄酒的“明令”，1989 年南非颁布了酒类产品法案，关于葡萄酒的原产地、葡萄栽培品种以及收获日期等信息，都由果酒与烈性酒管理局签发封章，继而规范整个南非葡萄酒市场，严格控制葡萄酒质量。整个开普产区又分为北开普产区、东开普产区，其中北开普产区是整个开普产区最大的产区，也是南非第四大产区，种植的葡萄面积超过 1.5 万公顷，也是整个南非最有名的白葡萄酒产区。这里种植着大量的白葡萄品种，也有非常好的红葡萄酒的酿酒品种，如梅洛、皮诺塔吉、西拉等。

在中国深受欢迎的南非皮诺塔吉

皮诺塔吉是南非最有名的酿酒葡萄品种，并且有超过 6 000 公顷的种植面积，是南非的国宝级酿酒葡萄品种，所酿造的葡萄酒品质非常高。最初，南非皮诺塔吉葡萄酒价格低廉，主打中低端市场，结果后来名气大增，开始走向高端市场，尤其是中国的高端葡萄酒市场。20 世纪 90 年代，南非成立了南非皮诺塔吉协会，致力于推广皮诺塔吉葡萄酒及酒文化。南非葡萄酒协会欧洲及亚洲的市场经理米凯拉·斯坦德说：“我们拥有世界上最古老的葡萄种植土壤。葡萄园的土壤和气候也非常多样，这给我们的酿酒师提供了无尽的可能性。我们能够生产出各种风格的葡萄酒，所有这些都意味着南非葡萄酒具有不可估量的价值。”虽然南非开普产区葡萄酒只占中国进口葡萄酒总量的 3%，但是这个比例还在进一步增长。南非农业和乡村发展机构负责人杰瑞特·范·瑞斯伯格说：“我们的酒有良好的品质及有竞争力的价格，因而获得了很高的赞誉。我们有多种葡萄品种酿制的葡萄酒，以及我们独特的能力系统，这样保证了食品的质量和安全。”在这些进口的南非葡萄酒里面，皮诺塔吉深受中国葡萄酒爱好者的喜欢，也是南非明星级别的葡萄酒酒款。

澳大利亚不得不提的巴罗萨谷

提到澳大利亚葡萄酒，就不得不提巴罗萨谷，巴罗萨谷、猎人河谷、雅拉河谷被称为澳大利亚三大葡萄酒河谷。从中可以发现一个规律，几乎所有的葡萄酒酿酒国家都有这样的“河谷”产区，法国、美国、智利等主产区都有这样的河谷，而且这些河谷竟然有着许多神奇而相似的地方，降水偏少，昼夜温差较大，日照充足……所有的这些条件，都有利于种植葡萄，并且为葡萄生长提供了良好的条件。巴罗萨谷拥有超过 1.3 万公顷的葡萄种植面积，其中又以设拉子葡萄酒闻名天下。设拉子葡萄也就是我们常说的西拉，只是翻译存在差异而已。但是不同地区种植的相同品种的葡萄，也会有较大差异。第一次世界大战之后，许多德国商人将德国本土的葡萄带到了巴罗萨地区，设有超过 50 家的葡萄酒庄园。而且这些葡萄酒庄园许多是对外开放的，并且形成了旅游线路。在巴罗萨谷，游客可以体验葡萄酒庄园旅行，切身体验葡萄酒文化与葡萄酒庄园的人文魅力。

澳大利亚盛产高酒精度葡萄酒

众所周知，葡萄酒的酒精是由葡萄中的糖分转化来的，因为澳大利亚种植的葡萄含有更高的糖分，所以能产生高酒精度。澳大利亚国土面积非常大，而且绝大多数地方阳光充足、降水量少、昼夜温差大，葡萄在这样的生长环境下会“表现”得非常优异，这也使葡萄中的果糖含量更高，所酿造的葡萄酒酒精度更高。许多北欧或者东欧地区种植的葡萄，往往在还没有成熟的时候就已经采摘下来，葡萄中的含糖量也会低一些。在德国北部地区，气温低，采摘的葡萄含糖量较低，为了提升酒精度，德国的酿酒师会在葡萄汁内添加糖分，人为提升葡萄汁的含糖量，再进行酿酒。澳大利亚大陆气候温暖，葡萄成熟度高，含糖量就会高，因此，我们购买的许多澳大利亚葡萄酒的酒精度超过 14 度，甚至还有一些葡萄酒的酒精度高达 16 度。有人问：“高酒精度的葡萄酒会不会对人的身体造成伤害？”其实，高酒精度的澳大利亚葡萄酒一般不会对人的身体造成影响，唯一会对人体造成伤害的情况就是酗酒。因此，我要告诫我们的葡萄酒爱好者，美酒虽好，可不要贪杯！

新西兰海岛上有多个葡萄酒产区

在新西兰的海岛上，也“藏匿”着多个葡萄酒产区，这些产区分别是中奥塔哥产区、马丁堡产区、马尔堡产区、吉斯伯恩产区、霍克斯湾产区。中奥塔哥产区并不是海

洋性气候，而是少雨干旱的大陆性气候，夏季炎热，冬天寒冷，主要生产黑皮诺、长相思、霞多丽、雷司令等葡萄品种，酿造的葡萄酒品质非常高。马丁堡产区是清雅型葡萄酒的主要产地，酒体轻盈、优雅，这个产区位于新西兰北部的南端，是整个新西兰最大的葡萄酒产区。这里的气候非常干燥，土壤以泥沙为主，主要种植黑皮诺、雷司令和长相思葡萄，加上当地酿酒师精湛的酿酒技艺，出产了大量优质的葡萄酒。吉斯伯恩产区阳光充足，气候温暖，非常适合霞多丽葡萄生长，而且这里也是大型葡萄酒厂商的“集散地”。霍克斯湾产区是典型的海洋性气候，日照时间长，气候湿润，同样也种植着大量的霞多丽葡萄，用这里的葡萄酿造的白葡萄酒酒体轻盈、柔和，有着非常好的核果风味。

日本富士山下的葡萄园

富士山是日本最高的山，也是日本的“名片”。每年，世界各地的游客都会来到日本参观富士山，品尝日本的美食与美酒。日本也是一个“酒文化”非常丰富的国家，尤其以日本清酒、日本威士忌最出名，其中清酒品牌獭祭号称日本的国酒。而日本威士忌在整个威士忌领域里也扮演着重要角色，其中山崎蒸馏厂和白州蒸馏厂最为有名。但是，就在富士山下，还有一块美丽的葡萄园。日本本土是一个降水较多、温度较低的国家，这样的环境并不适合种植葡萄，富士山下的山梨县却有所不同，这里气候干燥，水汽被巨大的富士山所阻挡，因此干燥且少雨，非常适合种植葡萄。在这里，有超过 30家的古老的日本葡萄酒庄园，并且有中央葡萄酒株式会社等业内地位非常高的葡萄酒生产商。除了富士山下的葡萄园，日本的北海道、新泻、长野、京都、大阪、宫崎也有零零散散的葡萄园，但是其生产的葡萄酒的品质较山梨县的葡萄酒差一些。但是不可否认，日本也是一个葡萄酒生产国。

中国比较火爆的葡萄酒产区贺兰山东麓

中秋已过，许多葡萄酒产区迎来了丰收的季节。在中国，贺兰山东麓是比较火爆的一个葡萄酒产区，贺兰山也是宁夏的一张“名片”，这里的气候环境非常适合种植葡萄。这里的土壤是沙土土壤，这里的纬度、海拔、日照等条件都非常适合葡萄生长，种出的葡萄富含多种矿物质、微量元素，贺兰山东麓也有着“中国波尔多”之称。如今，中国正在这里打造“葡萄酒＋产业扶贫”和“葡萄酒＋文旅”两张特色名片，在帮助当地人脱贫的同时，提升了贺兰山旅游景区的曝光度，吸引了越来越多的人来贺兰山品尝葡萄酒。在这里，许多庄园主开放自己的庄园，邀请游客和葡萄酒爱好者前来参观，品尝葡萄酒，许多有财力的商人和企业家也纷纷入驻贺兰山东麓，种下美丽的葡萄，酿造优雅的葡萄酒。全球葡萄酒旅游组织理事长卡洛斯在首届中国（宁夏）贺兰山东麓葡萄酒博览会上致辞时说：“宁夏具备打造全球葡萄酒旅游目的地的良好条件，潜力巨大、前景广阔，决定授予宁夏‘全球葡萄酒旅游目的地’荣誉称号。”侧面说明，宁夏贺兰山东麓已经是世界级的葡萄酒产区，而贺兰山东麓产区的发展也是中国葡萄酒发展的一个缩影。

中国蓬莱的海岸葡萄酒

中国的“海岸葡萄酒”在哪儿？不久前，山东蓬莱的海岸葡萄酒在2022年亚洲大赛中有所斩获。蓬莱市融媒体中心报道称：“2022年9月5日，2022亚洲葡萄酒大奖赛获奖名单出炉，蓬莱产区6款产品从来自全球的近4 000款参赛酒款中脱颖而出，斩获6枚金奖，载誉而归、闪耀亚洲。”由此可见，中国烟台蓬莱产区的葡萄酒有非常大的潜力，甚至多次在世界舞台上有良好的表现。山东烟台蓬莱是典型的海洋性气候，土壤是沙土土壤，非常适合葡萄种植，这里种植着赤霞珠、品丽珠、西拉、蛇龙珠、霞

多丽、马瑟兰、小芒森等葡萄品种，许多葡萄酒庄园主高薪聘请法国酿酒师进行酿酒，或者每年去法国、意大利等国家交流学习酿酒工艺，这也使得中国的海岸葡萄酒逐渐走向世界前沿。

中国山东烟台盛产葡萄和葡萄酒

中国海岸葡萄酒就在烟台。除了蓬莱，烟台的其他地方也有很多的葡萄种植区，比如烟台开发区、龙口有酿酒葡萄种植园和葡萄酒庄园，且许多葡萄酒庄园酿造出的葡萄酒品质很高，最为有名的就是解百纳。提到解百纳，就不得不提张裕。张裕葡萄酒庄园是中国最有名的葡萄酒庄园之一，张裕公司第四代酿酒师朱梅在自己的《葡萄酒》一书中写道：“葡萄汁是如何变成葡萄酒的呢？它是利用酵母分解葡萄汁中的糖变成酒精和二氧化碳等而成。这种分解现象可以从葡萄压碎后的几个钟头内看出，液面有气泡发生，我们用耳细听，液体中发出一种类似虫子吃桑叶的细碎声音。这种现象就叫发酵。” 当然，烟台还有许多家葡萄酒酒庄，中国葡萄酒的另一巨头长城葡萄酒的酿酒基地也在烟台，甚至罗斯柴尔德家族旗下的拉菲庄园也在烟台“安家立业”，这就是人们对烟台葡萄酒产区的认可和肯定。如今，烟台葡萄酒产业已经发展了百余年，经过沉淀，这里已经形成了巨大的葡萄酒产业链，还有许多高品质的葡萄酒出口到了海外。

怀来是中国第一瓶干白诞生的地方

提到中国第一瓶干白和干红葡萄酒，就不得不提中国葡萄酒酿酒界的泰斗郭其昌先生。郭其昌先生是山东青岛人，最早他在青岛啤酒厂工作，时任青岛啤酒厂厂长的朱梅非常器重这个年轻人，而他的勤学苦练也帮助他掌握了酿酒绝技。后来，青岛啤酒厂接收了葡萄酒厂，并任命郭其昌从事葡萄酒厂的管理。最初，中国葡萄酒发展比较落后，也没有掌握干型葡萄酒的酿造技术，他曾经说过一句话：“葡萄酒质量的好坏，先天在于葡萄，后天在于工艺。”1979 年，在郭其昌的指导下，中国第一瓶干白葡萄酒诞生了，诞生地就是怀来，是中国的重要葡萄酒产区。如今，怀来产区拥有 7 000 多公顷葡萄种植面积，其中酿酒葡萄 4 000 公顷，年生产葡萄酒

15 万吨。当然，这样的数据仍旧无法与法国、意大利等大产区的产能相媲美，甚至还有很大差距，但是中国仍旧是世界上潜力最大的葡萄酒消费国。中国有越来越多的葡萄酒爱好者品饮葡萄酒、消费葡萄酒，而酿酒技术的提升，也使得中国葡萄酒的品质得到了提高。怀来产区拥有许多葡萄酒庄园，虽然这些庄园还很“年轻”，但是假以时日，它们都会成长起来。

中国山西也有葡萄酒产区

不久前，朋友送给我一瓶产自山西的葡萄酒，葡萄酒的品质令人惊讶。后来我才查到，山西也是中国葡萄酒产区家族中的一员。虽然山西葡萄酒产区名气不大，但是这里是典型的大陆性气候，冬天寒冷，夏天干燥，降水量少，阳光充足，昼夜温差大，非常适宜葡萄生长。整个山西葡萄酒产区有三个子产区，分别是太谷、清徐、乡宁。三个产区主要种植的葡萄品种也是非常常见的欧洲葡萄品种，如赤霞珠、品丽珠、梅洛、霞多丽、白诗南、雷司令等。山西产区面积不大，但是潜力并不小，甚至可以用未来可期来形容。当然，还是需要大面积的葡萄种植和高质量的葡萄酒酿造才能推动该地区葡萄酒事业的发展。如今在山西，除了晋中太谷的怡园酒庄之外，还陆陆续续出现了一些精品小酒庄，这些小酒庄的庄园主高薪挖掘国外的高水平葡萄酒酿酒师进行酿酒，因此也有高质量的葡萄酒出现。虽然当下的中国葡萄酒市场有些低迷，但是未来仍旧可期。

中国新疆也盛产葡萄酒

新疆是一个美丽的地方，有沙漠，有冰川，有着震人心魄的大峡谷，还有广袤无边的高原沙地……总之，你在新疆可以感受到中国其他地方没有的东西。新疆绝大多数地区气候干燥，适合葡萄大面积种植。记得小时候我们在商店里购买的葡萄干吗？绝大多数的葡萄干都来自新疆。《史记》记载：“宛左右以蒲陶为酒，富人藏酒至万余石，久者数十岁不败。”大宛就是现在的乌兹别克斯坦，也是古丝绸之路上，葡萄酒进入我国的地方。古代楼兰也留下了葡萄酒酿酒的遗迹……因此，新疆也是中国最早的葡萄酒“集散地”。新疆伊犁是一个美丽的地方，甚至有着“中国花谷”之称。伊犁盛产冰葡萄，酿造的冰酒品质非常好，甚至可以媲美“枫叶国”加拿大的冰酒。而新疆吐鲁番气候干燥炎热，所处的北纬 42 度也是“黄金纬度”，这里的气候与法国波尔多和美国的纳帕谷相近，因此也能生产出高品质的葡萄酒。

中国云南香格里拉葡萄酒产区

提到香格里拉，人们可能首先会觉得那是一个“世外桃源”，被誉为“最后的净土”。世界上有许多个香格里拉，巴基斯坦北部罕萨峡谷，被称为香格里拉，并且是《消失的地平线》中的“主角”；尼泊尔人声称自己的木斯塘国家公园也是香格里拉；在中国，香格里拉在云南迪庆。就是这样一个雪山、海子（湖泊）遍地的地方，竟然还有中国的一个神秘的葡萄酒产区，即云南香格里拉葡萄酒产区。香格里拉产区位于北纬 26 ～ 29 度之间，是“三江并流”的核心地区，葡萄园位于海拔 1 700 ～ 3 000 米的区域内，这里的葡萄园可以称得上是世界上海拔最高的葡萄园。高海拔、低纬度、强烈而充足的日照，夏天不热，冬天不冷，也非常适宜葡萄生长。因此，这里的葡萄品种非常好，吸引了许多葡萄酒庄园主在此地扎根，在酿造葡萄酒的同时，还能享受香格里拉的自然气息和云南少数民族的人文气息，在世界上，恐怕再难找到一个这样美丽、惬意、干净的地方。

第五章 品饮葡萄酒的工具

俗话说“工欲善其事，必先利其器”，对于葡萄酒也是一样的，用啤酒杯喝葡萄酒也可以，但是少了喝葡萄酒时应有的特点和情调。葡萄酒爱好者们应该懂得各种酒具、器皿在不同场合的使用规则，而不同酒具也有不同的故事。如果爱好者们了解这些知识，就有可能让现场的气氛更好，因此这些知识确实需要学习。

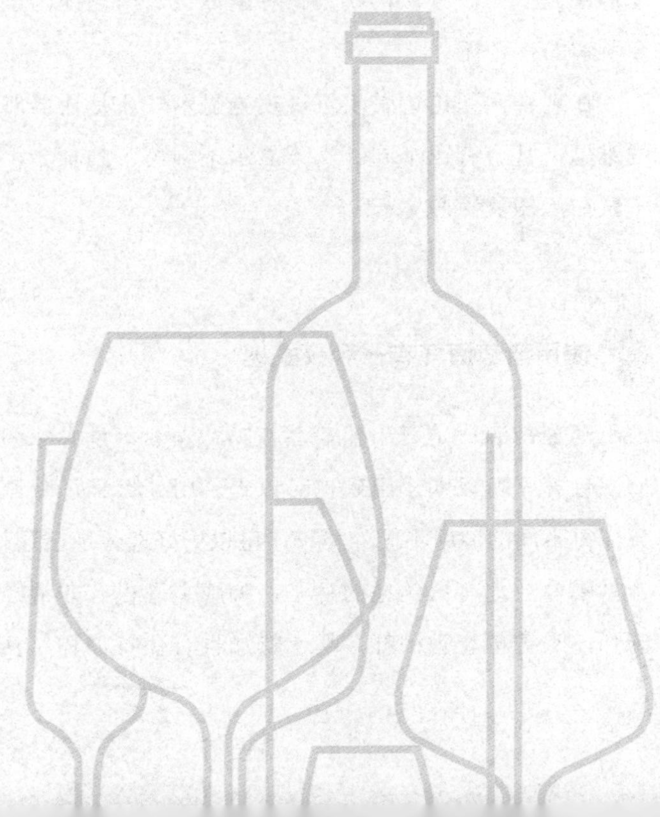

真的有葡萄美酒夜光杯

如果把“葡萄美酒夜光杯”当成某种典故，或许诸多从事文学创作的人能够接受和理解，但在唐朝时期，用玻璃熔炼、制造夜光杯的可能性不太大，只是从诗人创作的角度出发，夜光杯可能有着非常好的寓意。然而，夜光杯确确实实是存在的，并且是甘肃酒泉的特产之一。据说，传统的夜光杯是用祁连山的山玉雕刻而成的，这种玉石材料的夜光杯有一些独特之处：耐高温、耐高寒，并且在月光下有一种“熠熠生辉”的感觉。据记载，这种夜光杯早在公元前七世纪就有了，由此可见，这可不全是诗人的某种想象，而是确实存在的。

我们知道“葡萄美酒夜光杯”一句来自唐代诗人王翰的《凉州词》，他写道：“葡萄美酒夜光杯，欲饮琵琶马上催。醉卧沙场君莫笑，古来征战几人回？”公元前七世纪，就是一些“盗墓小说”里面经常提到的周穆王当政时，西域小国想尽办法与当时强大的国家交往，于是向周穆王进贡了“夜光常满杯”，这种“夜光常满杯”就是一种夜光杯。但是这种杯子出自西域，路途十分遥远，容易损坏，这可怎么办？他们想到了一个办法，就是在甘肃酒泉，用当地出产的祁连玉进行加工，就有了如今所谓的夜光杯。

在现在，无论让手表可以夜光显示，还是让器皿可以夜间变色，都不是技术上的难题，甚至有在不同灯光下显示不同色带的杯子，但在科技不发达的古代，只要气氛在，杯子就“发光”。

使用葡萄酒杯有一种仪式感

喝葡萄酒一定要用葡萄酒杯吗？当然不是必须的，用什么杯子都可以喝酒，用一次性杯子可以喝，用碗也可以喝。用什么杯子喝酒，并没有明确的规定，只是如果懂得不同的酒用不同的杯子，可以更好地体现出这款酒的韵味和特点。

喝白兰地有白兰地的杯子，喝威士忌也有非常经典的格兰凯恩杯或者日式的切紫杯，喝香槟有香槟杯，喝伏特加也有伏特加杯，甚至那些球迷喝啤酒，也会使用

专用的啤酒杯……我的意思是，当你拥有了足够的条件，为什么不使用葡萄酒杯去喝葡萄酒呢？人需要仪式感，用葡萄酒杯喝葡萄酒就是一种仪式感。

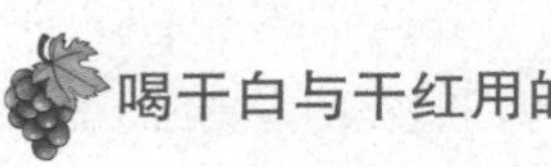

喝干白与干红用的酒杯

如果继续在“喝酒用什么杯子”的话题上深究，那么最终的观点也就是如此，当你满足了某个条件的时候，就可以选择更加适合这款酒的“杯型”，会让所喝的酒更有价值。

喝白葡萄酒也有白葡萄酒杯，喝干红也有喝干红的杯子，二者存在一定的区别。当然，我们需要让更多的葡萄酒爱好者知道这件事：红葡萄酒杯与白葡萄酒杯到底有怎样的区别。

红葡萄酒，尤其是干红葡萄酒，需要“醒酒”，这就需要一种与酒体接触面较大的酒杯，这种酒杯通常有着更圆的肚子、更宽的身子，从而让葡萄酒酒体与氧气进行结合，并且产生氧化反应，让葡萄酒的酒体彻底“清醒”。另外就是，红葡萄酒酒杯会更加高一些，人们可以轻松将它拿起，然后轻轻摇晃。

白葡萄酒酒杯与红葡萄酒酒杯有着较为明显的区别。喜欢喝葡萄酒的人们都知道，白葡萄酒的酿造过程中有葡萄去皮的步骤，所酿葡萄酒的酒体很轻，不需要“醒酒”，应该选择一种顶部较小、与氧气接触较少的葡萄酒器皿来盛以保留它特有的果香。因此喝白葡萄酒的人通常会选择一种杯壁更薄、口更小的杯子，这能给饮酒者一种更特别的体验。

让泡沫更加细腻的香槟杯

香槟酒这种微微带着气泡的葡萄酒总能给人带来别致的体验，因此有人非常喜欢，甚至贪恋香槟酒。明星玛琳·黛德丽曾经说：“香槟，让你感觉每天都沉浸于

周末时光。”这个曾经与葛丽泰·嘉宝齐名的明星竟如此喜爱香槟，香槟与女人似乎有一种不解之缘。香槟是一款夏天的酒，既然是夏天的酒，它需要给人带来一种凉爽的体验。在茶世界里，许多饮茶爱好者会选择一种“观赏器”，用来观赏茶叶、茶汤在水中的变化。其实，喝酒体轻盈、颜色悦人的香槟，也应该选择类似的一款饮酒器。

既然选择喝香槟，那最好是用香槟杯了。香槟杯（champagne glass）指专门用于饮用香槟酒的玻璃酒杯，是一种高脚杯，有郁金香花形、笛形和浅碟香槟杯三种器型。通常来讲，握持香槟杯的杯底是非常舒适的，也可以将杯脚置于拇指与另外一根手指之间。但是无论如何，香槟是一款怕热的葡萄酒，一定不要用手直接触碰装着香槟酒的酒杯杯身。为什么要把香槟杯设计成郁金香的形状？因为郁金香形状的香槟杯能够让香槟酒的泡沫变得更加细腻、柔软，并且给人一种赏心悦目的感觉。

初期爱好者选择酒杯的方法

喝葡萄酒选择什么酒杯，其实可以完全按照自己的想法和审美……有些人只推荐他们认为的所谓“对”或者所谓“更合适”的葡萄酒器皿。许多喜欢葡萄酒的人，只用一个非常常见、普通的红酒杯也是挺好的。我有一个朋友是非常资深的葡萄酒收藏者，他一直使用着二十年前购买的葡萄酒杯，没有选择更换。他说：“葡萄酒是灵魂，葡萄酒的器皿就只是器皿，但是我对这个器皿有了情感，并且看着它十分顺眼，也就不想更换了。”

如果你是初期的葡萄酒爱好者，常喝的是干红，尚且不清楚葡萄酒杯的概念和构造，那么你就需要了解一下葡萄酒杯的基本特点，能够在琳琅满目、高矮胖瘦都有的葡萄酒杯中挑选合适的即可。通常来说，你可以选那种口宽肚子大的高脚杯，这种杯子拥有更大的空气接触面积，能够起到快速醒酒的作用。

香槟酒等起泡酒、白葡萄酒或者桃红葡萄酒，这些种类的葡萄酒通常不需要醒酒，因此可以选择更多杯型的酒杯，如香槟杯、白葡萄酒杯，甚至选择常用来饮用威士忌的格兰凯恩杯也是可以的，只要你个人喜欢。

开葡萄酒需要开瓶器

通常来讲，葡萄酒瓶上都有酒塞，酒塞能够起到非常好的密封作用。但是，如果你手上没有葡萄酒开瓶器，那打开酒瓶时就会遇到困难。

记得有一年，我与朋友去某餐馆吃饭，朋友带了一瓶品质不错的法国酒庄酒，令人尴尬的是，这家餐馆竟然找不到一把开葡萄酒瓶的开酒器。万般无奈之下，餐馆的老板将葡萄酒交给了餐厅的厨师，让厨师们帮忙解决。厨师们都有非常丰富的厨房烹饪经验，但是面对一瓶密封很严实的红酒，他们也犯难了。这该怎么办呢？他们先用筷子往瓶子里捅，效果不好；后改用螺丝刀，费九牛二虎之力，才将红酒搞定。

而餐馆服务员将红酒端出来的时候，我们都傻了眼，瓶中的葡萄酒酒体中漂浮着大大小小、零零散散的橡木碎屑，虽然不影响品饮，但是给我们带来了非常不好的体验。吃完饭，我特意向餐馆老板建议："在我们这里，虽然喝白酒和啤酒的人更多一些，但是也可能会遇到喝葡萄酒的人，因此需要配备葡萄酒开瓶器。"后来，老板配置了葡萄酒开瓶器，并且开始在自己的餐馆里卖葡萄酒。

喜欢喝葡萄酒的人如果参加葡萄酒酒局，完全可以随身携带一个便捷开瓶器，如海马刀或螺旋开瓶器，以备不时之需。

海马刀是经济实用的开瓶神器

较常见的葡萄酒开瓶器就是海马刀了。为什么叫海马刀呢？从名字上我们就可以猜出这样的结论：因其外形酷似海马。设计师之所以将开瓶器设计成这样的形状，是因为这样更符合物理力学。海马刀是一种万能开瓶器，既可以开葡萄酒，也可以开啤酒，所以海马刀也是侍酒师随身携带的开瓶器。在市面上，最为常见的海马刀是不锈钢海马刀，这种海马刀结实、耐用，不容易生锈，可以长期使用。

海马刀比较显著的特点是结构简单、携带方便、功能齐全、价格相对低廉，使用起来也比较容易，受到很多消费者的喜欢，是常见的开瓶器之一。

当然，海马刀的世界也是一个广阔如海洋的世界，许多海马刀设计师进入到这个领域，选择各种各样的材料制作海马刀。海马刀既有金属的，也有牛角的，甚至还有红木的……设计师们逐渐把一个开葡萄酒的工具变成了精致的艺术品。几年前，我的一位好友过生日，他是一个非常喜欢葡萄酒的人，于是我送给他一个礼物：定制海马刀，搭配一个漂亮的礼盒。当他打开生日礼盒时，既惊喜又开心。在葡萄酒的世界里，也有一些资深藏友会购买一把私人订制的海马刀作为自己常用的开瓶器，别有一番乐趣。

可爱的兔耳开瓶器

葡萄酒开瓶器是一个大家族，这个家族里面有许多成员，除了万能开瓶器海马刀之外，还不得不提兔耳开瓶器。顾名思义，兔耳开瓶器就是形似兔子耳朵的葡萄酒开瓶器，这种开瓶器使用方便，非常省心、省力。据我个人观察，一般家庭购买兔耳开瓶器的人比较多，这种开瓶器甚至比海马刀使用起来更加简单、省力。兔耳开瓶器开葡萄酒的步骤如下：

1. 用小刀割掉葡萄酒软木塞上的铝膜，然后将兔耳开瓶器固定在葡萄酒的瓶口上，抬起兔耳开瓶器的齿柄，再将螺旋锥提到最高的位置。

2. 使“兔耳”夹紧瓶身，将螺旋锥对准瓶口的软木塞，然后用力拔升齿柄，当齿柄与“兔耳”齐平的时候，再用力向下压，使螺旋锥完全刺进橡木塞中。

3. 将齿柄向上提升，并且提升到最高位置处，葡萄酒瓶也就被顺利打开了。

4. 最后一步就是将软木塞从螺旋锥上取下，扔掉。

兔耳开瓶器是一种非常简单、易于掌握的开瓶器，一种像曾流行世界的“傻瓜相机”那样的葡萄酒开瓶器。

优雅的蝶形开瓶器

就像我们讲到海马刀的时候所提及的，任何开瓶器都讲究一种力学原理，借助杠杆效应轻而易举地将塞得非常结实的软木塞从葡萄酒瓶中取出，蝶形开瓶器也是如此。这种开瓶器还有一个名字叫“双臂式杠杆型开瓶器”，双臂酷似蝴蝶的两只翅膀，因而被称为“蝶形开瓶器”。它的结构非常简单，由两个能够升降的手臂和螺旋锥组合而成。这种开瓶器的操作也非常简单，只需要将螺旋锥用力钻进软木塞中，钻入时左右两侧的“手臂”也会缓缓抬升，抬升到最高位置处时，就可以按下左右两侧的“手臂”，此时瓶中的软木塞也就会随之拔出。但是，这种开瓶器也属于器型较大的开瓶器，不易携带，所以许多酒店、餐厅会选择这样的开瓶器，便于那些没有开葡萄酒经验的服务人员能够快速开酒。蝶形开瓶器非常美观，许多生产厂家还在外形上进行大胆设计，并申请“专利”，也算是葡萄酒圈内的一道亮丽的风景线。

时髦的气压开瓶器

懂设计的朋友们或许会了解到，许多从事葡萄酒开瓶器设计工作的人员的偏向不一致，有的人是在形状上“取巧”，还有的人选择用另外一种原理去设计开瓶器，比如气压开瓶器。如果说，第一代开瓶器是传统而古老的海马刀，第二代开瓶器就是形似兔耳或蝴蝶的开瓶器，而第三代就是这种气压开瓶器，它采用的是改变压强的原理。这种开瓶器没有螺旋锥，也没有利用杠杆原理的按压杆，人们只需要拿起气压开瓶器对准瓶口，使“气针”扎穿软木塞即可，接着就像给病人“打针”那样，将气体缓缓注入葡萄酒瓶里，借助瓶中的压力，将瓶塞慢慢“顶”出来。

如果说蝶形开瓶器是“傻瓜式”的开瓶器，那么气压开瓶器就是升级版的“傻瓜式”开瓶器。其实，现代社会，人们的生活节奏都很快，许多年轻人过着一种“极简生活”，他们希望把任何事情变得简单。因此，这种有着“革命性”突破且外形美观、操作简单的开瓶器深受年轻人的喜欢。但是需要说明的是，这种开瓶器不适合开含有较多二氧化碳的酒类，如起泡酒等。

优质干红的伴侣醒酒器

喜欢喝干红葡萄酒的人，几乎都会在品饮葡萄酒之前准备一个醒酒器，让干红葡萄酒在醒酒器内进行醒酒。葡萄酒为什么要醒酒呢？葡萄酒有自然沉淀物，醒酒可以去除葡萄酒中的沉淀物，让葡萄酒与空气接触，让苦涩的单宁酸得到充分氧化并变得柔和，使酒液入口更加柔顺；还能去除由二氧化硫带来的味道，还原葡萄酒本身的香味，让酒的香气得到挥发，让酒体变得更加干净。因此，可以说醒酒器是干红葡萄酒的“伴侣”。

醒酒器有漂亮的外观，最常见的醒酒器造型是典型的“长颈大肚”，像一件精美的艺术品。不同品质的葡萄酒的醒酒时间不同，有些餐酒可能只需要醒酒十几分钟，而一些陈年能力强的高级葡萄酒需要超过 40 分钟，甚至更长的醒酒时间。

许多喜欢葡萄酒的朋友也会花费相对高一点的价格买一个天鹅形的醒酒器，这样的醒酒器不仅实用，而且非常美观漂亮，将它放在摆放着美食的餐桌上，仿佛一只透明的、干净的“水晶天鹅”缓缓游到人们身边，非常富有诗意，给主人和客人

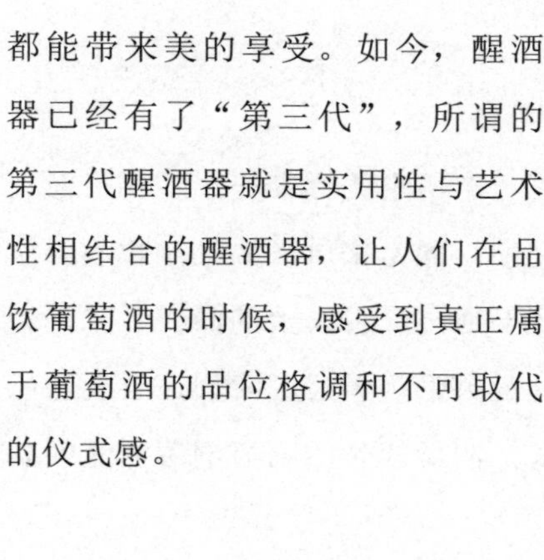

都能带来美的享受。如今，醒酒器已经有了“第三代”，所谓的第三代醒酒器就是实用性与艺术性相结合的醒酒器，让人们在品饮葡萄酒的时候，感受到真正属于葡萄酒的品位格调和不可取代的仪式感。

醒酒器的醒酒原理

为什么要醒酒？以干红葡萄酒为例，其因富含单宁酸而酒体口感苦涩，因此需要让单宁酸得到充分地氧化，才能获得更好的口感。

许多朋友不懂得醒酒，会直接引用葡萄酒，从而对一瓶优质的干红葡萄酒产生误会。醒酒是一件很重要的事情，让酒体得到充分“觉醒”，我们才能享受到真正迷人的葡萄酒，才能揭开葡萄酒“神秘的面纱”。那么，醒酒器醒酒的原理是什么呢？

根据一些相关资料的解释，醒酒器采用了流体工程学原理：流体的流动速度与流体分子结构内部承受的压力成反比。醒酒器采用上述原理，通过加快葡萄酒的流动速度，使之与空气充分混合，使葡萄酒的分子结构内部压力迅速释放，使长期高压存放的单宁酸快速氧化，从而留住葡萄酒滑润芳香的醇正口感，提高了葡萄酒的原有价值。这段解释可以更好地让葡萄酒爱好者们了解相关原理。

把握醒酒的时间

醒酒时间貌似是一个很“玄”的问题，并没有一个所谓的标准答案。要判断一款葡萄酒醒酒时间的长短，首先应该从“闻香”开始。通常来讲，如果一款酒开瓶之后香气宜人，就不需要醒酒太久。然后，我们还要通过“舌尖上的品尝”来进行判断，如果一款酒苦涩味重，或许就需要较长时间的醒酒。最后，我们还要查看一款酒的酒龄，酒龄越短的葡萄酒醒酒时间应该越长，酒龄较长的葡萄酒醒酒时间要短一些。

有朋友还会问：“既然没有固定答案，是一个很‘玄’的问题，那如何才能确定品饮的这款酒醒酒到位了呢？”其实，看似很“玄”的问题，也有一个相对简单的解决方法。饮酒者可以每过五分钟进行一次品饮尝试，直到这款酒达到饮酒者最喜欢的口感状态，就算醒酒完毕。当然，不同葡萄品种酿造的葡萄酒，醒酒时间也是不同的。还有一个问题需要解答，旧世界葡萄酒与新世界葡萄酒在醒酒时间方面有什么不同之处？旧世界葡萄酒因为严格按照“法定等级”去酿造，通常醒酒时间要稍微长一些；新世界葡萄酒没有这些严控生产的“繁文缛节”，醒酒时间便可以相对短一些。

如同艺术品的各种醒酒器

醒酒器到底有多少形状？说实话，这完全取决于艺术家“天马行空”的艺术创作，只要它具有醒酒的功能，它可以有任何一种“艺术躯体”。伍德罗·威尔逊说过一句话：“你来这里不仅仅是为了谋生。你来到这里是为了让世界生活得更加充实，拥有更广阔的视野，拥有更美好的希望和成就精神。你来这里是为了丰富世界，如果你忘记了

那个差事，你就会使自己变得贫穷。”那些从事玻璃器具艺术设计的人或许也有这样的想法。有些人把醒酒器设计成天鹅的形状，赋予欣赏者游动之美；有些人把醒酒器设计成后现代主义的样子，使它更像一个抽象艺术的“雕塑作品”，但其本质上仍旧是醒酒器……我还记得毕加索说过这样一句话：“艺术家是来自四面八方的情感的容器：来自天空，来自地球，来自一张纸，来自一个经过的形状，来自蜘蛛网。”或许有一天，一种外观如立体的蜘蛛网一样的醒酒器也会出现在这个世界上。某年在一次国际酒展上，我还看到一个如弯曲盘卧着的眼镜蛇般的醒酒器，那一天，那个醒酒器就是国际酒展上的明星，十分亮眼，可以说它已经脱离了“普通器物”的概念，走向了“纯粹艺术”的舞台。

一瓶好酒离不开好的酒塞

葡萄酒离不开酒塞，一瓶好酒更是需要一个好的酒塞。通常来讲，一瓶名贵的酒一定会选择品质一流的酒塞，比如天然木塞。这种木塞成本高，对于保存红酒也是最好的。有人说：“只选对的，不选贵的。”但是在葡萄酒领域里，昂贵也代表着品质。为什么很多名庄的酒卖得比较贵？除了酒的品质被认可，酒瓶的质量也非常好，另外，这些酒也会选用品质一流的软木塞。品质优越的软木塞密封性强，有利于葡萄酒在瓶中的“二次发酵”。

随着现代工艺的发展，以及对环境保护的要求，纯原木塞越显珍贵，价格也比较高。还有一种 1+1 型木塞，就是两端是原木片，中间是碎木屑压制的，此外还有纯木屑压制、合成塞、微粒子塞等，价格也比较低。理论上说，越贴近自然的酒塞成本越高，搭配的酒也越好。当然，如果都是原木塞，除了看酒塞的原木质量，还要看酒塞的长度，一般越长的酒塞价格越贵，搭配的酒也越好。

一瓶优质并且有年份的“老酒”，也可以通过软木塞看出来，换句话说，通过木塞的颜色，我们能够判断出葡萄酒的年份。红葡萄酒的颜色很深，软木塞经过葡萄酒的长期浸润，颜色会发生变化，时间越长，软木塞的颜色也会越深红，而如果一瓶酒是“年轻”的酒，软木塞就不会浸润出深红的颜色。除此之外，软木塞的长短也会影响葡萄酒的品质，较长的软木塞可以防止空气进入，让葡萄酒的“寿命”更长久。

经典的天然软木塞

一般来说，高品质的葡萄酒都会选择天然软木塞，那是不是意味着天然的就是最好的呢？其实，随着科技发展和新材料的研发，天然软木塞或许不是最好的选择。天然软木塞是大自然的杰作，人们通常用栓皮栎树树皮制作软木塞，这种木塞往往有着合适的密封性和透气性，更加利于葡萄酒的“二次发酵”。当然，天然软木塞也有缺点，天然木材中往往含有某种化学物质，这种化学物质就是TCA，会给葡萄酒带来一种近似“发霉”的味道。还有一种木塞，虽然也是天然的，但却是用木屑等材料填充压制而成的，这种软木塞叫填充塞，这种木塞价格便宜，是最常使用的软木塞。当然，这种软木塞的透气性能与天然木塞是没有可比性的，因而会对葡萄酒的陈年有一定的影响。有人问：“天然软木塞会不会被其他材料的瓶塞所取代？”我想应该不会，除非栓皮栎树树皮过于稀缺，最后只能选择放弃使用这种材料。以目前的天然库存看，这种材料是不会消失的，传统的葡萄酒商仍旧会选择天然木塞，尤其是那些著名的葡萄酒庄园。当然，也有一些葡萄酒商选择合成塞或者旋盖，主要是为了控制成本。

其他几种不同的瓶塞

如今，各种各样的瓶塞花样缤纷，酒厂的老板们可以任意选择瓶塞了。人工合成塞是最常见的一种，外形和相关构造几乎与天然软木塞一致，甚至有着良好的透气性，能够帮助葡萄酒酒体“二次发酵”。随着这种技术的发展进步，合成塞或许还有更多的可能性，它有自己的优势，天然软木塞带有的化学物质污染在合成塞这里是看不到的，合成塞能够防止细菌污染。但是，合成塞不易降解，会给环境造成一定的破坏。

除了人工合成塞之外，还有一种塞子叫1+1型塞，这种瓶塞也是“合成”的，因此也叫1+1混合塞。这种瓶塞的结构非常像汉堡，在碎木压制成的瓶塞的两端分别夹上软木片，是典型的“材料充分利用”的结晶。当然，也不用担心碎木瓶塞的残渣掉进酒里。这种瓶塞的成本实在是太低了，可以用“巨便宜”来形容。还有一种瓶装酒封装方式也很受欢迎，那就是螺旋盖。螺旋盖乍一看感觉档次不高，但是有环保、方便、不用带开瓶器、密封性好等特点，被越来越多地使用，甚至一些高档酒也开始使用螺旋盖了，这或许也反映着一种趋势。

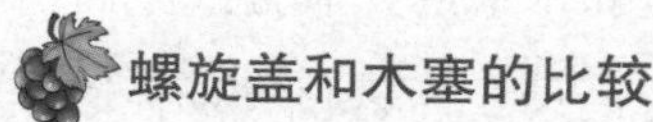

螺旋盖和木塞的比较

螺旋盖与橡木塞都有各自的优点和缺陷，从成本角度上看，原木木塞较贵，也比较稀缺，其次是 1+1 合成木塞，还有压制合成木塞、微粒子木塞等，螺旋盖就便宜很多。许多名庄佳酿会选择传统的原木木塞，一方面让葡萄酒得到更好的保护，另一方面，原木木塞还会持续地给予葡萄酒特殊风味，让葡萄酒的品质变得更好。当然，名庄佳酿的价格是非常贵的，因此不会把节省成本的事情考虑进来，会更愿意选择能提升葡萄酒品质的原木木塞。如今工业技术发达了，螺旋盖密封性良好，几乎能完全隔绝空气，从而能完美地保存葡萄酒的果香和花香等风味，能很好地避免葡萄酒氧化，而且开启方便，不需要使用开瓶器，可多次重复使用，节约资源，生产成本也较低。越来越多的高端红酒都采用螺旋盖了，特别是一些新世界国家的葡萄酒，如智利、澳大利亚地区的葡萄酒，很多都是螺旋盖，所以现在仅仅从螺旋盖和木塞的使用无法来判断酒的价格。

螺旋盖是否会破坏仪式感

无关瓶塞，只要你选择喝葡萄酒，就会产生一种仪式感。无论是和朋友鉴赏一款名酒庄的葡萄酒，还是在欢聚的时候畅饮，葡萄酒本身的饮酒过程就充满了仪式感。

英国作家约翰·济慈说过一句话：“几本书，一瓶法国葡萄酒，一点水果，一个好天气加上一曲音乐，这就是我理想的生活状态。”葡萄酒如人生，只要你喜欢葡萄酒，它就会给你带来仪式感。对于深度爱好者来说，葡萄酒是一种精神，一种信仰，品味葡萄酒就如同热爱文学的人在傍晚时分打开一本心仪的诗集，然后阅读它，朗诵它，体会它。

我是一个非常喜欢葡萄酒的人，一瓶酒是真酒，就能够带来葡萄的果香，能够给人带来愉悦，为什么非要盯着它的瓶盖或瓶塞呢？真正爱酒的人不是很在意这些细节。因此我想告诉葡萄酒爱好者们，螺旋盖不会让品饮葡萄酒的仪式感荡然无存，它只是葡萄酒的一个细节，不是葡萄酒的全部，只是和木塞的开瓶方式不同而已。如果你品尝的葡萄酒是一款品质很好的佳酿，螺旋盖，只要环境和气氛合适，也可以充满仪式感。

葡萄酒的密封与酒帽

一些老酒客可以通过葡萄酒酒瓶的一些细节，来分辨葡萄酒的品质。一些著名酒庄也比较注重酒瓶细节，尤其是瓶塞和封口。

在装瓶技术不发达的年代，没有热缩帽和锡帽，酒庄在用橡木塞封瓶后，会在瓶口打上一层蜡来密封，避免空气进入酒瓶造成葡萄酒氧化。由于滴蜡封瓶多由酿酒师手工完成，比较耗费时间和成本，所以用蜡封的葡萄酒大多是陈年潜力较强的酒。如今，随着科技的进步，葡萄酒的密封大多使用锡帽加橡木塞或者螺旋盖。

过去有一段时间，酒帽是铅制的，但后来人们意识到铅是有毒的，残留在瓶口的铅会在倒酒时进入酒中，进而危害人体健康，丢弃后还会污染土壤。之后欧盟便禁止使用铅制酒帽，现在

的酒帽多采用锡或聚乙烯材料制作。酒帽还能起到装饰的作用，使葡萄酒看起来更加美观大方。

葡萄酒未喝完可以使用真空塞

如今，还有一种瓶塞叫真空塞，这种瓶塞可以抽取瓶中空气，延长葡萄酒的寿命，尤其对于那些喝了一半没有喝完的葡萄酒，这种瓶塞能够避免葡萄酒腐败而不得不倒掉的情况出现。如果一个人喜欢葡萄酒，总是在平时喝上一点，但是一次饮不完一瓶酒，这就需要用一个瓶塞重新塞住葡萄酒酒瓶，防止葡萄酒氧化、腐败。

通常来讲，真空塞非常美观，被许多人当成礼品送给喜欢葡萄酒的朋友。这种酒塞可以将酒瓶内的剩余空气抽走，让瓶中处于接近真空的状态，能够将葡萄酒的保质期延长 15 天左右，甚至更长。如今，真空酒塞都是选择食用级的合成材料，朋友们大可不必担心它的材质会给酒体造成污染。

真空塞的使用方法非常简单，用真空塞塞住葡萄酒酒瓶，然后反复拉伸真空塞上的抽气泵，将酒瓶里的空气抽出，重复多次，让酒瓶内部处于真空状态，最后压紧真空塞，防止漏气即可。当想要再次饮用葡萄酒的时候，只需要按一下真空塞上的开气阀，空气就能流入瓶中，然后再打开酒瓶，饮用葡萄酒。购买真空塞的渠道非常多，除了酒水专营店，人们也可以直接网上下单，选择一款自己喜欢的真空塞。

选择一款自己喜欢的酒架

许多喜欢葡萄酒的人都会购买酒架用于放置葡萄酒。但是，酒架的种类、材质实在太多了。有的小型酒架只能放置一瓶葡萄酒，这样的酒架通常是金属材质的，有铁艺的，有镀铜的，甚至还有不锈钢材质的；稍大一些的酒架有书架形状的；还有一种酒架更像是吧台，这样的酒架通常是木质的。如果家中的葡萄酒较多，可以选择木质的、较大的酒架，这种葡萄酒酒架实用性较强，能够为葡萄酒爱好者腾出更多的生活空间。当然，木质的葡萄酒酒架的造型也多种多样，这就看个人的喜好了，你喜欢什么样子的，就去大胆选择。制作酒架的材料，通常不能有异味，或者说，只要是没有异味、坚固结实、不易变形的材料都可以用来制作酒架。如今，许多人会选择一款有创意的酒架装饰自己的房间，这会带来一种美的享受。就像我的一位从事家装设计的朋友说的："酒架是一种注重实用性的家具，如果在实用性的基础上加上美观的作用，就是两全其美了。"因此，选择酒架不要有太多心理压力，只要你喜欢，就可以购买，金属的、木质的都行。

选择恒温葡萄酒柜的窍门

如果你是一个葡萄酒爱好者或葡萄酒收藏者，那你通常需要购买一个恒温的酒柜，将葡萄酒存放在其中。那么，如何才能选择一款适合自己的恒温酒柜呢？通常来讲，有以下几个方面需要考虑：

1. 根据家庭中的葡萄酒数量选择酒柜。如果平时购买和需要存放的葡萄酒数量较多，就需要一个容量较大的恒温酒柜，反之则可以选择一个容量较小的恒温酒柜。

2. 选择实用性更强的恒温酒柜。对酒柜来说，实用比美观更有意义，如果有一款恒温酒柜既实用又兼顾美观，则是第一选择。

3. 选择安全性较高的恒温酒柜。对于葡萄酒的存放来说，安全性必须排在第一位。

4. 根据恒温酒柜的材料进行选择。通常来讲，恒温酒柜有木质的、铝合金的、不锈钢的。这三种材质的恒温酒柜中，木质的酒柜不耐用，时间长了容易发霉；不锈钢材质的恒温酒柜较耐用，但是重量较大，而且占地方；铝合金材质的恒温酒柜重量较轻，但是易变形。总之，不锈钢和铝合金恒温酒柜属于较耐用的类型，市场占有率也比较高。

5. 选择有品牌知名度的恒温酒柜。现在的恒温酒柜已经品牌化，大品牌的恒温酒柜更有质量保证，安全系数也较高。

冰桶是葡萄酒圈里的神奇装备

不同的酒有不同的“饮法儿”，葡萄酒是非常适合冰镇饮用的，尤其是干白葡萄酒和香槟酒。冰桶给葡萄酒提供了冰镇的便利，仅仅需要数分钟，冰桶的冰镇效果就能让葡萄酒的口感达到最佳。如果是夏天，温度很高，就更加需要冰桶这样的“葡萄酒伴侣”了。那么，冰桶该如何使用呢？冰桶的使用方法通常有两个：

1. 将冰块倒进冰桶之后，再加适量的冰水，这种方法可以增加葡萄酒与冰块（冰水）之间的接触面积，有利于葡萄酒快速降温。

2. 将冰块倒进冰桶后，加适量的冰水，然后再加适量的盐。盐水的冰点比纯水的冰点更低，因而能保持更低的温度，更有利于葡萄酒的快速降温。

需要提醒的是，我们不能将葡萄酒一直泡在冰桶里，红葡萄酒与白葡萄酒的适宜口感有不同的温度要求，有的需要冰镇时间长一些，有的则相反。如果家中没有冰桶该怎么办？其实，让葡萄酒降温的方式有很多，有冰箱的话，可以提前放进冰箱冷藏室，或者将葡萄酒放进装有冰袋的容器里，从而达到类似冰桶的冰镇效果。

装修一个好的酒窖

如今，人们的收入越来越高，生活水平也在提高，对于那些爱葡萄酒的人群来说，拥有一个自己的私人酒窖也不是什么奢侈的梦想。有一位设计师指出：最理想的酒窖是在地面以下，通常情况下越深越好；最不宜做酒窖的地方是屋顶下面的空间，夏热冬寒不适合储存葡萄酒；室内酒窖最好放在西北方向，西北方向不容易受到阳光的直射，楼下建酒窖好过在楼上。这是一个非常专业的答案，按照这个答案选择好了地址，就可以开始酒窖的建造工作了。酒窖里面酒架和酒柜的选择也很有讲究，通常来讲，酒窖有着功能上的分区，这些功能区包括展示区、品酒区、吧台区、设备区、储藏区、装饰区等，不同的区域需要不同的酒架和酒柜。酒架通常应该选择实木的，常见的实木酒架材质有胡桃木、橡木、榉木等，这些木材能够散发迷人的气味，会让葡萄酒更加香醇。酒柜的材质和类型一定要遵循“安全为先”的原则，然后要考虑实用性和美观，如果选择木质的恒温葡萄酒柜，还需要做一定的处理，延长木质葡萄酒柜的使用年限。

小型橡木桶不止有装饰作用

橡木桶有大有小，波尔多桶（Barrique）源自法国波尔多产区，是最常见的酒桶之一，其容量为225升，刚好可以盛装300瓶750毫升的葡萄酒。 除了225升经典桶之外，还有700升、600升、500升、228升、150升、100升、50升、25升、10升、5升、3升、1.5升等规格。优质的葡萄酒通常都是经过橡木桶陈年的葡萄酒，那些能够“过桶”的酒，也有更好的陈年能力。

但是，许多人购买橡木桶却并不是为了存酒，而是把它当成一种装饰品。小的橡木桶用来装饰房间也能带来愉悦的享受，但是，小的橡木桶除

了装饰家庭空间之外，还具有其他作用。酿酒师选择橡木桶陈年葡萄酒，就是为了提升葡萄酒的口感，在储存氧化过程中，葡萄酒中的单宁酸会变得更加柔和。橡木桶越大，葡萄酒与橡木桶的接触面比例就越小，熟化的时间也就越长；橡木桶越小，葡萄酒与橡木桶的接触面比例就越大，熟化的时间也就越短。当然，小型橡木桶在制作工艺上要求更高，制造成本也就相对更高。在法国波尔多地区，庄园酿酒师通常会选择225升的波尔多小橡木桶，而法国勃艮第地区则是选择228升的勃艮第橡木桶。因此，即便是用于装饰的小橡木桶也可以存放葡萄酒。

需要说明一点，储存葡萄酒需要专业的储存方法以及合适的储存环境，不是简单地把葡萄酒灌到桶里就可以了，一般家庭储存葡萄酒时，可能因为没有装满酒而氧化或储存温度高等原因造成酒体变质。如果不是为了装饰，储存葡萄酒时，最好在合适的温度下并听从专业调酒师的建议，在酒桶中灌满酒进行储存。

喝葡萄酒衬托气氛常用的小装饰

喝葡萄酒是一件非常有趣的事情，许多人认为，喝酒的氛围很重要。如果你自己有一个小小的葡萄酒品鉴区，完全可以摆放一些好看的、具有艺术气息的小摆件或者工艺品。在我看来，可以摆放这几类东西：

1. 艺术类摆件。艺术类摆件是最常见的气氛烘托型摆件，朋友们可以选择自己喜欢的或者符合葡萄酒品鉴区的装修风格的艺术类摆件，这类摆件有金属的、泥质的、木质的、树脂的、陶瓷的，选择范围较广，而且购买渠道非常多，朋友们可以根据自己的消费能力选择不同价位的艺术类摆件。

2. 酒架和酒柜。其实，酒架和酒柜也有非常好的装饰效果，尤其是那些非常有艺术风格的酒架，完全可以提升饮酒的仪式感。同理，还有一些艺术气息较重的酒柜也有这样的气氛烘托效果。

3. 花瓶和绿色植物。一只好的花瓶，可以让饮酒的空间氛围立刻“神圣”起来，而绿植的点缀，则让品饮葡萄酒具有更多生活上的乐趣。

无论你选择哪一种类型的装饰品，都是可以的，没有一个所谓的“固定标准”，如果喜欢油画，在品鉴区挂一幅油画也未尝不可。

重要酒局需要做的准备

在一个非常重要的酒局中，重要的不仅是酒，还有酒之外的一些事情和物品。例如，一个商务宴会，会出现一些重要的人物，在接待这些重要的人物时，需要解决下面几件事。

1. 点菜。酒局同时也是一个饭局，饭局上的菜是非常重要的。如果不是套餐而是分散点菜，请客一方应该主动邀请客人去点菜，如果客人将点菜的“权力”交还给请客一方，请客一方应该点些“硬菜”，要荤素搭配、冷热搭配，尽可能营养均衡，上档次。当然，“硬菜”不一定是最贵的菜，但是一定要大气、好看、美味。

2. 确定自己的角色。重要的酒局里，每个人都有自己的角色。无论你是请客方还是受邀方，都要在酒局中确定自己的角色，一方面是要确定自己的主客身份，另一方面是根据酒局中的每一个人的不同角色，来采取不同的交流策略。

除此之外，重要的酒局还要注重一些细节，比如选择怎样的酒杯和醒酒器，桌面上配置的东西是否齐全，选择的酒店（餐厅）是否干净、卫生、有档次等。重要的酒局离不开酒，当然更要耐心选择一款好喝的酒。

第六章 储存葡萄酒

如果说存酒是一门艺术，那懂得怎么储存葡萄酒就像艺术家的艺术技法。葡萄酒爱好者如果不会储存葡萄酒，不仅会使优质葡萄酒的口感受到影响，还可能会使自身遭受经济损失。懂得酒的适饮期，更懂得怎么储存葡萄酒，才能更好地享用葡萄酒。

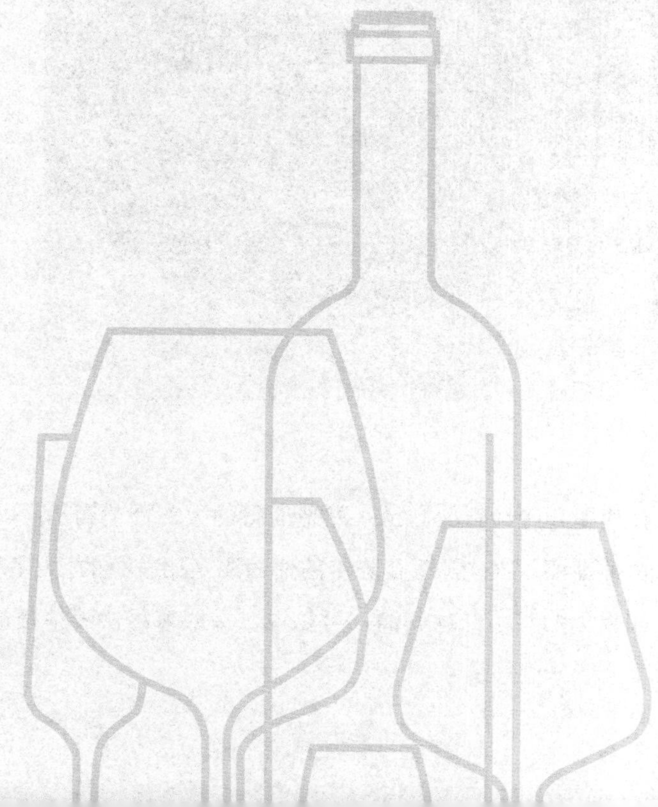

葡萄酒的陈年与储存

葡萄酒爱好者们几乎都知道，并不是所有的葡萄酒都适合陈年。那些精心酿制的庄园级别的葡萄酒，通常具有较好的陈年能力，但是许多餐酒只适合新鲜时期饮用，并不适合陈年。当然，适合陈年的通常是一些单宁、酸度、芳香物质等含量比较高的葡萄酒，这类葡萄酒的成分更复杂，经过陈年之后，品质还会上升。有人问，陈年与适宜储存是一回事吗？从某种角度上说，适合陈年的葡萄酒更加适合科学地储存，因此差不多也就是一回事了。有一篇名为《酒界权威告诉你哪些葡萄酒适合陈年》的文章写道："适合长期陈酿的葡萄酒一般是那些使用赤霞珠（Cabernet Sauvignon）、品丽珠（Cabernet Franc）、梅洛（Merlot）、西拉（Syrah）和内比奥罗（Nebbiolo）酿制而成的红葡萄酒；一些贵腐甜葡萄酒，比如苏玳（Sauternes）甜白；卢瓦尔河谷（Loire）的白诗南（Chenin Blanc）葡萄酒；使用雷司令（Riesling）酿造而得的大部分葡萄酒；以及昂贵的勃艮第（Burgundy）白葡萄酒。"当然，适合陈年的葡萄酒是比较少的，大多数葡萄酒只适合新鲜时期饮用，如果你购买了一款餐酒，可以说，买回家尽快喝掉是最好的。

有些人喜欢喝新酒，有些人喜欢喝老酒。如果有人问："是不是陈年葡萄酒一定比新酿葡萄酒好呢？"答案是否定的。有些品质一般的餐酒没有任何陈年能力，陈年后的结果反倒让餐酒品质更差，甚至无法饮用；只有那些真正具备陈年能力的珍酿才有升值和陈年后饮用的价值。有人问："陈年多久的葡萄酒属于老年份的葡萄酒？"虽然没有一个明确的行业规定，但是侍酒师们有一个标准，即 10 年。陈放 10 年的葡萄酒，酒体颜色会发生变化，变得更深，陈年的葡萄酒也会更快"苏醒"，并释放出一种独特的陈年香气。这种陈年的香气主要表现为香料香气、动物香气、烧焦香气，年轻的葡萄酒主要是表现为花香、果香等。当然，绝大多数的葡萄酒没有 10 年以上的陈年能力，需要在 3 ～ 5 年内饮用完毕。红葡萄酒的陈年能力略强于白葡萄酒，当然也有个别的，如苏玳贵腐甜白，拥有极长的陈年能力，能超过 50 年，甚至可以跨世纪。

葡萄酒陈年能提升价值

有些葡萄酒不适合陈年，更适合直接饮用；对于那些适合陈年的葡萄酒，陈年可以让葡萄酒中的单宁变得柔和，香味更加丰富，口感更富有层次化。因为这些葡萄酒有高单宁、高酸度的特性，如果不陈年，葡萄酒就像那些"青涩的少年"一样，缺少一些成熟的韵味。当然，除了葡萄酒的结构、风味会发生变化外，那些经营葡萄酒的人都知道，一瓶值得陈年的酒经过陈年后，价格也会变得更贵。

2013 年 4 月，苏富比拍卖行在伦敦拍卖了一批名贵的葡萄酒，其中 5 瓶亨利·贾叶于 1987 年酿造的里奇堡葡萄酒，拍卖了 3.0562 万美元。1985 年，伦敦佳士得拍卖行拍卖了一瓶 1787 年的拉菲，拍卖价高达 16 万美元，如今这瓶酒在福布斯收藏馆里珍藏，瓶身还刻有美国总统杰斐逊的名字。2001 年，苏富比拍卖行在纽约拍卖了 7 支罗曼尼康帝庄园葡萄酒，拍卖价为 16.75 万美元。1992 年的皇家鹰鸣赤霞珠在 2000 年的纳帕谷葡萄酒拍卖会上拍出了 50 万美元的高价。据说，还有一瓶拍卖价为 250 万美元的香槟打破了起泡酒的拍卖纪录。可见，收藏名庄佳酿，并通过收藏的方式令其升值，也是当下许多葡萄酒商人所做的一件事。

有许多葡萄酒爱好者喜欢收藏老酒。所谓的老酒，就是有一定年份的葡萄酒。不同品种的葡萄酒的陈年能力是不同的，干红葡萄酒的陈年能力通常要高于干白葡萄酒；优质庄园佳酿的陈年能力要好于普通餐酒（普通餐酒通常要尽快饮用，不适合存放）；酒精度数较高的葡萄酒的陈年能力要好于酒精度数较低的葡萄酒。在这样的几个大前提下，我们可以进行葡萄酒年份的辨别，辨别的方式通常有以下三种：

第一种，看颜色。通常来讲，年份越久的葡萄酒的颜色越深，干白葡萄酒的颜色会由浅黄变成金黄，甚至棕黄，干红葡萄酒的颜色会由透明宝石红变成深棕红。

第二种，闻味道。现实中，有一些葡萄酒的酒精味特别大，甚至刺鼻，这样的葡萄酒可能是劣质勾兑葡萄酒，气味轻盈的葡萄酒往往比那些味道厚重的葡萄酒更加年轻。

第三种，看包装。许多品牌或者庄园级别的葡萄酒，会在瓶身上直接标注装瓶日期，自装瓶日期到购买品尝，能直接算出葡萄酒的年份。

科学陈年的方法

陈年需要用科学的方法，且不同的酒有不同的陈年能力。不久前，一位从事葡萄酒生意的朋友带了一瓶法国名庄酒，年份是 1982 年。许多人都听说过“82 年的拉菲”，这不是一个梗，是真实存在的名酒。如果一瓶佳酿，置放于适当的温度和储存环境下，可以最大程度延长它的“寿命”。当然，在葡萄酒行业里有这样的说法：

1. 单宁含量高的葡萄酒陈年能力强；

2. 酒精度数相对较高的葡萄酒陈年能力强。

当然，以上说法也是相对的。比如某些优质的干白葡萄酒和贵腐酒也有相当好的陈年能力。只不过，想要延长葡萄酒的寿命，最好给它们配一个恒温的、遮光的酒柜或者酒窖，这才能长久保存葡萄酒。

葡萄酒的适饮期

不同葡萄酒的“寿命”是不同的。有些适合陈年的葡萄酒，最佳适饮期可能会长久一些，购买回来后，可以适当存放，等到葡萄酒中的单宁变得柔和，芳香物质得到充分释放，酸度变得轻盈的时候，就达到它最佳的饮用期了；有的葡萄酒适饮期短一点，最好尽快饮用。那么我们该如何判断一款葡萄酒的适饮期呢？一般来讲，红葡萄酒的寿命比白葡萄酒的寿命更长，因为红葡萄酒中的单宁酸等物质含量更高，而白葡萄酒的单宁酸等物质含量相对低一些。葡萄酒大师杰西斯·罗宾逊认为：“所有葡萄酒中，只有最顶级的那 1% 具有 10 年或者 20 年以上的陈年潜力。绝大多数葡萄酒在装瓶6个月后就开始慢慢失去果香，而果香正是年轻葡萄酒最大的魅力之一。”

曾经有人给出一个表格，我把表格中的内容整理了一下，给我们的葡萄酒爱好者们作为参考。清爽的白葡萄酒有 2 ～ 3 年的陈年能力，桃红葡萄酒有 3 ～ 4 年的陈年能力，清爽的红葡萄酒有 3 ～ 5 年的陈年能力，果味浓郁的干白葡萄酒有 4 ～ 5 年的陈年能力，果味浓郁的干红葡萄酒有 5 ～ 8 年的陈年能力，橡木桶酿制的干白有 8 ～ 10 年的陈年能力，酒体结实的顶级干白有 10 ～ 30 年的陈年能力，酒体饱满强劲的干红有 15 ～ 30 年的陈年能力，酒体非常强壮的红葡萄酒有 30 ～ 50 年的陈年能力，贵腐甜白有 10 ～ 60 年的陈年能力，加强型葡萄酒陈年能力更长。

适合长期储存的葡萄酒

前面文中有提道：“适合长期陈酿的葡萄酒一般是那些使用赤霞珠（Cabernet Sauvignon）、品丽珠（Cabernet Franc）、梅洛（Merlot）、西拉（Syrah）和内比奥罗（Nebbiolo）酿制而成的红葡萄酒；一些贵腐甜葡萄酒，比如苏玳（Sauternes）甜白，卢瓦尔河谷（Loire）的白诗南（Chenin Blanc）葡萄酒，使用雷司令（Riesling）酿造而得的大部分葡萄酒，以及昂贵的勃艮第（Burgundy）白葡萄酒。”总而言之，只有那些单宁含量高、酸度高的葡萄才能酿出适合陈年的葡萄酒。在意大利皮埃蒙特地区，内比奥罗葡萄拥有高酸度和高单宁的特性，因此酿造出来的内比奥罗葡萄酒非常适合陈年；另一个意大利葡萄品种桑娇维塞也可以酿造适合陈年的葡萄酒。全球种植最为广泛的酿酒葡萄就是赤霞珠葡萄，这种葡萄酿造的葡萄酒同样适合陈年，而赤霞珠葡萄酒酒体颜色深，单宁含量和酸度都非常高，法国波尔多地区和美国纳帕谷地区酿造的赤霞珠干红葡萄酒非常适合存放，甚至可以有 30年的陈年能力。除此之外，葡萄酒的陈年能力还与酿造工艺息息相关，葡萄品种只是其中一个因素。

葡萄酒的保质期

既然许多葡萄酒的陈年期会超过 10 年，为什么还要在葡萄酒的背标上打上“10 年保质期”的字样呢？原因是，国家《食品安全法》有这样的相关规定，食品类商品的外包装都必须打上这样的字样，这是为了确保葡萄酒的饮用安全性。实际上，葡萄酒没有特定的保质期，如果葡萄酒在瓶中变质了，通常不是变质，而是衰败掉了，甚至变成了醋。不同的葡萄酒有不同的适饮期，葡萄酒爱好者们会通过判断葡萄酒的适饮期选择何时饮用。名庄佳酿，通常都具备较长时间的陈年期，购买回来后完全可以当成收藏品进行长期收藏。那些市场上较为常见的廉价葡萄酒，一般适合购买回来就尽快饮用，这类葡萄酒越年轻越好喝，往往在装瓶半年之后，口感就开始走下坡路。法国每年都会举办“博若莱新酒节”，博若莱葡萄酒主要就是新酒，生产线灌装出厂之后，大家会尽快饮用。大家常说的“82 年的某某酒”，难道“82 年的某某酒”过期了吗？当然不会，储存条件非常好的 1982 年的名庄珍酿，是不会过期的，没有过期的顶级葡萄酒当然可以饮用，说不定才刚刚达到它的适饮期。但是，如果年份长的酒，本身酒体不够好，或者储存不当，饮用口感就会变差，那就不推荐饮用了。

葡萄酒不是越老越好

李白曾经写道："人生得意须尽欢，莫使金樽空对月。"人生当歌，无酒不欢。然而，买酒、饮酒都是一门学问，葡萄酒也是酒，葡萄酒爱好者们一定要有一些简单的常识。并不是所有的葡萄酒都有陈年的能力，具备陈年能力的优质葡萄酒占葡萄酒总量的比例很少。如果是几十块钱购买的普通餐酒，根本没有任何储存的必要，买回家直接喝掉就 OK了。许多人喜欢不同口味的葡萄酒，也会变着花样地购买葡萄酒，但是这些廉价酒，都属于快消品，不属于收藏品。如果你花几万元购买了名庄级别的葡萄酒，这样的酒通常可以收藏。当然，我并不建议一些普通的葡萄酒爱好者一次性购买太多葡萄酒，如果赶上促销活动，可以买几箱，等把这些葡萄酒喝完之后再进行购买。我有一个朋友特别喜欢囤酒，如果赶上促销活动，就会买许多许多葡萄酒。如今，他的家中至少有几百箱葡萄酒。有一次我去他家中做客，他开了一瓶10年前的干红葡萄酒，等他打开之后才发现，这瓶酒完全衰败了，根本无法饮用。然后他陆陆续续又开了许多瓶 10年前的葡萄酒，几乎无一例外都衰败了，可以看得出来，葡萄酒绝不是越老越好。

葡萄酒的储存温度

一项研究表明，如果以葡萄酒储存的通用标准 13℃作为基准，温度上升到 17℃，酒的成熟速度会是原来的 1.2 ～ 1.5 倍，温度增加到 23℃，成熟速度将变成 2 ～ 8 倍，温度升高到 32℃，成熟速度将变为 4 ～ 56 倍。其实，葡萄酒爱好者们储存葡萄酒时，一般要注意两个问题：其一，通常酒精度数在 13 度（包

括13度）以上的葡萄酒适合长期储存，加强型的葡萄酒更加适合；其二，葡萄酒的最佳储存温度是17℃以内，且不低于0℃。

酒精度低于13度的低度酒该如何保存呢？举个简单例子，啤酒或者果酒一般是低度酒，这些酒的保质期非常短。如果你手上有一批低于13度的葡萄酒，这些酒通常是餐酒，或者廉价酒，按照传统的储存理念，还是要尽快喝掉，以免过了最佳的饮用期。如果你手头上有一些高品质的、名庄级别的葡萄酒，这类葡萄酒就可以长期储存，不必尽快喝掉。葡萄酒是饮品，大多数是买来喝的，无论是名庄酒还是餐酒，都是如此。

橡木桶储存并非必须

葡萄酒需要在橡木桶里储存吗？这是一个有意思的话题，并不是所有的葡萄酒都有过橡木桶储存的“经历”，反而是没有经橡木桶存储过的葡萄酒更为畅销。有人问：“这是为什么呢？”因为廉价。普通餐酒通常不会经过橡木桶储存，橡木桶储存的葡萄酒品质当然会更好一些。通常来讲，橡木桶储存葡萄酒要至少6个月以上，经过橡木桶储存的葡萄酒带有橡木桶的味道和更为复杂的单宁味，这些葡萄酒一般陈年时间为6个月、12个月、18个月、2年、3年不等。只不过，在橡木桶存放3年以上的葡萄酒就极其少见了，绝大多数葡萄酒只有6个月或者1年的橡木桶陈年“经历”。还有人问：“为什么不能将葡萄酒常年储存在橡木桶里呢？”如果葡萄酒常年陈放在橡木桶里，就会带着一种很重的橡木桶味道，这种过于浓重的味道

会掩盖葡萄酒本身的味道和香气，使葡萄酒变得非常难喝。葡萄酒不同于威士忌和白兰地，威士忌和白兰地属于烈酒，这些烈酒完全可以在橡木桶里长年陈放。威士忌的橡木桶陈放至少要4年，喜欢威士忌的朋友们也知道，陈放时间越长，威士忌的品质也就越好。而且苏格兰威士忌协会有个官方规定：至少在橡木桶陈放3年以上的威士忌才叫威士忌。

瓶装葡萄酒的储存方法

许多葡萄酒爱好者都有储存葡萄酒的习惯，尤其在赶上葡萄酒购买季低价活动的时候，许多人都会囤酒。囤酒需要一些非常好的手段，如果囤不好，就有可能让酒变质。因此，葡萄酒爱好者们应该掌握几种科学的手段：

1. 藏于低温环境的阴凉处，避免太阳暴晒。葡萄酒的最佳储存温度一般是5～18℃，如果家里购买了存储葡萄酒的专业设备，最好使用专业设备进行储存。

2. 密实袋也可以储存葡萄酒。所谓密实袋，网上都有售卖，买来之后，将酒放进密实袋，然后使用抽真空的设备抽干空气，同样也可以达到保存葡萄酒的作用。

3. 热缩膜也是非常常见的储存酒的装备。葡萄酒爱好者们只需要用热缩膜包裹住葡萄酒，然后用吹风机加热使其收缩，也能起到保存葡萄酒的作用。但是，最好还是将葡萄酒放进恒温箱或者葡萄酒柜进行储存。

4. 蜡封也是一种手段，这种手段也是非常好用的。现在就有一些葡萄酒商直接选择蜡封口的包装方式，如果是自己进行蜡封，最好选择可食用蜡进行封存。

家庭酒窖选酒储存

如果自己有一个家庭酒窖，应该选择怎样的葡萄酒来储存呢？其实更多的还是取决于个人喜好。对于大多数人来说，葡萄酒是用来喝的，而不是用来收藏的，即使购买了大量葡萄酒，最终还是要喝掉，因此，拥有家庭酒窖的朋友，选择自己喜欢喝的葡萄酒即可。如果一款葡萄酒不适合你，或者你不喜欢喝，那么购买这款葡萄酒就显得毫无意义了。如果你喜欢各种各样的葡萄酒，就都可以进行购买。

葡萄酒并不适合一次购买太多，如果有条件，可以多购买几个品种进行储存。

就个人而言，我喜欢干红葡萄酒、干白葡萄酒、桃红葡萄酒以及起泡酒等，并且将这些酒进行分类，存放在几个不同的区域。不同的葡萄酒有着不同的陈年能力，在窖藏葡萄酒的时候一定要提前做好功课，并不是所有的葡萄酒都有长期陈年的“本事”。可陈年时间短的葡萄酒，一定要尽快喝掉，不要错过了它的最佳饮用期。

根据颜色判断葡萄酒的年份

一些非常专业的葡萄酒爱好者或者品鉴师能够一眼看穿某一款葡萄酒的品质和年份，或者能说出这款葡萄酒的酿酒葡萄，是单一酿造还是混酿，甚至还能说出葡萄酒的产区。其实，掌握这个技巧并不难，只需要葡萄酒爱好者们耐心观察。其一，红葡萄酒的新酒通常是紫红色的，紫红色的干红葡萄酒通常是 1 ～ 3 年的葡萄酒。当干红葡萄酒颜色变成了砖红色，则意味着这款干红葡萄酒经过了橡木桶的陈年，因此这款酒的年份会更长一些。如果某款干红葡萄酒的颜色变成了棕红色，则意味着这款葡萄酒的年份更长。其二，干白葡萄酒的新酒颜色通常是清柠色的，颜色比较淡，甚至看上去清新宜人。如果你选择的干白葡萄酒变成了金黄色，则说明这款干白葡萄酒有过橡木桶的陈年经历。如果一款干白葡萄酒呈现出金棕色，则说明这款干白葡萄酒已经“人老花黄”，通常过了最佳饮用期。选择一款好年份的葡萄酒，需要关注葡萄酒的产地，产地的春夏秋季不能有过多的雨水，而且春季温度不能太低，夏天温度不能太高，往往在这样严格的自然条件下，才能酿出一款好酒。

葡萄酒的最佳饮用温度

有一些葡萄酒非常娇贵，这些葡萄酒有独特的适宜储存温度，使用恒温酒柜一般可以设定合适的温度来储存葡萄酒。当然，有些葡萄酒商直接将葡萄酒的最佳储存温度和最佳饮用温度印在酒标上，葡萄酒爱好者们可以进行参考。有人问：“葡萄酒的最佳储存温度与最佳饮用温度是一回事吗？”这其实是完全不同的两个概念，葡萄酒的饮用温度也会影响到葡萄酒的风味。众所周知，干白葡萄酒与干红葡萄酒的最佳饮用温度是不同的，干白葡萄酒更适合冰镇饮用，而干红葡萄酒则适合常温饮用。具体来讲，干白葡萄酒酒体相对更加单薄，酸度高，但是单宁相对较低，最佳的饮用温度通常在 10℃左右，侍酒者在侍酒的时候，通常会取来一个冰桶对葡萄酒进行冰镇处理。干红葡萄酒最佳的饮用温度不宜超过 20℃，如果是夏天常温存放的红葡萄酒，也可以进行适当冰镇，继而达到最佳的饮用温度。当然，不同的葡萄酒都有不同的“性格”，通常来讲，葡萄酒的饮酒温度在 7 ～ 18℃。白葡萄酒的最佳饮用温度是 8 ～ 13℃，红葡萄酒的最佳饮用温度是 10 ～ 18℃，起泡酒（包括香槟）的最佳饮用温度是 6 ～ 12℃，白兰地也有自己的最佳饮用温度，但常温饮用也是可以的。除此之外，桃红葡萄酒的最佳饮用温度是 7 ～ 13℃，与白葡萄酒的最佳饮用温度比较接近；而加强型葡萄酒，如西班牙雪莉酒、马德拉酒等，最佳饮用温度是 13 ～ 18℃。还有一点值得解释，不同心情下的人，往往也会有不同的饮酒感受。

葡萄酒保质期并非越长越好

其实，绝大多数的葡萄酒都需要在短暂的时间内饮用。葡萄酒有保质期吗？虽然食品相关法律规定葡萄酒要标注“10 年保质期”，但是对于许多廉价餐酒来讲，“10 年保质期”恐怕都过于长了，许多这样的廉价餐酒不到 10 年，就已经无法饮用了。对于那些名庄级别的佳酿来讲，10 年可能才刚刚开始，就像一个人从青春期逐渐进入到成熟期，但是，即便是这样的名庄级别的佳酿，也有保质期。如果你有幸品尝到一款 30 年以上的珍酿和一款 50 年以上的珍酿，你就会感受到时间赋予的不同风味。任何一款葡萄酒都有自己的“寿命”，并不是存放时间越久越好，如果一款葡萄酒过了自己的最佳饮用时间，这款葡萄酒就已经失去了自身的价值。

葡萄酒的具体储存条件

葡萄酒有着非常苛刻的储存条件，具体来讲，葡萄酒的科学储存条件主要有以下六个：

1. 温度：葡萄酒的储存温度最好在 5 ～ 18℃之间，最理想的储存温度为 11℃，并且最好是恒温储存。温度变化会引起“热胀冷缩”效应，从而加速葡萄酒的氧化变质。

2. 湿度：最佳的葡萄酒的储存湿度是 70% 的湿度，湿度太低会导致葡萄酒塞干瘪；湿度太高会导致葡萄酒塞腐烂变质，因此，要尽量选择相对稳定的湿度条件。

3. 避光：葡萄酒在阳光的暴晒下，很快就会变质，只有选择避光、凉爽的储存条件，葡萄酒才能进行长期保存。

4. 通风：储存葡萄酒时，还需要通风，并且葡萄酒不适合与其他东西一起储存，会导致“串味儿”。适当通风是保存葡萄酒的必要条件之一。

5. 防震：所谓的“防震”，就是防止葡萄酒经常被搬来搬去，除去一些不可控因素外，最好减少葡萄酒的搬运次数。

6. 摆放：通常，人们会选择平放的姿势，让葡萄酒和软木塞保持一定的湿润接触；还有一种是保持 45 度的夹角摆放葡萄酒，不过此种摆放角度需要专业的葡萄酒酒架。

换木塞还可以继续储存

更换酒塞是葡萄酒商经常进行的操作，只是对刚刚入门的葡萄酒爱好者们而言较为陌生。随着存储时间的延长，葡萄酒的橡木塞会逐渐老化、变质、变形，失去密封能力，因此那些可以长年储存的名庄佳酿就需要适时更换橡木塞了。有一篇名为《你了解葡萄酒的换塞吗？》的文章中，不仅指出长期储存的葡萄酒需要更换酒塞，还特别强调换塞需要专业的人用专业的道具才能完成。由此可见，换塞是一件非常专业的事情，如果你只是一名爱好者，尽量不要选择尝试，而应该交给专业的人去做。

保存未饮完葡萄酒的方法

用真空塞抽出瓶中空气，获取真空的方式，可以短暂保存未饮用完的葡萄酒，防止葡萄酒变质。但是，就算用了真空塞并放在合适的温度中，葡萄酒最多也只能保存 7 ～ 10 天的时间，因此还是要在短时间内喝完。如果你没有真空塞，那么除了这种方法之外，你还可以将拉出瓶体的瓶塞塞回去，然后用保鲜膜封存。当然，这种方法也只能短时间存酒，还是需要尽快饮用完。

除此之外，还有一些其他的存酒小窍门。有一些葡萄酒爱好者会购买一些专业的存酒器，比如储存瓶，如果还有未饮用完毕的葡萄酒，可以将其倒进这样的存酒器里，然后进行密封保存。还有一些人会将葡萄酒放进更小的“小酒瓶”里进行存放。需要注意的是，千万不要用洗洁精等物质对小酒瓶进行清洗，以免留下残渍，污染葡萄酒酒体。当然，聪明的人们还会找到其他存酒的方法……但是不管如何，打开的葡萄酒都要尽快喝完，否则就会腐败变质，一旦腐败变质，就只能倒掉，或者稀释后充当植物肥料，没有太多剩余价值。

葡萄酒储存选择的建议

不同的人，会出于不同方面的原因，选择不同的葡萄酒来储存，具体可以参考以下建议。

首先，选择自己喜欢的葡萄酒进行储存，而不要以收藏名酒为第一原则。对于葡萄酒爱好者而言，存酒也是为了喝酒，只是在特定的条件下购买了不同数量和批次的酒而不当下喝完。其次，葡萄酒爱好者们买酒，更要根据自己的经济状况量力而行，名庄佳酿虽好，但是价格也是非常“感人”的。

抛开以上两个方面，葡萄酒爱好者们在短中长期储存方面，可以根据某些著名的葡萄酒杂志或者葡萄酒消费指南的推荐进行选择与购买。现今流行的“帕克评分”就是比较权威的，而有条件和渠道的葡萄酒爱好者们可以按照“法国五大列级庄园”的名单进行有针对性地购买和收藏。名气大的葡萄酒庄园出产的葡萄酒，相对会有更稳定的品质，陈年能力一般较好，甚至有一定的收藏价值。而普通的廉价餐酒没有陈年能力，只适合日常饮用，不适合收藏。收藏葡萄酒应该收藏酒体稳定的，或者高单宁、高酒精度数的葡萄酒。当然，“选酒课题”是一个相当个性化的课题，选择时还是以葡萄酒爱好者的个人喜好为主，然后适当结合一下相关葡萄酒的资料即可。

第七章 葡萄酒的成分

一说到成分，好像是要讲化学知识，但其实了解葡萄酒的各种成分与特点，对我们品饮葡萄酒很有帮助。比如知道了葡萄酒有沉淀或结晶是一种正常的现象，就可以从另外一个角度欣赏葡萄酒。

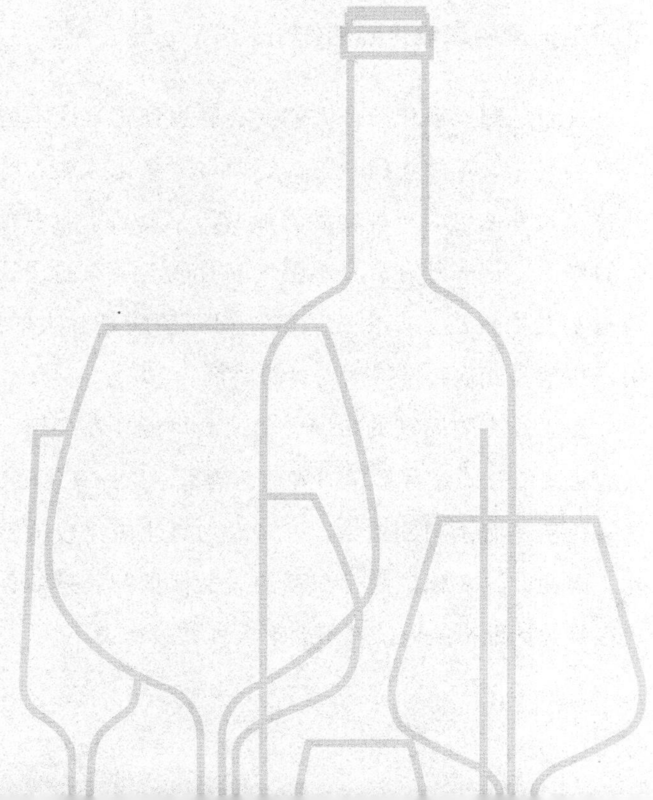

葡萄酒中的水

葡萄酒的主要成分是什么？难道不是酒精吗？其实，葡萄酒的主要成分是水，水占到了整瓶葡萄酒的 70%～90%，这些水主要来自葡萄的果肉和果皮，毕竟，葡萄是一种含有大量水分的果实。这些水是“生物水”，是葡萄根茎从土壤中获得的水分，是典型的“生命之水”。还有人问：“葡萄酒里有没有人工添加的水？”我想说，酿造后人工添加的水是不存在的，除非葡萄酒爱好者买到了一款用水勾兑而成的葡萄酒。真正的葡萄酒中的水，就是来自挤压而出的葡萄汁，毕竟葡萄酒本就是用葡萄汁发酵而成的。还有人问：“为什么酿造葡萄酒的过程中不能添加水呢？”其实，酿造葡萄酒的时候加水，会造成污染，甚至引起发酵终止。因此，国际葡萄与葡萄酒组织对葡萄酒有了这样一个定义，即：葡萄酒只能是破碎或未破碎的新鲜葡萄果实或葡萄汁经完全或部分酒精发酵后获得的饮品。葡萄酒是酒，但水是葡萄酒的主要成分，如果一个人喝了很多葡萄酒，就会产生一种“水饱腹”的感觉。

葡萄酒中二氧化硫的作用

只要提到二氧化硫，人们就会联想到化学课本里面提到的，二氧化硫拥有一种臭鸡蛋气味。既然如此，怎么还要将二氧化硫加入葡萄酒之中呢？二氧化硫是国内外普遍允许使用的一种食品添加剂，在食品工业中发挥着护色、防腐、漂白和抗氧化的作用，是一种有着臭鸡蛋气味且能溶于水的、具有强烈刺激性的气体。二氧化硫与水发生反应，产生亚硫酸，而亚硫酸是强大的还原剂，有着强大的抗氧化作用，也就是我们经常提到的“防腐剂”。

如果没有防腐剂的帮助，葡萄酒可能会在半年之内坏掉，这该怎么办？因此，人们将二氧化硫这种物质加入葡萄酒里，让二氧化硫延长葡萄酒的寿命。除此之外，二氧化硫还有杀菌的效果，许多对二氧化硫比较敏感的细菌会被加入的二氧化硫杀死。因此，二氧化硫是葡萄酒的天然保护剂，只要食品或者葡萄酒中加入的二氧化硫在行业标准范围内，就不会对人体造成伤害。

葡萄酒中不易察觉的添加剂

其实，人们很难从一款葡萄酒的配料表上找到除二氧化硫之外的其他添加剂。但是，确实有一些“隐形”的添加剂并不会出现在配料表里，而且这些各种各样的“添加剂”自古就有了。有些葡萄酒酿酒师会在葡萄酒中添加糖分，这样可以让葡萄酒酒体更加均衡和饱满，继而获得更好的口感。

葡萄酒的添加剂主要还有酒石酸、紫米加、亚硫酸盐、单宁粉、酵母、橡木片。不是所有葡萄酒都会添加这些成分，添加额外成分是为了加重或调配葡萄酒的口感。

酒石酸：当葡萄酒中的自然酸度不足时（在温暖、炎热的产区比较常见），许多葡萄酒生产商就会利用酒石酸来增加葡萄酒中的酸度。

紫米加：紫米加是用葡萄生产的一种密度非常高的物质，只要往葡萄酒中加入微量的紫米加，葡萄酒的颜色就能由淡红色变成深红色。

亚硫酸盐：所有的葡萄酒中都含有或多或少的亚硫酸盐，这是葡萄酒发酵过程中的一个副产物，并且大部分酿酒师还会往葡萄酒中加入微量的亚硫酸盐作为防腐剂。

单宁粉：生产单宁粉的原料主要是葡萄皮，当葡萄酒口感比较寡淡、结构不够复杂时，一些葡萄酒生产商就会加入单宁粉。

酵母：酵母分为人工酵母和天然酵母，很多葡萄酒生产商会购买人工酵母来发酵葡萄酒；天然酵母主要生长于葡萄皮上，少数葡萄酒生产商在葡萄酒酿造过程中只用天然酵母。

橡木片：橡木桶能够为葡萄酒提供香草、香料等众多风味，但是质量较好的橡木桶一般价格不菲，因此一些酿酒师便会选择较为便宜的方式——往储存在不锈钢罐中的酒液里放入橡木片。这一方法在节约成本的同时，也能让橡木风味快速地融入葡萄酒中。

需要说明的是，不是所有的添加剂都在被使用，根据不同的地区、葡萄特点、口感需求，酿酒师会进行添加剂的调整，也有很多葡萄酒除了二氧化硫之外，不添加别的添加剂。

葡萄酒中一定含有糖分

难道干红或者干白葡萄酒中也含有“残糖”吗？其实，几乎所有的葡萄酒中都含有残糖。所谓残糖，就是残留在酒体中的糖分，英文标注的残糖即为 Residual Sugar，简称 RS，通常以 g/L 为单位，不同剂量的对应甜度如下：

干型，0 ～ 4g/L，感受不到甜；

半干型，4.1 ～ 12g/L，微具甜感；

半甜型，12.1 ～ 45g/L，甘甜；

甜型，45.1g/L 及以上，明显甜感。

当然，上述整理的数据标准并不是一个“官方”统一的数据标准，而且许多国家并没有相关的硬性要求，只是让葡萄酒商将葡萄酒的残糖含量标注在葡萄酒瓶身上。在酿造葡萄酒的过程中，有一种情况叫“酶终止”，也就是发酵停止的意思。如果酵母将葡萄中的糖分几乎完全转化成了二氧化碳和酒精，也就获得了干型葡萄酒，而这类葡萄酒中的残糖含量较少。

葡萄酒中至关重要的单宁

说起葡萄酒，人们就会想到单宁这个东西。什么是单宁呢？按照化学相关知识，单宁是一种有机物，化学式为C76H52046，又称单宁酸、鞣酸；为黄色或棕黄色粉末；无臭，微有特殊气味，味极涩；可溶于水及乙醇，易溶于甘油，几乎不溶于乙醚、氯仿或苯；其水溶液与铁盐溶液相遇变蓝黑色，加亚硫酸钠可延缓变色。

葡萄酒中的单宁主要来自葡萄果肉及葡萄果皮。葡萄本就属于一种高单宁含量的水果，同时单宁也存在于葡萄藤里。在葡萄酒中，单宁是一个不可忽略的重要存在，甚至可以被称为葡萄酒的“骨架”。也有资深的葡萄酒从业者说：“单宁是衡量一款高级干型葡萄酒的关键所在。”世界上的一些顶级葡萄酒，多半都是采用高单宁含量的葡萄酿造而成的，比如赤霞珠等。除此之外，单宁还有强大的抗氧化作用，在单宁与二氧化硫的双重“保驾护航”下，一款好酒才能真正诞生。当然，单宁除了在葡萄酒中起关键作用外，还有许多其他作用。比如单宁还可以用于医疗领域，其具有脱氧杀菌的作用；单宁的凝聚力还可以用于环保系统。

单宁含量要恰到好处

单宁能给葡萄酒带来一种苦涩感。有一些葡萄酒单宁含量低，苦涩感也非常淡，酒体因此会比较轻盈；还有一些葡萄酒则有厚重的单宁口感，并且能够支撑起整个葡萄酒的口感“骨架”。是不是葡萄酒的单宁够厚重，就是款好酒呢？当然不是，单宁厚重，只是某款葡萄酒中的单宁含量很高，因此有着厚重的口感，但并不意味着这款酒是好喝的。在我看来，真正的优质佳酿一定是好喝的，这需要单宁与酸度均衡，酒体内的芳香物质被彻底激活。做个简单的比喻，单宁是葡萄酒的“骨架”，如果骨架非常大，相当于一个身高超过两米的人，一般身高过高，肢体的协调性就会变差（当然，灵活的篮球巨星们除外），也就会打破某种平衡。因此，单宁的含量是需要恰到好处的，应该与葡萄酒中的酒精、酸度、芳香物质等相互协调、统一，才能搭配出一款珍酿。当然，一款单宁厚重的葡萄酒通常有着较好的陈年能力，但是一开始喝起来的口感会大打折扣。如果我们仅仅只是探讨单宁口感厚重是不是意味着单宁含量高，那是一定的，只有单宁含量高，葡萄酒才有厚重的单宁口感。

葡萄酒的酒精含量

葡萄酒是酒，当然含有酒精。虽然，如今也有不含酒精的无醇葡萄酒（口感接近葡萄酒，但不含酒精），但是无醇葡萄酒在此暂不讨论。葡萄酒中的酒精是葡萄汁中的糖分在酵母的作用下转化而成的，没有完全发酵转化成酒精的糖分，就会残留在葡萄酒里，也就是前面我们所讲的葡萄酒中的“残糖”。通常来讲，干燥、炎热地带的葡萄含有较多的糖分，因此能酿造出酒精度相对较高的葡萄酒，比如澳大利亚的部分地区和美国纳帕谷等地区的葡萄，能酿造出酒精度数超过 14 度的葡萄酒，而相对较为凉爽、湿润的欧洲地区，通常会酿造出酒精含量相对较低的葡萄酒。

通常来讲，葡萄酒的酒精度数在 5.5 ～ 16 度之间，个别葡萄酒的酒精度数会超过 16 度。超过 15 度的葡萄酒主要有马德拉酒、雪莉酒、红仙粉黛葡萄酒、设拉子（澳大利亚）葡萄酒等；13.5 ～ 14.5 度之间的葡萄酒大多是由意大利阿玛罗尼、赤霞珠、黑皮诺、梅洛等葡萄品种酿造的葡萄酒；而西拉（法国）、灰皮诺、长相思葡萄，以及法国勃艮第、博若莱产区的一些葡萄，通常能酿造出 12.5 ～ 13 度的葡萄酒；而加州起泡酒、基安蒂酒、桃红葡萄酒、麝香葡萄酒以及佳美葡萄酒，度数往往会低于 12 度。当然，不同地区生产的葡萄酒的酒精度是不同的，这与葡萄品种、产区风土环境、酿酒方式等因素息息相关。总的来说，葡萄酒是酒，适量饮用，微醺即可，不必追求高度酒，更不要喝醉，甚至酗酒。

葡萄酒中的矿物质

葡萄酒中除了富含水分、酒精、单宁、糖分等成分外，还富含各种各样的矿物质，而且许多矿物质对人的身体是有好处的。有人会问："这些矿物质都来自哪里？是葡萄中富含的矿物质吗？"可以这样理解，葡萄酒中的矿物质来自葡萄，而葡萄中的矿物质也是葡萄在生长过程中从土壤中吸纳而来的。根据一些相关资料可知，对于葡萄果实来说，所含有的元素除了所有生物都不能缺少的碳、氢、氧元素外，还主要包括钾、氮、磷、硫、镁、钙这六种元素，它们在葡萄汁中的含量一般共为200～2 000mg/L；而硼、锰和铁这三种元素的含量约为20～50mg/L；此外，铜、锌和钼这三种元素加起来的含量甚至低于5mg/L。也有分析显示，葡萄酒中还含有其他元素，如钠、氯、铷、硅、钴、铅和砷等。但是，这些矿物质都是对身体有好处的吗？这还是要通过科学的研究才能进行判断，并得出准确结论，但至少，大多数矿物质是人体所需的。葡萄酒中的各种矿物质源于葡萄以及为葡萄提供养分的土壤，不同的生长条件和风土环境造就了不同的葡萄酒，因此需要明白，不同地区的葡萄酒中的矿物质成分及其含量是略有不同的。

葡萄酒中的其他成分

葡萄酒是一种成分非常丰富的酒类，适量饮用葡萄酒，对人的身体是有好处的。葡萄酒中含有多种糖类，除了葡萄糖之外，还有果糖、戊糖、树胶质、黏液质等，这些糖都是人体所需的糖类。除了糖之外，葡萄酒还含有大量有机酸，这些有机酸包括苹果酸、琥珀酸、柠檬酸等，同样能够被人体所吸收。葡萄酒的酒体中还含有大量无机盐，其中氧化钾、氧化镁的含量很高，甚至还有一些葡萄酒中富含磷元素，也是人体所需的物质。通常来讲，葡萄酒还有氮类物质，含氮量约为0.027～0.05%，除此之外，葡萄酒还富含十多种氨基酸。可见，葡萄酒确实是一个"宝库"。有人问："葡萄酒中含有维生素吗？"其实，葡萄本身就富含各种维生素，而这些维生素并没有在酿酒过程中丢失，反而会被完整地保存下来。葡萄酒含有核黄素、硫胺素、烟酸、维生素B6、维生素B12、叶酸、维生素C、泛酸、肌醇、氨基苯甲酸、胆碱、类黄酮等物质，这些物质都是人体所需的。葡萄酒除了含有乙醇（酒精）之外，还含有少量的杂醇油、苯乙醇、二醇、酯类、缩醛等物质，这些物质使得葡萄酒具有芳香美妙的气味。

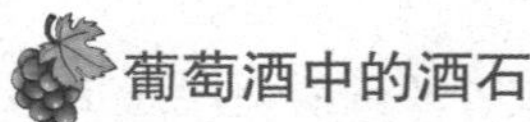

葡萄酒中的酒石

有时候，细心的人们会观察到，有些葡萄酒的酒体中会出现结晶现象，这是怎么一回事呢？其实，葡萄酒结晶之后，就会形成酒石，这种酒石的主要成分是酒石酸，有些葡萄酒存放在比较寒冷的环境里或者经过冷热交替，结晶形成的酒石就会出现了。

有些地方生产的葡萄酒含有丰富的酒石酸，葡萄酒中的矿物质遇到酒石酸，就会有一定的概率产生酒石。酒石通常沉淀在酒瓶的瓶壁或者橡木塞上。红葡萄酒的酒石一般是呈现紫红色的结晶体，而白葡萄酒的酒石则有着类似白砂糖的样子。

酒石的产生，会不会影响葡萄酒的品质？是不是酒石的产生意味着葡萄酒变质了？其实不然。酒石是一种无害物质，只有矿物质含量较高的葡萄酒才会产生酒石，而矿物质含量低的葡萄酒是不容易产生酒石的。如果我们花不菲的价钱购买了葡萄酒，而这款葡萄酒竟然产生了酒石，千万不要倒掉，其实这恰恰说明这款葡萄酒确实物有所值。有一些高品质、高年份的葡萄酒还有老酒石，这些老酒石是葡萄酒酒龄的见证者。酒石不会影响葡萄酒的品质，也不会影响葡萄酒的口感，它只是一种正常的结晶体而已，喝的时候过滤一下即可。

同一批酒沉淀情况也会不同

有一些朋友曾经反映：“我买了一个批次的葡萄酒，为什么有的会产生沉淀，有的却不会？难道这不是同一个批次的酒吗？难道是商家偷梁换柱了吗？”虽然不能排除这种可能性，有些黑心商人确实会这样做，但是我也相信，大多数酒商在当今经济增速略微变缓的市场大环境下，会坚持自己的商业原则，不会在同一个批次的葡萄酒中做手脚。其实，同一个批次的葡萄酒，有的出现沉淀，有的没有出现沉淀，这也是一种常见现象。同一批次的葡萄酒，未必来自同一个橡木桶，它仅仅代表着这批葡萄酒生产时间相近而已。即便是相同批次、相同年份、相同等级的葡萄酒也

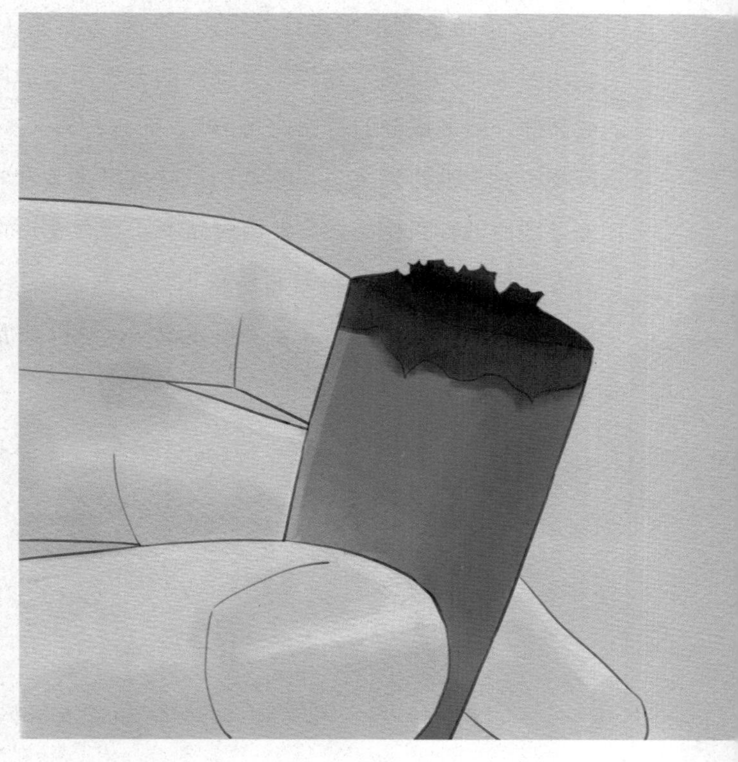

会存在“各自的性格”，因此，我想表达一个观点：每一瓶葡萄酒都像一个拥有独立性格的“人”，每个人有不同的性格，葡萄酒也是如此。葡萄酒产生了沉淀，并不代表着葡萄酒的品质差，葡萄酒的沉淀物通常是酒石，或者是比酒石更小的胶质，这种胶质是由多糖、葡萄果皮、酵母残渣等结合而成的，对人体无害。

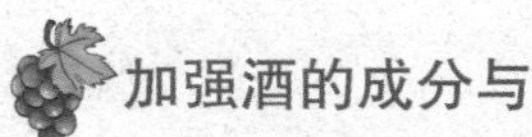

加强酒的成分与比例

有人问：“在加强葡萄酒中，烈酒的占比是多少呢？”雪莉酒、马德拉酒等都属于葡萄酒中的加强酒。根据一些相关资料的说法，如雪莉（Sherry）、马德拉（Madeira）、天然甜型加度酒（VDN）和澳大利亚路斯格兰产区（Rutherglen）出产的麝香葡萄酒（Muscat）、Topaque 加度酒等一些葡萄酒，并不需要烈酒提供的额外风味气息，所以通常会使用高度精馏（精馏是一种反复蒸馏的过程，可以去除风味成分）后，无味且度

数高达 95 度的烈酒来进行“强化”。对于要展现品种自身特色的加强酒来说，这种强化手法尤为重要，比如上文提到的天然甜型加度酒（VDN）。在这些风格的加强酒成品中，烈酒成分的占比约为 10%。而波特酒（Port）则是这种高度精馏方法的特例产物。对于波特酒来说，烈酒的风味气息是其精髓的一部分，它采用度数为 77 度的葡萄烈酒进行强化。在波特酒成品中，烈酒成分的占比约为 20%。以上数据源自国外的专业研究，也是相对有科学依据的数据。这些加强酒都有非常强的陈年能力，比如马德拉酒，马德拉酒又名“不死酒”，可以陈放一个世纪之久。

第八章 葡萄酒分级

葡萄酒的分级，有的按地理位置、有的按产区大小、有的按出产的酒庄，葡萄酒的主要产酒国或产酒区都有一些分级的方法，可供消费者在选酒的时候做参考。当然，也有一些评级不高的产区会有很不错的葡萄酒，看懂葡萄酒分级，在选酒的时候就多了一个标准。

葡萄酒分级的意义

许多生产葡萄酒的国家都对出产的葡萄酒做了分级，分级是一件非常有意义的事情。有一位资深的业内人士说："分级对那些真正用心酿制葡萄酒的人或者企业，是一种保护。"没有分级制度，就会出现许多假冒伪劣产品，如果想要把好的葡萄酒和坏的葡萄酒分开，就必须采取这种分级制度。通常来讲，高等级的葡萄酒可以售卖出更高的价格，而低等级的葡萄酒就难以卖出高价，像那些地方上的餐酒，价格就不高。如今，分级也是一种营销手段，为更高等级的葡萄酒进行"包装宣传"。

在法国，葡萄酒庄园实在太多了，甚至可以说是多如牛毛。传说，当年拿破仑为了招待各国元首，希望从多如牛毛的葡萄酒庄园里找到一款好酒，因此，1855 分级就出现了。法国波尔多地区有超过 1 万家葡萄酒庄园，人们很难从酒标上获取具体的信息，自从有了分级制度，人们逐渐知道了 AOC、VDT、IGP 等标志，也能从某一款葡萄酒的酒标上得知这款酒具体来自哪个地区。后来，这项分级制度在整个欧洲地区（如意大利、西班牙等国）流行开来。分级制度也让葡萄酒行业变得越来越规范，人们跟着一张地图就能找到著名的酒庄，并且品尝到美妙的葡萄酒。

法国葡萄酒的分级制度

众所周知，法国是世界上出产葡萄酒较多的国家之一，并且较早地拥有葡萄酒分级制度。过去很长一段时间，法国的葡萄酒分级制度分为四级，依次是法定产区葡萄酒、优良地区餐酒、地区餐酒和日常餐酒。

法定产区葡萄酒（AOC）：AOC 级别的葡萄酒是法国最高等级的葡萄酒，其中 AOC 的意思是“原产地控制命名”。只有用原产地种植的葡萄生产的葡萄酒，且在得到专家认证的条件下，才能被评为 AOC 级别的葡萄酒。

优良地区餐酒（VDQS）：优良地区餐酒品质也很不错，而且数量很少。当这种地方优良餐酒表现得特别良好时，就能拿到 AOC 的认证了。

地区餐酒（VDP）：地区餐酒比日常餐酒要好一些，而且可以标明产区，但是必须使用该地区的葡萄汁进行加工生产。

日常餐酒（VDT）：日常餐酒就是人们最常见的那种佐餐用的葡萄酒，在法国，用较低价格就能买到一瓶，非常实惠。日常餐酒对区域没有限制，甚至允许生产商用各地的不同葡萄汁进行生产，但是不允许用欧共体之外的国家的葡萄汁进行生产。

AOP 和 AOC 的区别

如今，我们购买到的法国葡萄酒新酒，酒标上往往标注 AOP 而不是 AOC，那么 AOP 与 AOC 到底有怎样的区别呢？AOC 是法国葡萄酒的最高等级（法定产区葡萄酒），它是罗纳河谷的教皇新堡产区率先制定的一种制度，后来逐渐普及成了法国葡萄酒的分级标准。与此同时，四个分级同时出现，AOC 属于旧的分级制度中的一级，并且能够起到规范葡萄酒市场的作用。1992 年，欧盟创立了 PDO 体系，该体系也是为了保护欧盟成员国的农产品市场和农产品质量，因此，法国进行了一次尝试，就是将原来的 AOC 体系改成了 AOP 体系。原来是四个分级，后来“优质地区餐酒”这一级被取消掉了，另外地区餐酒和日常餐酒也被 IGP 和 VDF 所取代。如今，虽然许多葡萄酒商开始打上 AOP 的标志，但是我们仍旧能看到许多打着 AOC 标志的法国葡萄酒。其实，许多葡萄酒商习惯了沿用旧的标志，一直没有更换等级标志，而且这一现象仿佛是被允许的。从某种意义上讲，AOC 与 AOP 还是一回事，只是叫法不同而已。从市场上购买到的 AOC 级葡萄酒和 AOP 级葡萄酒，都代表着法国最高等级的葡萄酒，代表着法定产区葡萄酒的品质。

中国葡萄酒的分级

中国是一个葡萄酒的“新世界”，而这个“新世界”比许多新世界葡萄酒国家的起步还要晚，因此还没有自己的葡萄酒分级制度。在行业里，酒企只不过是按照产地、年份、葡萄品种、葡萄树龄、窖藏时间等进行划分，许多酒企为了实现促销效果，做过一些自己的分级，还有知名的葡萄酒企业（如张裕葡萄酒、长城葡萄酒）有自己的划分标准（以下并非国家葡萄酒分级标准，而是企业说明或产品分类）：

大师级葡萄酒：相当于品质最好的葡萄酒，具有熟果香气和橡木香气，入口非常柔顺，具有明显的结构感，甚至还有陈年的香气。

珍藏级葡萄酒：品质仅次于大师级葡萄酒，酒体具有宝石红色，橡木味与酒体本身的味道相得益彰，口感十分圆润，有一定的骨架支撑，芳香较为持久。

特选级葡萄酒：品质次于珍藏级葡萄酒，香气纯正，果香非常浓郁，口感协调，具有相应葡萄品种的特性。

优选级葡萄酒：相当于餐酒，通常来讲，这类酒价格便宜，属于超市级别的“畅销款”，类似于法国分级中的普通餐酒。

葡萄酒分级制度的作用很是显著，未来的中国也一定要有自己的葡萄酒分级制度，这样才能促进葡萄酒行业的发展。

意大利葡萄酒的分级

意大利的葡萄酒分级制度源于法国，整体的分级方式也与法国相似。意大利葡萄酒也分为四级，分别是 DOCG 级、DOC 级、IGT 级和 VDT 级。

DOCG 级：又名优质法定产区葡萄酒，是意大利葡萄酒中等级最高的。葡萄酒庄园生产的葡萄酒如果想要成为 DOCG 级，必须在 DOC 级别保持 5 年以上，并且还要通过专家委员会的认可。

DOC 级：又名法定产区葡萄酒，当然，这个级别的葡萄酒也有非常严格的规定，并且对葡萄酒的葡萄品种、酒精度数、酿造工艺等有着严格的要求，如果不达标，也无法拿到 DOC 级的标志。

IGT 级：又名地区餐酒，这一级是 1992 年推出的，主要是为了与普通餐酒有所区别。许多优秀的地区餐酒品质也非常高，甚至还能卖出非常昂贵的价格。

VDT 级：普通餐酒，就是最为常见的葡萄酒，这类葡萄酒相对来说比较廉价，无法保证品质，只是用来佐餐。当然，偶尔也会遇到一款价格低廉却风味不错的普通餐酒。这类葡萄酒产量比较高，甚至会采用“利乐枕”或者易拉罐的包装形式进行销售，饮用这类酒，心态可以完全放松。

西班牙葡萄酒的分级体系

西班牙的葡萄酒分级制度似乎更加详细，与法国、意大利不同，西班牙的葡萄酒分为五个等级，这五个等级是优质法定产区葡萄酒、法定产区葡萄酒、优良地区

餐酒、优质日常餐酒和日常餐酒。

优质法定产区葡萄酒（DOC）：与意大利的DOCG差不多，要有严格的生产条件，对葡萄品种和数量尤其严格控制，并且达到专家认可的要求，酒庄必须保持DO等级五年以上才可以拿到DOC。

法定产区葡萄酒（DO）：类似于意大利的DOC和法国的AOP，同样受到区域内的严格管控，如果葡萄酒生产商想要打上这个标签，就需要将酒送到相关部门进行检测、认证。

优良地区餐酒（VDIT）：等同于法国的VDP，一个区域内比较优质的餐酒。当然，优良地区餐酒并不意味着廉价。

优质日常餐酒（VC）：日常饮用的餐酒也有好有坏，品质较好的就是优质日常餐酒，这样的酒也带有一定的风格特点。

日常餐酒（VDM）：在西班牙，大多数的日常餐酒都是混酿，葡萄果农将不同品种的酿酒葡萄摘下来进行酿造，通常较为廉价。

美国纳帕谷葡萄酒的分级

美国有自己的葡萄酒分级制度吗？目前来看，尚未从官方渠道找到这样的分级标准。但是，这并不代表着美国不对葡萄酒做分级，像纳帕谷这样的核心葡萄酒产区都会存在“以次充好”“以假乱真”的做法，就证明这里的葡萄酒存在某种分级方式。美国有一套AVA制度，这个制度是美国酒类、烟草、武器管理局共同发起的，目的在于规范葡萄酒的销售。该项制度与法国、西班牙、意大利等国的分级制度不同，它主要对“被命名区域”进行要求和定义，但是对葡萄品种、葡萄种植、葡萄产量、葡萄酒酿酒方式没有明确规定，只是对区域内的葡萄酒销售起作用。2009年，《美国精品葡萄酒杂志》曾经对纳帕谷葡萄酒进行“打分”性质的评级，并且由专业人士完成了这次任务。纳帕谷是一个盛产高质量美酒的地方，因此需要用这样的方式进行规范和推荐。有人问：“纳帕谷为什么不采用法国的那套分级方式呢？”其实，纳帕谷是一个非常小的葡萄酒产区，庄园数量并不多，在国际上的影响力非常有限，因此法国式的分级制度并不适合纳帕谷葡萄酒的分级。纳帕谷的分级制度就是打分制度，其中品质占比45%、价格占比20%、风土占比20%、酿酒理念占比10%、历史占比5%。

智利葡萄酒的分级

智利这个新世界葡萄酒国家也没有法定的葡萄酒分级。有的酒庄最低的级别就已经是珍藏级了，甚至有的酒庄只有家族珍藏级，不同的酒庄之间的级别是不能对比的，具体要根据不同酒庄对于品质的具体要求而定。因为有的酒庄的特级珍藏级别的酒，可能品质还不如另一个酒庄的珍藏级。而行业内，常用及通用的智利葡萄酒分级制度从低到高依次是品种级、珍藏级、特级珍藏级、家族珍藏级、至尊限量级。

品种级（Varietal）：这种酒只标注酿造葡萄酒的葡萄品种，其他不会标注，属于最为常见的餐酒类型。

珍藏级（Reserva）：与品种级不同的是，珍藏级葡萄酒会标注“Reserva”的字样，这种葡萄酒一般有橡木桶的陈年经历，品质也会好于普通餐酒，并且有自己独特的风格。

特级珍藏级（Gran Reserva）：这个等级的葡萄酒要好于珍藏级，并且有“Gran Reserva”的字样。这样的酒，不仅品质会更好一些，甚至有一些具有不错的陈年能力。

家族珍藏级（Reserva de Familia）：一般是某个庄园里最好的酒了，通常都经过橡木桶的陈年，有着庄园酒最典型的特点。如果能够买到这样一款酒，也是非常不错的。

至尊限量级（Premium）：至尊限量级的酒必须要有一年半以上的橡木桶熟化，然后再装瓶。从字面上理解，至尊限量级不仅品质高，而且数量非常少，也就意味着，这样的酒是很昂贵的，甚至是很适合收藏的。

阿根廷葡萄酒的分级

阿根廷的葡萄酒产区与智利有些相似，但是分级制度是完全不同的。1999年，阿根廷国家农业科技研究院提出了一套方案，这套方案就是现在的阿根廷葡萄酒的分级制度，方案中挑选了四个法定产区，只有这四个法定产区的葡萄酒才能标注“D.O.C.”的字样。这四个产区包括来自门多萨产区的路冉得库约、圣拉斐尔、迈普，以及拉里奥哈产区的法玛提纳山谷。与此同时，阿根廷的这项分级制度还有几个严格的规定，即：

1. 酒商生产葡萄酒的原料必须全部来自法定产区内的葡萄；

2. 严格约束葡萄种植密度，每公顷种植的葡萄藤数量不得超过 5 500 株；

3. 严格控制葡萄的产量，每公顷葡萄园的产量不得超过 1 万公斤；

4. 对葡萄酒的出厂有严格的要求，即葡萄酒必须在橡木桶内有过一年的陈年，并且至少在瓶中熟化一年，才能允许出厂售卖。

除此之外，阿根廷还有一种根据产地的气候条件按照葡萄酒的酒精度进行分级的方式。A 级葡萄酒的酒精度数不得低于 12.5 度，B 级葡萄酒的酒精度数不得低于 15 度，并且规定以上两种葡萄酒不得额外添加酒精，C 级葡萄酒允许额外加入酒精，且葡萄酒的酒精度数不得低于 15 度。

澳大利亚葡萄酒的分级

新世界产酒国中，澳大利亚的葡萄酒很受欢迎，因为澳大利亚拥有独特的气候环境和风土地貌，每年可以生产出大量高质量的、高酒精度的葡萄酒。澳大利亚同样拥有一套属于自己的葡萄酒分级制度，名为兰顿澳大利亚葡萄酒分级制度，这个分级制度自推出之后，前后修订了 7 次，现在使用的是最新版本的兰顿分级。由此可见，澳大利亚人对葡萄酒多么珍爱。酒百科平台有一篇名为《史上最全澳洲最新版兰顿分级解析》的文章是这样说的："兰顿其实是澳洲一家最重要的精品葡萄酒拍卖行，它成立于 1988 年。从 1990 年开始，兰顿拍卖行将澳洲最好的、认知度最高的澳洲精品葡萄酒划分为三六九等，称为兰顿分级。经过 20 多年的发展，兰顿分级在澳洲葡萄酒界中的地位日益稳固，并以其权威性在世界范围内取得了广泛的认可。现在兰顿分级被誉为'澳洲精品葡萄酒市场的晴雨表，消费者的购酒指南，产酒商的追求标杆'。"兰顿葡萄酒分级将澳大利亚葡萄酒分为三个级别，分别是至尊级、优秀级、杰出级。至尊级就是最为稀缺、最为珍贵的葡萄酒，代表着品质和高价；优秀级是澳大利亚的优质酒，属于标杆型的产品；杰出级同样拥有着不错的品质，据说是"二级市场"上的畅销品。

不过，在澳大利亚实际的葡萄酒分级中更常用的方式是按照产区大小来区分，往往产区标记范围越小，葡萄酒的等级越高，比如标记东南澳产区的就没有标记维州的高，标记维州的就没有标记亚拉谷的高。很多人认为，澳大利亚葡萄酒标记产区越具体，酒的品质越好。

澳大利亚酒庄的分级

詹姆斯·哈利德是澳大利亚权威葡萄酒杂志《澳大利亚葡萄酒指南》的撰稿人，也是著名的酿酒师，他曾经采用了一个星级标准来对澳大利亚的葡萄酒进行分级，并且得到了广泛认可。其中，酒庄星级评级中双红五星级酒庄和红五星级酒庄、五星级酒庄，这分别是怎么一回事呢？

双红五星级酒庄：澳大利亚公认的高品质酒庄，能够连续在许多年内生产出高品质的葡萄酒，并且生产的是澳大利亚有代表性的酒款，每年至少有两款酒能够达到95分。这样的酒庄在澳大利亚有104家，占总数的3.1%。

红五星级酒庄：与双红五星级酒庄相比会差一些，但仍旧是澳大利亚杰出酒庄的代表，并且连续三年获得五星级酒庄的称号，每年至少有两款葡萄酒可以拿到95分的高分。这类酒庄占总数的7.5%。

五星级酒庄：仍旧是澳大利亚优秀酒庄的代表，每年也能够生产出至少两款评分达到95分高分的葡萄酒。

除了上述内容提到的双红五星级酒庄、红五星级酒庄以及五星级酒庄之外，詹姆斯·哈利德还将其余的澳大利亚酒庄按照由高到低的顺序划分为准五星级酒庄、四星级酒庄、准四星级酒庄、三星级酒庄、无评级酒庄。

澳大利亚小产区的酒更独特

葡萄酒“江湖”的水很深，单纯一个酒标，就能够把很多葡萄酒爱好者挡在“大门”之外。讲到葡萄酒，就不得不提产区，各国都有自己的产区，这些产区既有大产区，也有小产区，甚至还有更小的“迷你”产区。在法国波尔多地区，既有标注“Bordeaux”字样的AOC级别的葡萄酒，也有标注“Margaux”字样的AOC级别的葡萄酒。其实，

这些产区越小，越说明这个产区的葡萄酒有自己的独特之处。那么是不是说产区越小，葡萄酒的品质就越好呢？在澳大利亚是不是也会这样？当然，澳大利亚属于新世界葡萄酒国家，并且没有严格的官方葡萄酒等级划分，只是小区域的葡萄酒的品质会得到更多的保障，且葡萄酒的风格更加独特，但是，这也并不意味着这种逻辑是对的。只是从消费领域看，小区域的澳大利亚葡萄酒的品质确确实实会更高一些，但是这仅仅是因为有些大产区的葡萄酒风格没有那么突出，并不意味着大产区出不了优质葡萄酒。如果你购买的一款澳大利亚酒是“村庄”级别的酒，则说明这瓶酒选用的是当地的葡萄品种，而且极有可能是采取传统工艺加工生产的葡萄酒，品质上会有一定的保证。

南非葡萄酒的分级

南非葡萄酒的分级是非常有趣的，与法国、意大利、西班牙、澳大利亚等国均不同，而且这个分级是在20世纪70年代建立起来的，英文名字叫Wine of Origins，是一种产地分级，这种产地分级从大区域到小区域依次是地理区域级、地区级产区、区域级子产区、葡萄园级子产区。

地理区域级（Geographical Unit）：目前只有一个区域，是西开普省，该区域也是南非重要的、唯一的葡萄酒大产区。

地区级产区（Region）：该区域一共有三个区域，即海岸区、布里厄河谷、开普南海岸。

区域级子产区（District）：该区域相对较多，较为出名的有帕尔、伍斯特、沃克湾、埃尔金、罗贝尔森、斯泰伦博斯等地区。

葡萄园级子产区（Ward）：该区域类似法国的那些“村庄”级的区域，比如艾琳、天地山谷、德班山谷、康斯坦蒂亚等地区。

南非是一个非常美丽的国家，有着彩虹之国的名号，气候与意大利相近，是典型的地中海气候。如今，南非的葡萄酒产量位列全球第九名。白诗南是南非最为有名的葡萄品种，还有一种皮诺塔吉葡萄，是植物学家贝霍尔德教授培育出的南非特产品种，是由黑皮诺和神索两种葡萄杂交出来的新品种。

其他地区的葡萄酒分级

一般盛产葡萄酒的国家，多多少少都有自己的分级制度，有的国家是按照区域去划分的，有的国家直接采取给酒庄打分的方式。除了前面介绍的几个国家外，德国也有自己的葡萄酒分级制度，但是相对而言比较复杂，暗合了德国人的一种“精密”精神。德国首先将葡萄酒划分成四个等级：高级优质葡萄酒（QMP），法定产区葡萄酒（QBA），地区餐酒（Landwein）和日常餐酒（Tafelwein），其中高级优质葡萄酒又根据葡萄不同的成熟度细分成六个级别。

中国暂时没有一个公认的等级标准，但相信未来会有的。一个国家想要在葡萄酒产业上有所发展，势必要拥有自己的标准，无论是学习法国，还是学习德国。还有一些国家会选择按照葡萄树龄进行分级，比如老树龄（超过 40 年）以及中生树龄（20 ～ 40 年）和年轻树龄的划分，还可以按照葡萄的品种进行分级，或者按照葡萄酒在橡木桶内的窖藏时间进行划分，没有所谓的统一的规矩。我相信未来的中国葡萄酒，能够走向世界。

简单了解编号式葡萄酒分级

葡萄酒爱好者也可以通过了解编号式的葡萄酒分级，来选择一款品质不错的葡萄酒，但就像爱好文玩或古玩收藏的人一样，刚刚入门的时候会“交学费”。编号式葡萄酒分级并不是一种官方的、权威的分级方式，而是一种挑选葡萄酒的方式方法。法国的葡萄酒现在大致分三个等级，也有一些国家分四个甚至五个等级，此外澳大利亚是两种不同的分级方式，美国的纳帕谷则是打分的方式……这些进口的葡萄酒的分级也存在一个问题，那就是会让那些不通外文的葡萄酒爱好者非常头疼。

中国云仓酒庄的雷盛（LEESON）品牌葡萄酒开创了一种编号式葡萄酒分级方式，这种方式是按照葡萄酒的价格去分级的。编号式葡萄酒分级的主要作用，是通过以简单的阿拉伯数字区分葡萄酒的方法，实现消费者“懒人式”的选酒体验。编号式葡萄酒分级绝不同于各个国家的分级方式，操作起来非常清晰、简单、直观，一经推出就受到了消费者的广泛欢迎，堪称极简式的葡萄酒挑选方法。

这种方法，具体来说，就是把葡萄酒都用数字编号标注，1 开头的价格低，9 开头的价格高，这种不按照国家、葡萄品种，而是按照销售定价区分的方式很直接。雷盛葡萄酒采用编号式葡萄酒分级，葡萄酒价格随着编号从 1 到 9 而升高，当然品质也随着编号从 1 到 9 而变好。人们常说："便宜没好货！"虽然这句话并不是真理，但通常是正确的。从某个角度看，价格就代表着品质，这种分级方式并不适合一个国家去推广、应用，却更加适合非营利性的机构，比如较为权威的酒水媒体采取这样的方式，向葡萄酒爱好者们直接提供较为清晰直观的"答案"。

没参与排名的酒庄也有好酒

并不是所有的优质葡萄酒都会在葡萄酒相关的榜单上，或者在推荐名录上。有人表示："到底是怎么回事？难道传说中的某庄园，以及一些特别的极品葡萄酒都

没有入围榜单吗？这完全是不合理的呀！”其实，就像威士忌推荐名录里，也很难找到那些已经破产或者产量极少的威士忌品牌，有些葡萄酒庄园虽然名声在外，但在小众高端的葡萄酒圈子里，这些稀少的、品质极高的酒，只能在一些拍卖会上见到，很难在一般的流通渠道上获得。因此，没有参与排名的葡萄酒里也有好酒，而且这样的酒还很多。此外，还有一些酿酒工艺水平极高的葡萄酒庄园会故意选择这种营销方式，不参与排名反而会制造营销噱头。许多葡萄酒爱好者会选择尝试一款这样“神秘”的葡萄酒，这样的酒也可以用来收藏。那些产量极低的葡萄酒庄园，更没有必要参与排名。比如，某特级园是一个非常小众但名声在外的葡萄酒庄园，庄园占地面积还不到 0.13 公顷，每年葡萄酒产量只有区区 400 瓶而已，但每一瓶葡萄酒的售价高达 2 万元，已经不是寻常葡萄酒爱好者会选择饮用的款式。像这样的特级葡萄酒庄园会采取一种“配额制”的方式销售葡萄酒，早就不需要按照常理出牌了。

有的 IGT 级别的酒品质很高

意大利最高等级的葡萄酒是 DOCG 和 DOC 两个级别的酒，如果你只是葡萄酒的入门爱好者，选择这两个级别的意大利葡萄酒通常不会翻车。也有一些朋友说：“那些普通餐酒，通常只能佐餐，或者更加适合用来做菜。”我不太认可这个说法，虽然 IGP 或者 IGT 级别的酒属于餐酒，但是也有品质非常高的，只是暂时没有打上高品质的标签，或者有些有趣的酿酒师对这类标签不屑一顾。DOCG 和 DOC 只是对葡萄酒的出产区域和葡萄品种，以及相关酿造工艺进行了约束，无法直接在葡萄酒的品质上做出保证。因此，许多人购买到的 DOC 级别的意大利葡萄酒品质一般，口感一般，也有一些 DOC 级别的葡萄酒非常廉价。但是，还有一些高价的 IGT 葡萄酒是非常好喝的。举个例子，一瓶 100 元的 DOC 级别的葡萄酒比一瓶 500 元的 IGT 级别的葡萄酒好吗？我想，大概率还是后者的品质更好。意大利有一些极品的 IGT 葡萄酒可以拿到 90 分以上的帕克评分，这就说明这款意大利餐酒的品质已经超过了 90% 的意大利的 DOC 或者 DOCG 级别的葡萄酒。因此，高价格、高品质、非常好喝，且拥有陈年能力的 IGT 级别的意大利葡萄酒是存在的。

评级和评分只是一种参考

在葡萄酒圈子里，帕克评分是一个比较权威的评分系统，大多数评分也会指向高品质的葡萄酒。许多葡萄酒商会拿着帕克评分超过 80 分的葡萄酒进行推荐，难道这些 80 分以上的葡萄酒都很好喝吗？其实，葡萄酒的品饮是非常主观的，每个人都有自己的喜好。比如某品牌的酒是一款好酒，但是某些人的品饮体验却很一般；而一款评分低于这款酒的波尔多干白或许更适合这些人。知名葡萄酒爱好者小皮在一篇标题为《葡萄酒的评分和评奖，是参考还是陷阱？》的文章中写道：“的确，评分和评奖，都是为了客观地去褒奖那些品质优秀的葡萄酒，仿佛奥斯卡和奥运会一般，帮消费者排了雷、贴了标，得到了更好的体验；同时也反向促进了酒农种出更好的葡萄，酿酒师酿出更好的酒，相辅相成，彼此促进。只是理想和现实总有差距，商业和专业的矛盾也是永恒的难题。”他的这番话也从侧面折射出分级与赛事打分时出现的尴尬。喜欢喝葡萄酒的人，最好通过自己的学习和品鉴找到一款属于自己的酒，而不是严格按照分级或者比赛打分来选择。所以说，评级、评分只是一种参考，而不是唯一标准，评级更多地是为了约束葡萄酒生产者的相关行为。还是那句话，你喜欢喝的酒才是好酒，才最适合当下的你。

优质的小众葡萄酒难以寻觅

前面我们讲到了意大利的 IGT 葡萄酒，许多意大利的 IGT 葡萄酒是不参与评级的，更是没有 DOC 等标志，因此许多葡萄酒爱好者不敢进行购买。其实，意大利是一个产区非常多样化的国家，葡萄品种非常多，酿酒工艺也非常复杂。在这样的环境下，如果单纯以评分、评级为标准，可能会错过不少非常好喝的葡萄酒。还有一些精品小酒庄，酒产量十分有限，也没有精力去参加评分，但是并不代表这些酒庄的葡萄酒的品质差。就像有位资深葡萄酒爱好者说：“去托斯卡纳总能发现那些不甚出名的小酒庄的优质葡萄酒，但是想要在市场上买到这些小酒庄的酒，实在太难了。”古人云：“好酒不怕巷子深。”在意大利这样的地方，各种迷你酒庄都可能有一款非常棒的葡萄酒，而这些葡萄酒非常神秘，在葡萄酒圈子里也是难以寻觅的。并不是所有的葡萄酒爱好者都有条件每年去一次意大利托斯卡纳寻找美味的小众葡萄酒，大多数人还是只能选择帕克评分高的葡萄酒进行购买。不过，帕克评分是非常权威的，如果一款酒的帕克评分非常高，而且也能从互联网上查询到此款酒的具体信息，就可以放心购买，帕克评分高的酒，品质通常不会很差。

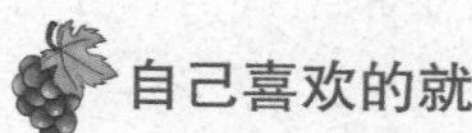

自己喜欢的就是当下适合的

有句话是这样说的："选择对的，不选择贵的。"贵的当然好，但并不是所有人都承担得起；对的就是对的，对的不一定贵，我们推崇的饮酒理念是"适口为珍"。喝葡萄酒是一种生活，应该有生活在当下的心态，葡萄酒主要是一款饮品，而不是藏品。对于一般的葡萄酒爱好者而言，不要去尝试做"葡萄酒收藏家"，这条路非常艰难。

我记得海明威说过这样一番话：“一整天都从事着繁重的脑力劳动，一想到第二天还要这么绞尽脑汁冥思苦想，那除了威士忌，还有什么能让你摆脱这样的愁思，暂且轻松痛快一番呢？酒精唯一对你没好处的时候，就是写作或者打架。这两件事情都得清醒着来。但喝了酒以后我拿枪一般都更有准头。说起来现代生活往往是对人的一种机械的压抑，而酒精呢，则是唯一的解脱。”当然，我不希望饮酒者像海明威那样酗酒，酗酒会对人的身体造成严重的伤害。

既然评级是一种参考，帕克评分也不是唯一的标准，倒不如自己尝试着去购买、品饮，在能力可承受的范围之内，多购买一些不同品种、不同国家、不同风格的葡萄酒，说不定就能找到自己最中意的那一款。

第九章 酒标是葡萄酒的颜值与内涵

葡萄酒的酒标不仅代表葡萄酒的风格，也包含葡萄酒的各种信息，无论古代还是现代，酒标的必要元素都不可缺少。同时，不同风格的酒标也吸引着不同消费者的眼光，如何挑选颜值与内涵并存的葡萄酒，看酒标是第一步。

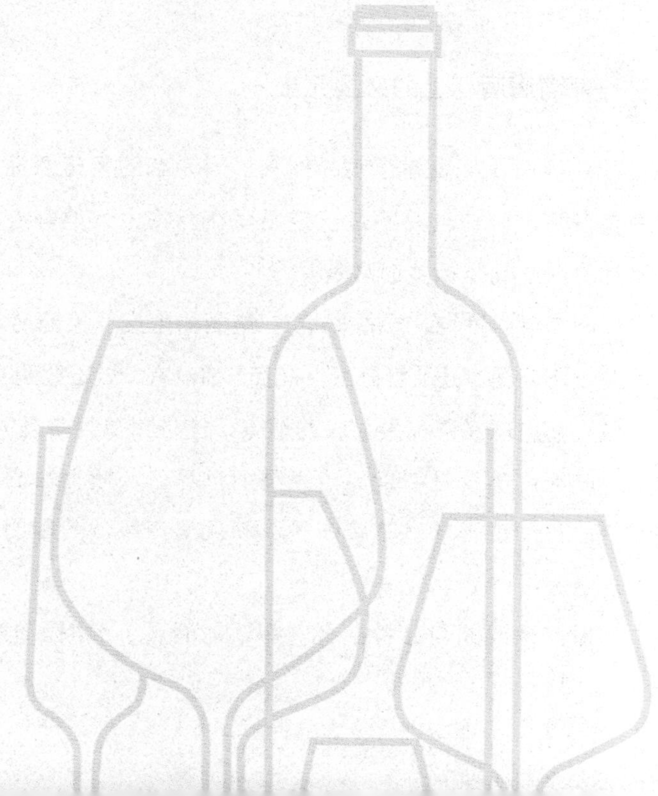

挑选葡萄酒先看酒标

挑选葡萄酒，一定要看酒标，酒标相当于葡萄酒的“身份证”和“说明书”，一款葡萄酒的大部分信息都包含在内。我们通过酒标可以了解到葡萄酒的酒庄名称、产区、酿造葡萄品种，甚至还能查询到它的价格。当然，这也需要葡萄酒爱好者提前学会看酒标，能够在酒标上找到自己需要的信息。酒标上的年份，一般不是葡萄酒的生产日期，而是葡萄采摘年份，不同年份的葡萄生产出来的葡萄酒，品质会有所不同，比如 2021 年与 2022 年生产的葡萄酒，品质和口感会存在些许差别。有些人购买某个品牌的葡萄酒，会着重选择年份，看对应年份采摘的葡萄品质是不是最好的。另一个重要信息就是产区，通常来说，标注小产区的葡萄酒的品质比标注大产区的好，如 AOC 级别的玛歌产区的酒的品质要好过 AOC 级别的波尔多产区的酒。因此，葡萄酒爱好者们也要了解新世界与旧世界的各个子产区的葡萄酒的知识，这有利于购买葡萄酒不“翻车”，其他诸如度数、葡萄品种等信息也可以作为选酒的一种参考。

葡萄酒酒标上的必要元素

许多人看不懂葡萄酒的标签，因为有的葡萄酒标签是非常复杂的。葡萄酒的信息有很多，有的也并不是一定要写在标签上，但有五个信息是行业内约定俗成必须要有的，这五个标签信息是：

葡萄酒生产商：通常来讲，一瓶酒的生产厂家的名字一定会出现的葡萄酒标签上。如果一瓶葡萄酒连“葡萄酒生产商”都没有，谁还敢购买呀？葡萄酒生产商的名字（酒庄名）会出现在酒标最显眼的地方，纯进口酒经常是外文标记。

产区：不管是新世界，还是旧世界，一瓶葡萄酒的产区都会出现在葡萄酒的标签上，比如法国的波尔多产区、勃艮第产区，美国的纳帕谷产区，以及中国的贺兰山东麓等。

原产地或葡萄品种：有一些葡萄酒属于混酿，但是会标注出原产地；如果是单

一葡萄品种酿造的葡萄酒，酒标上就会出现赤霞珠、梅洛、长相思、佳丽酿等葡萄品种的字样。

年份：酒标正标上标注的年份，并不是葡萄酒酿造装瓶的年份，而是酿造葡萄酒所使用的葡萄的采摘年份，而灌装日期一般是喷码在瓶身或瓶帽上。

酒精含量：葡萄酒是酒，除了无醇葡萄酒（汁）之外，其他类型的葡萄酒都必须标注酒精含量，而且酒精含量还能传递出许多信息。

葡萄酒的采摘年份和灌装年份

曾经有朋友打电话问我："我购买了一批赤霞珠干红葡萄酒，但是我发现，这瓶酒的葡萄采摘时间是 2005 年，而灌装时间却是 2006 年，足足相差了一年，这是怎么回事？"其实，这是很常见的现象。通常来讲，葡萄采摘年份会出现在正面酒标上，葡萄经过采摘之后，还要进行筛选、发酵、存储等过程，甚至还要将发酵所得的葡萄酒原液放进橡木桶进行陈年熟化，才能得到一瓶品质非常好的葡萄酒。这些葡萄酒出厂的时候，才会灌装成瓶，最后再打上出厂日期。有一些葡萄酒庄园会将发酵所得的葡萄酒原酒放入橡木桶至少两年，然后再进行灌装出厂，这样采摘年份与出厂年份就会存在两年的时间差。当然，也有一些葡萄酒没有经过橡木桶的陈年熟化，酿成之后，经过沉淀、澄清等过程，就直接装瓶，这种新酒或餐酒的葡萄采摘时间与装瓶出厂时间可能是同一年，比如法国的博若莱新酒，以及许多国家的地区餐酒。只要你购买的葡萄酒仍旧处于适饮状态，这款葡萄酒就可以继续饮用。另外，某个地区的葡萄采摘年份也隐藏了许多信息，比如某个品牌的 1982 年的酒品质之所以好，就是因为其产区在 1982 年采摘的葡萄品质非常高。

决不能忽略酒标上的产区信息

有人说过这样一句话："酒标上的产区是葡萄酒的灵魂，产区代表着这款酒的特点和风味。"是的，不同产区有不同的风味，波尔多产区有波尔多产区的特点，勃艮第产区有勃艮第产区的特色。不管是哪一款酒，产地都是最重要的信息，通过产地，葡萄酒爱好者们可以了解到与之相关的风土人情和酿酒工艺，比如，波尔多产区的地形、气候、土壤条件、降雨量、酿造工艺、葡萄酒价格等。新世界与旧世界有着不同的风格，同在新世界或旧世界的不同产区的风味也不同，甚至在同一大产区，如美国的纳帕谷，也有迥然不同的酒。我们还可以从法国波尔多地区了解到这些信息：波尔多地区的葡萄酒酒体饱满，并且以赤霞珠、梅洛两种葡萄为主，而且用来酿造干白葡萄酒的长相思葡萄和用于酿造甜白葡萄酒的赛美蓉葡萄是非常有特色的。甚至，我们还能了解到波尔多地区的左岸产区和右岸产区的不同特点，如左岸产区的波雅克、玛歌、佩萨克-雷奥良、圣朱利安、圣埃斯泰夫和右岸产区的波美侯、圣埃美隆等不同小产区的特点。总之，葡萄酒爱好者们一定要重视葡萄酒酒标上的产区信息，许多资深葡萄酒爱好者通过产区信息就能找到一款好酒。

高品质混酿会标注葡萄品种

还记得前面我们讲到的混酿吗？优质的混酿口感是非常好的。但是，也有一些混酿没有突出的特点，只是将没有分类的葡萄混在一起进行酿造，这一类混酿多为普通餐酒。一些高品质的混酿会直接标注出葡萄品种，比如著名的葡萄酒大拉菲。大拉菲所使用的葡萄品种是赤霞珠、品丽珠、梅洛、小维铎葡萄，但是对于不同年份的大拉菲，酿酒师们所选的葡萄比例是不同的，不会按照一个统一的配方。1961年的大拉菲所选用的葡萄品种是100%的赤霞珠；1992年的大拉菲所选用的葡萄是99%的赤霞珠和1%的小维铎；2000年大拉菲所选择的葡萄品种和混酿比例又发生了变化，是93%的赤霞珠与7%的梅洛；而2012年的大拉菲则是那个为人熟知的配方，即0.5%的小维铎、8.5%的梅洛和91%的赤霞珠。除了大拉菲之外，小拉菲也是非常出色的一款酒，同样也是非常经典的混酿。2000年的小拉菲选用了四种葡萄，按照不同的比例进行酿制，即1.5%的小维铎、5%的品丽珠、42%的梅洛和51.5%的赤

霞珠。除了拉菲庄园之外，木桐庄园也是如此，2017 年的木桐庄园选用的葡萄品种是 90% 的赤霞珠、9% 的梅洛和 1% 的小维铎。

葡萄酒酒标上的酒精度数

葡萄酒酒标上一般还会标注酒精度数。有人问：“葡萄酒的酒精度数是不是越高越好？”其实，这并不是一个很正确的说法。葡萄酒的品种繁多，不同品种的葡萄酒酒精度数是不同的，香槟的酒精度数较低，其他起泡酒和一般白葡萄酒也是如此。干红葡萄酒酒精度数适中，但是不同地区生产的干红葡萄酒度数也有较大差异，如法国波尔多生产的干红葡萄酒酒精度数多在 12.5 ～ 14 度之间，而澳大利亚的特殊气候使其盛产的葡萄含糖量更高，因而可以酿造出酒精度数相对较高的葡萄酒，通常这里出产的葡萄酒的酒精度数能达到 14 度，甚至会超过 14 度。当然，还有一些葡萄酒的酒精度数能够达到 20 度，比如雪莉酒、波特酒等加强型的葡萄酒，这些葡萄酒因为添加了额外的酒精，所以酒精度数偏高。通常来说，酒精含量高的葡萄酒，酒体更加厚重，这是因为酒精带来了刺激感和黏稠度，但是高酒精度的葡萄酒并不一定是高价值的葡萄酒，酒精度数与葡萄酒的品质并不成“正比例”。不过有一点需要肯定，高酒精度的葡萄酒的“寿命”更长，一些高品质的雪莉酒有非常长的陈年能力，甚至超过了许多品质很高的干红葡萄酒，而酒精度数较低的香槟和白葡萄酒则陈年能力较差，需要尽快饮掉。

葡萄酒的名字也很重要

葡萄酒酒标上还会标注名字。如果一款葡萄酒的名字没有起好，很不容易被记住，那就无法有很高的销量。什么样的名字才容易被记住？我想，应该有这样几个特点。其一，葡萄酒的名字要简单好记，如果名字有一大串文字，肯定是难以记住的。比如法国的一些知名葡萄酒，它们的名字是非常简单的，翻译成中文只有两三个汉字，如拉菲、拉图、木桐、玛歌、白马等，不仅简单好记，而且一眼就能从酒标上找到并认出。其二，葡萄酒的名字还要具备一些“美学”特点，甚至还要有一些“抓人眼球”的效果，比如公牛血、活灵魂等，这些名字非常容易引人注意，即使是不喝葡萄酒的人也能一眼记住。有人好奇地问：“这款葡萄酒为什么叫公牛血呢？”其实，公牛血的来历是很有意思的。传说在1552年，奥斯曼帝国入侵匈牙利北部重镇埃

格尔城时，守城的勇士们为了提升勇气和胆量，选择喝葡萄酒进行壮胆，结果这些勇士们仿佛喝了牛血一般，个个生猛如虎，最后击退了奥斯曼帝国的侵略者，打赢了那场战役，于是那款酒就被称为“公牛血”。其三，名字还要接地气，比如有一款非常畅销的红葡萄酒的名字叫胖家伙，也被翻译成“老友记”，许多人喜欢电视剧《老友记》，而这样接地气的名字也容易被记住。

葡萄酒酒标上的条形码

条形码相当于葡萄酒的“信息库”，酒标上未提及的很多其他信息都在条形码里，如果你想要确定这款酒的“真实身份”，就需要学会查看条形码。

这里引用网上的一个条形码 692 11685 1128 0 为案例来讲解。此条形码分为 4 个部分，从左到右分别为：1 ～ 3 位，对应条码的 692，是中国的国家代码之一（690 ～ 695 都是中国的代码，由国际上分配）；4 ～ 8 位，对应条码的 11685，代表着生产厂商，由厂商申请，国家分配；9 ～ 12 位，对应条码的 1128，是厂内商品代码，由厂商自行确定；第 13 位，对应该条码的 0，是校验码，依据一定的算法，由前面 12 位数字计算而得到。

条形码的数字不同，葡萄酒的生产国也不同。根据国家的相关管理办法，进口的葡萄酒必须贴有中文标识，且在中文标识上不能遮挡或者覆盖条形码，葡萄酒爱好者们可以直接扫描条形码了解葡萄酒的具体信息。

不同国家和地区葡萄酒的条形码数字标号是不同的，这也是葡萄酒爱好者应该掌握的信息。这里汇总了一些国家和地区的条形码代码，希望对葡萄酒爱好者们有所帮助：法国 300 ～ 379，葡萄牙 560，澳大利亚 930 ～ 939，奥地利 900 ～ 919，中国大陆地区 690 ～ 692，智利 780，新西兰 94，罗马尼亚 594，意大利 800 ～ 839，中国香港地区 489，阿根廷 779，希腊 520，德国 400 ～ 440，美国、加拿大 00 ～ 09，新加坡 888，南非 600 ～ 601，西班牙 84，中国台湾地区 471，爱沙尼亚 474，比利时 54，保加利亚 380，巴西 789 ～ 790，等等。这些数字也被称为“商品代码”，用来识别商品。

每个国家和地区的条码都有一定的规则，这是了解葡萄酒信息的方式之一。

快速看懂法国酒标

对于葡萄酒爱好者来说，认识酒标、读懂酒标是一件非常重要的事，有些酒标确实给人一种“云山雾罩”的感觉。酒标可以大致分为两种，一种是新世界酒标，一种是旧世界酒标。法国葡萄酒是旧世界的“代言人”，法国是一个酿酒非常严谨的国家，酒标设计得也非常传统。通常来说，法国酒标是这样的：

酒庄名：酒庄的名字通常在酒标的最上面，以“CHATEAU”开头，本意是城堡，这里指独立酒庄或生产商，如果直接标注的是酒名，则代表着这家酒厂是一个大型酒厂。

产区：比如一款法国葡萄酒是AOP级别的酒，酒标上有波尔多或者勃艮第字样，说明这款酒的产地就是波尔多或者勃艮第。

年份：法国葡萄酒酒标上的年份对应的是葡萄采摘的年份，而不是葡萄酒灌装的年份。

级别：法国葡萄酒很早就有了分级制度，最高等级的是AOP，然后是IGP和VDT或者VDF。葡萄酒的等级是非常重要的酒标内容，一款酒标注为AOP，则代表着这款酒是法国的法定产区的葡萄酒。

家族名称：一款法国庄园级别的酒，通常会在葡萄酒酒标的最下方打上葡萄酒家族的签名字样。

如果葡萄酒爱好者掌握了以上信息，就能很快看懂法国葡萄酒酒标了。

西班牙酒标的内容与特点

西班牙的酒标有怎样的特点呢？西班牙酒标与法国酒标有些相似，但也有自己独特的地方，西班牙酒标自上而下的内容基本是这样的：

葡萄酒庄园的名字：名字通常位于酒标最上面，也是最为显眼的地方，就像贵州茅台酒一样，必须要让消费者和经销商能够一眼认出这个牌子。

产区与等级：西班牙葡萄酒也是按照传统的葡萄酒分级制度进行分级的，葡萄酒爱好者可以一眼辨识。

葡萄品种：许多葡萄酒是单一葡萄品种的单酿，也有个别混酿不会标注。如今，

许多葡萄酒商都会标注混酿用的葡萄品种，尤其是品质非常好的混酿。

采收年份：葡萄酒爱好者可以通过葡萄的采收年份来确定葡萄酒的品质，不同年份采收的葡萄，质量是不同的。

陈年时间分级：这是西班牙葡萄酒酒标上的一个特色，许多国家没有这样的标注。

酒庄成立年份：代表酒庄的历史，喜欢威士忌的朋友都知道，苏格兰威士忌会在酒标上标注酒庄的成立年份，有些酒庄拥有上百年的历史，西班牙葡萄酒也是如此。

酒庄内进行装瓶：这会给消费者一种信心，让消费者觉得买到的是一款正宗的酒庄酒。

酒精度：所有的葡萄酒都必须标注酒精度。

意大利酒标也很独特

意大利葡萄酒的酒标也是令人赏心悦目的，尤其是那些充满人文艺术气息的设计，令葡萄酒爱好者们大开眼界。我个人非常喜欢意大利莫斯卡托酒的酒标和酒瓶设计，我觉得甚至可以把它当成艺术品去对待。对于意大利葡萄酒，只要大家学会辨识酒标，大概率就能找到一款非常好的葡萄酒。意大利葡萄酒的酒标虽然信息繁杂，但以下几个重点内容是必须有的。

酒庄名：酒庄名与法国、西班牙一样，都会标注在最为显眼的地方，多数葡萄酒生产商会把酒庄名称放在酒标的最上面。

酒名：每一款酒都有自己的名字，名字就是葡萄酒的身份，比如某款意大利酒叫“色彩”，英文或者意大利文的“色彩”就会用一个较大、较为明显的字样去体现，这也是意大利酒标的特色之一。

产区：几乎欧洲地区所有的酒都会标注产区，那些没有标注产区的酒通常是大公司的产品，是典型的市场“普品”，灌装线遍布各地，更像是饮料灌装厂生产的流水线产品。

等级：在意大利这个地方，许多村庄级的IGT酒比DOCG和DOC级别的酒更有特点，甚至价格更贵。因此，葡萄酒爱好者们不要被这个等级所迷惑。

除此之外，意大利葡萄酒酒标也会标注葡萄品种等信息，甚至还有一些意大利特色的酒标术语，如Classico（经典）。

好看的酒标能提升名气

酒标是一瓶酒的标志，不同酒庄的酒标总会有一些自己的特色。如果酒标缺乏设计感，也就无法引起人们的注意。有人问：“为什么法国五大名庄的酒标设计并没有突出之处呢？”我想，这应该是因为有些著名酒庄名声在外，已经不需要酒标去展示其特色了。就像罗曼尼康帝庄、白马庄园、里奇堡等著名葡萄酒庄园，在业内名气太大，不需要很特别的酒标。但是对于那些名气不大，或者正准备打开市场的葡萄酒庄园或者生产商来说，酒标就显得尤为重要。我曾经看到过一款葡萄酒，酒标具有强烈的艺术气息，酒庄老板花巨资购买了著名画家绘制的油画作品，然后将油画作品搬到了酒标上，因而这款酒标具有艺术之美。有很多人因此花钱买了几瓶，不是酒的品质吸引人，而是漂亮、迷人的酒标引起了人们的关注。当然，酒标漂亮，酒的品质也要“漂亮”，这才是相辅相成的。对于葡萄酒爱好者来说，他们希望通过漂亮的酒标得到一款好喝的酒，如果这两点都能得到满足，葡萄酒的品牌也能就此出名。如今，中国的葡萄酒商在酒标设计方面也煞费苦心，尤其是那些庄园级别的葡萄酒。

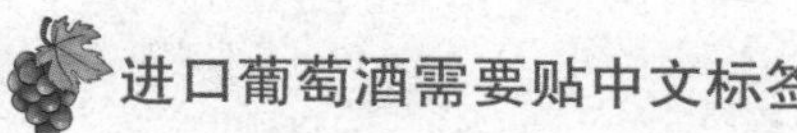

进口葡萄酒需要贴中文标签

《中华人民共和国食品安全法》第九十二条规定：“进口的食品、食品添加剂、食品相关产品应当符合我国食品安全国家标准。进口的食品、食品添加剂应当经出入境检验检疫机构依照进出口商品检验相关法律、行政法规的规定检验合格。进口的食品、食品添加剂应当按照国家出入境检验检疫部门的要求随附合格证明材料。”第九十七条规定：“进口的预包装食品、食品添加剂应当有中文标签；依法应当有说明书的，还应当有中文说明书。标签、说明书应当符合本法以及我国其他有关法律、行政法规的规定和食品安全国家标准的要求，并载明食品的原产地以及境内代理商的名称、地址、联系方式。预包装食品没有中文标签、中文说明书或者标签、说明书不符合本条规定的，不得进口。”从这些规定中，我们可以了解到所有的进口葡萄酒都必须打上中文标签。那些没有打上中文标签的葡萄

酒会不会是假的？并不一定，还有一些大使馆、免税店里的葡萄酒是真酒，但没有中文标签，而在超市、市场上销售的葡萄酒则需要按照规范贴中文标签。

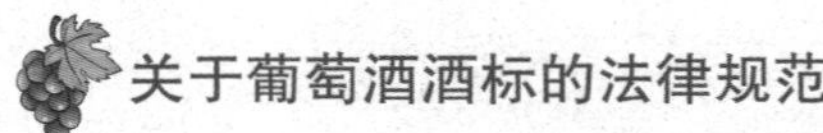

关于葡萄酒酒标的法律规范

酒标是葡萄酒的“说明书”，可以设计不同的样式，但并不代表葡萄酒生产商可以随意设计葡萄酒酒标，很多国家都有自己的相关规定，智利还颁布了葡萄酒酒标法。我国也有相关规定，内容主要包括：酒名称、配料清单、酒精度、原果汁含量、制造者、经销商的名称和地址、日期标示和贮藏说明、净含量、产品标准号、质量等级、警示语、生产许可证等；单一原料的葡萄酒可以不标注原料和辅料，添加防腐剂的葡萄酒应标注具体名称。在法国，一般有这样的法律规定，酒标上必须包含生产单位名称、酒精度、容量、葡萄采收年份和等级。在智利，法律规定智利葡萄酒要想标注产区名称，酿酒时使用的葡萄中该产区的葡萄的占比就必须超过 75%，如果达不到 75%，就不能标注该产区。此外，智利本土生产的非出口餐酒，还要标注“专供智利国内消费使用”的字样。当然，不同的国家有不同的规定，约束酒标，也是为了最大限度地保护葡萄酒行业和葡萄酒消费者，是一件好事。随着时代的发展，以及葡萄酒商业的发展，与葡萄酒相关的法律法规还会得到进一步完善。

同一款酒度数可能不同

其实，这是很常见的现象，尤其是那些庄园级别的葡萄酒，每一个批次都会有不同的酒精度数。有一家葡萄酒庄园，在橡木桶内存了许多葡萄酒，每一桶有 225 升，一共存放了大概 1 000 桶，但是每一桶葡萄酒都是有区别的，只能确保同一桶葡萄酒的品质一致。这家葡萄酒庄园，每一个批次的葡萄酒的酒精度数都有一定的差别，但基本维持在 12.7 ～ 13.2 度之间，差距并不大，这也从侧面反映出，这家葡萄酒庄园出品的酒，品质相对稳定，如果橡木桶储存的葡萄酒度数区别很大，一定是酿造或者储存过程中出了问题。还有一些大型葡萄酒企业采取流水生产线进行灌装，几乎每一个批次的葡萄酒的品质、酒精度都是一致的，但是不同批次的酒，通常也存在酒精度数不同的情况。其实，不仅葡萄酒会出现这样的情况，国产白酒也会出

现这样的情况，甚至不同批次的啤酒也有酒精度数不一样的情况，即使是同一批次的酒，也会存在酒精度数不一样的情况。只要你购买的葡萄酒或其他种类的酒没有出现变质或者损坏的情况，你就可以忽略酒精度数略有差别这样的问题。

酒标的收藏也很有趣

许多葡萄酒爱好者喜欢收藏酒标，收藏酒标就像收藏邮票，或者收藏烟盒一样，是一件非常有趣的事情。许多酒标设计得很有艺术性，非常适合收藏。还有一些葡萄酒产量非常稀少，喝完了直接扔掉是非常可惜的一件事，因此，有一些酒标收藏者将酒标小心翼翼地揭下来，经过处理后，收藏起来。有人问：“如何才能完好无损地揭下酒标呢？有没有小窍门？”当然有，葡萄酒爱好者们可以参考以下方式：

第一步：通常来说，酒标上面有一层膜，要先把酒标上的那一层膜揭掉。

第二步：将带黏性的透明膜小心翼翼贴在酒标上。

第三步：找一个圆柱状工具在透明膜上滚来滚去，滚压一分钟左右。

第四步：滚压之后不要立刻揭下，而是先静候 5 ～ 10 分钟，让黏性膜彻底与酒标粘连在一起。

第五步：揭下酒标，将酒标贴到酒标收藏册里。

按照以上五个步骤，就能轻而易举地揭下酒标，完成酒标收藏工作。收藏不同的酒标，也是认识不同葡萄酒的过程，不失为一件非常愉悦、有趣的爱好，葡萄酒爱好者们可以尝试。

第十章 酒局上需要葡萄酒礼仪

高脚杯举起来，喝酒的气氛就来了。如何倒酒、碰杯，如何在参加商务晚宴的时候优雅地展现自己，如何营造出“葡萄酒行家”的人设，这都需要在葡萄酒礼仪方面养成好的习惯，是葡萄酒爱好者们社交必备的素养之一。

葡萄酒礼仪可以营造仪式感

喝不同的酒，需要不同的礼仪。许多年前，中国还是白酒的世界，人们可以从电影、电视剧中看到喝白酒的画面，比如《水浒传》电影或电视剧中大口吃肉、大口喝酒的影像画面，不得不说，人们喝白酒的姿态往往可以用豪放来形容。中国人是豪放的，但是，葡萄酒与白酒不同，饮酒的环境也有着天壤之别。葡萄酒代表着浪漫与热情，甚至与爱情相关，葡萄酒有着独特的品饮方式。许多年轻人夏天喜欢喝啤酒，尤其是在街边、马路边的烧烤摊儿上，光着膀子，喝着扎啤，吃着烤串，再爽不过了。但是，如果两个人光着膀子，坐在马扎上，举着高脚杯喝葡萄酒，这画风简直可以用“凌乱无比”来形容了。葡萄酒是高雅的，盛放葡萄酒的醒酒器与饮酒器，都是非常漂亮的，因此需要一种温文尔雅的仪式感，这种仪式感的营造就需要注意品饮葡萄酒的礼仪。中国还是一个“礼仪之邦”，一直将礼仪看得很重要，喝葡萄酒，不懂礼仪可不行。如果一名男性邂逅了一名女性，需要葡萄酒去增进好感、撩动情绪，就需要注意浪漫而文雅的葡萄酒礼仪了，只有掌握了这种礼仪，才能给对方留下好印象。

葡萄酒礼仪可以提升舒适感

葡萄酒礼仪源于西方礼仪，后来这种礼仪传到了中国。有人问：“中国有白酒礼仪，白酒礼仪与葡萄酒礼仪有哪些区别？”在我看来，葡萄酒礼仪与白酒礼仪有着本质上的区别，而且葡萄酒礼仪更加“商务”。如今，在商务场合，选择葡萄酒的人越来越多。白酒在国内还是比较重要的，也有丰富的饮酒文化与牢固的基础，但是喝白酒与喝葡萄酒还是有不一样的适用方法与场景。葡萄酒礼仪的第一件事，就是点酒了，在商务场合，点一瓶恰到好处的酒是非常重要的，不能随便点一瓶。有一位资深的葡萄酒收藏家说：“葡萄酒是温文尔雅的，给人一种浪漫感和舒适感，因此，葡萄酒礼仪也需要给朋友或者受邀一方带来这种舒适感和浪漫感。”如果在酒会或者宴会上，你深谙葡萄酒礼仪，就能给对方带来这种舒适感，提升自己的印象分。当然，葡萄酒礼仪是非常烦琐的，但掌握这种礼仪肯定好处多多，礼仪

是社会交际的“润滑剂”，想要得到对方的认可，就要学习这种礼仪。葡萄酒本身就是一种“介质”，礼仪也是一种“介质”，葡萄酒礼仪还能净化人的心灵，令自己愉悦。

懂酒的人更懂生活

作家冯唐说过一句话，“人生至乐有两个：一个是夏天，在树下喝一杯凉啤酒；另一个是秋天开始冷的时候，在被窝里抱一个姑娘”。一个真正懂酒的人，一定懂得如何去生活。一个有阅历的人，处世不惊，从容不迫，总能从枯燥乏味的生活中找到乐趣，这种乐趣，可能就是一杯葡萄酒带给他的。在他听一首悦人心脾的交响乐时，也许会给自己斟上一杯葡萄酒，一边享受音乐，一边享受生活。真正懂得葡萄酒的人，也懂得人生的岁月，因为被称为“珍酿”的葡萄酒，一定是珍贵的、令人珍惜的，而不是一饮而尽的。懂得品酒的人，会细品酒的味道、回味酒的香气、感受酒的层次，并能适当地说出酒的历史和产地特点，这样的人一定懂得如何品味、如何珍惜自己，并且能珍惜时间、珍惜身边的人，也会珍惜每一次旅行的机会。懂酒的人，更加注重细节，注重生活中的点点滴滴，他会仔细辨识一瓶酒的产地，追究一瓶酒的来历，他会精心选择一只漂亮的高脚杯来饮酒，他会选择一瓶葡萄酒的最佳饮用温度，甚至会在不同的宴会（酒会）上选择不同种类的葡萄酒，他还会将这种精致带到自己的日常生活里。懂酒的人，会让自己饮酒的姿势非常优雅，非常注重自己的形态，甚至非常注重自己的穿衣打扮。懂酒的人，不会独自享乐，会把生活中的快乐分享给亲友。

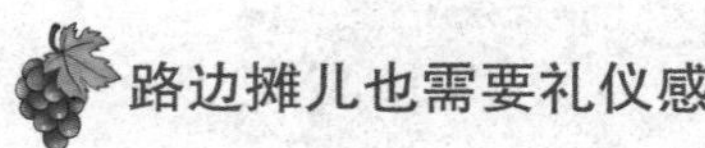

路边摊儿也需要礼仪感

马克·肯米尔说过一句话，“对待仪式感也一样：你若怀着敷衍了事的态度，就不可能拥有趣味盎然的人生。”当下的人们，大多数都过着紧张而忙碌的生活，不知道广阔的世界是怎样的，也很拖着疲倦的身躯享受生活。我有许多朋友，有的下班之后会选择直接回家，也有一些朋友会去路边摊儿大快朵颐，喝上几杯。有些朋友说：“还是路边摊儿接地气，不需要那么多仪式感，更加自由自在，而那些五星级的商务场合，给人一种约束的感觉。”但比起这样，我更喜欢一种精致的、有仪式感的人生。中国当代学者、作家王小波说：“一个人只拥有此生此世是不够的，他还应该拥有诗意的世界。”这个“诗意的世界”是什么？在我看来，不就是有仪式感的世界吗？当你在路边摊儿喝葡萄酒也能喝出五星级酒店里的仪式感，不就是一种成功吗？我曾经见过两个年轻人约会，约会地点就是某城市的街头大排档，男孩带来了一支意大利干白葡萄酒，想尽一切办法找了一支冰桶和两支白葡萄酒酒杯，日落之后点上灯盏……两个同甘共苦的年轻人就在大排档里享受了属于二人世界的“烛光晚餐”，非常浪漫地完成了约会，这难道不也是一种很不错的生活方式吗？

葡萄酒礼仪也可以通用

我们也可以把一般的葡萄酒礼仪当成通用礼仪，葡萄酒礼仪属于典型的西方礼仪，甚至当下还有一些比较火的相关课程。什么是礼仪？礼仪是人们约定俗成的，对人，对己，对鬼神或大自然，表示尊重、敬畏和祈求等思想意识的，各种惯用形式和行为规范。古人云："中国有礼仪之大，故称夏；有服章之美，谓之华。"礼仪，就是有礼有节，张弛有度，落落大方。喝酒的时候，要像一位谦谦君子，礼待他人。有些人喝酒只顾自己，倒酒也是先自己后他人，给人一种非常不礼貌的感觉。还有人说："最简单的礼仪就是不伤害对方。"谦虚一点、礼貌一点、大度一点，给他人愉悦的体验，尤其是喝酒的时候，不要搞得"剑拔弩张"。如果是一些商务场合，更应该注意自己的言行，无论是侍酒还是饮酒，都要保持一种君子风貌。礼仪就是对他人的尊重。东汉许慎在《说文解字》中说："礼，履也，所以事神致福也。从示从豊，豊亦声。"而郭沫若的解释是："礼之起，起于祀神，其后扩展而为人，更其后而为吉、凶、军、宾、嘉等多种仪制。"对于一般的葡萄酒礼仪，我们都应该学一点儿，便于在他人面前优雅地展示自己。

葡萄酒晚宴的穿着

参加宴会应该穿什么样的衣服？其实，穿搭是一门学问，尤其在葡萄酒晚宴上，穿搭要尽量符合自己的气质，还要根据晚宴的规格、特色、场景以及自己的身份角色来决定。但是，也有一些常规的配搭不会"翻车"，如果你不是一位擅长穿搭的葡萄酒爱好者，遇到葡萄酒宴会，可以参考以下方式：

正装：所谓正装，就是在正式场合应该穿着的衣服，比如西服。西服几乎是"万能"的，出席任何场合都不会"翻车"，尤其是商务场合，或者葡萄酒酒会。

女性也有女性的“正装”，能给人一种“职业感”。

商务装：如今，服装分类是非常细致的，既有正装，也有商务装。与正装相比，商务装偏休闲一点，尤其是精致的商务装，能够撑起很多的商务场合，商务装就是给商务场合活动量身打造的，通常不会“翻车”。

优雅套装：对于一些女性来说，身着优雅的套装非常能够凸显其气场和气质，是非常好的选择。另外，优雅套装是要整套穿着的，服装设计师早就提前做好了审美准备，通常是不会“翻车”的。

如果葡萄酒爱好者按照这样的方式去搭配服装，就能很容易满足自己的穿搭需求。

商务宴要遵守葡萄酒礼仪

如果你是在家中独酌，怎么喝都行；但是，如果你身在一场葡萄酒商务宴会中，就不能按照自己的规矩喝酒了，一定要遵循葡萄酒的礼仪。就像上文我们提到的穿搭，商务宴会不仅要有合乎环境的穿搭，还要有精致的面孔整理和打扮，甚至要注重细节。曾经有一位朋友参加商务宴会时比较仓促，忘记清理白色衬衣袖口的污渍，结果没有给对方留下好印象。既然是商务宴会，肯定与商务合作有关系，给对方留下良好的印象，才能更好地展开合作。葡萄酒是一种浪漫而庄严的酒，适当品饮不会醉人，而且微醺的状态更加有利于推进合作，是商务宴会的代表酒类之一。如今，越来越多的商务宴会选择葡萄酒或者香槟酒，优雅而不失风度。许多白酒宴会总会给人一种“拼命”的感觉，动不动就劝酒、灌酒，仿佛要“杀对方一个片甲不留”。葡萄酒商务宴一定是优雅的，不失风度的，无论你是宴会发起人，还是宴会受邀者，抑或是宴会中无关紧要的小角色，言行都要坚持遵守葡萄酒礼仪，这样才能把最好的自己呈现给其他人。如果你能从举杯、品鉴到言语交谈，都显得很专业，无疑是把一个懂行的葡萄酒爱好者的形象呈现给别人。

喝葡萄酒的执杯姿势

在许多电影、电视剧里，我们都能看到喝葡萄酒的画面，尤其是那些欧美电影，

参加聚会或者高档沙龙的人们，人人手执一支葡萄酒杯，优雅地喝着葡萄酒。但是，细心的人们都能看到，他们的执杯姿势非常优雅，全然不像那些“街头兄弟”们端碗喝酒的样子。需要说明一点，喝白酒有适合喝白酒的方式，这里不存在“鄙视链”，只是我们需要弄清楚，葡萄酒执杯的方式是葡萄酒礼仪中的一个重要环节。正确的执杯方式，不仅能提升自己的饮酒仪态，还能让葡萄酒爱好者们获得更好的饮酒体验。通常来说，葡萄酒杯是高脚杯，杯身很大，杯柄很长，最下面有一个杯托。科学的执杯方式有两个：其一，手握杯柄或者杯托，这样的执杯方式可以减少手掌与杯身的接触。人体体温一般在36℃以上，而葡萄酒的最佳饮用温度一般不超过17℃，如果手握杯身，将会改变葡萄酒的温度，温度改变，葡萄酒的风味也就发生了变化，使葡萄酒的饮用体验变差；其二，如果手掌直接接触杯身，会在杯身上留下指纹，带着指纹的杯身不利于观赏葡萄酒的颜色，葡萄酒观色，也是葡萄酒礼仪的一部分。

组织一场优雅的品酒会

如何组织一场品酒会？其实，组织品酒会的前提是，一定要有足够的资金作为支撑，因为组织品酒会需要不小的费用开支。组织品酒会的流程大概可以按照以下步骤：

1. 确定主题：葡萄酒品酒会有盲品会，也有品鉴会，还会有各种各样主题，只有确定了品酒会的主题，才能组织葡萄酒品酒会。品酒会的主题类型大概有垂直品

型品鉴会、新世界VS旧世界葡萄酒品鉴会、N大酒庄品鉴会等。

2. 拟定邀请名单：葡萄酒品酒会需要嘉宾参与，因此需要提前准备嘉宾名单，并发出邀请函邀请嘉宾。通常来说，需要提前两周进行邀请。

3. 准备品鉴卡：品鉴卡是嘉宾品鉴之后用于记录品鉴体会的笔记卡，可以记录葡萄酒的名字、年份、葡萄品种、风味、香气，有心的葡萄酒爱好者还可以设计品鉴卡。

4. 布置会场：布置品酒会的会场是最后一步，也是最重要的一步，组织者可以邀请专业人员进行布置，然后用一些装饰品对会场进行装饰，从而完成品酒会的组织工作。

如果葡萄酒爱好者们在品酒会中穿插一些好玩的活动，如抽奖等，或许可以让品酒会更加有趣。

葡萄酒倒酒的礼仪

关于葡萄酒礼仪的学问，还有很多，甚至倒酒也有礼仪。通常来说，倒酒有如下六个礼仪：

不能空杯：在葡萄酒宴会上，作为邀请一方，是不能让宾客朋友的杯子空着的，如果宾客朋友想要继续喝，就要时刻注意他们的杯子，要及时续杯。

擦拭瓶口：打开一瓶葡萄酒之后，必须保证葡萄酒的瓶口是干净的，在倒酒之前，应该对葡萄酒瓶口进行检查，如果瓶口不干净，需要进行清洁。

倒酒顺序：在我国，倒酒一般要遵循一些顺序，先客人、后主人；先老人、后年轻人；先女士、后男士，遵循这些顺序，才能把酒喝好。

酒标对着客人：为什么要让酒标对着客人呢？其实，这是主人向客人表达的一种诚意，要让客人知道，主人为他们准备的酒款，这也是一种信任。

保持酒瓶干净：有时候，倒酒结束之后，酒液可能会顺着酒瓶瓶身溅落在外面，此时一定要准备一块毛巾进行擦拭，不留“遗憾”。

倒酒的量：通常来说，葡萄酒倒酒的量是整个葡萄酒杯杯身的三分之一，如果超过二分之一，葡萄酒的香气会不容易散发出来，倒香槟则可以达到四分之三的比例。

摇酒杯的作用

在葡萄酒会上，人们经常能够看到，那些品鉴葡萄酒的专家们会有节奏地摇晃葡萄酒酒杯，肢体动作不仅协调美丽，还凸显饮酒人的优雅个性。其实，摇晃酒杯还有以下几个作用：

醒酒：虽然在葡萄酒品鉴会上，或者平时喝葡萄酒的时候，通常会准备一个醒酒器，但是醒酒器并不一定能够充分醒酒，有时候还要借助摇晃酒杯的方式进行醒酒。

释放香气：葡萄酒需要摇晃才能释放香气，提升葡萄酒的风味；其实，品鉴威士忌或者白兰地也是如此，需要摇晃酒杯，释放香气。

观察质地：一款优质的葡萄酒是有一定的黏稠度的，甚至有着良好的挂杯能力。在摇晃酒杯的过程中，饮酒者可以观察葡萄酒的品质，了解这款葡萄酒的好坏。有经验的葡萄酒爱好者还可以通过葡萄酒颜色的变化了解到酿酒葡萄的品种、年份，以及是否有过橡木桶的陈年经历，当然，这需要足够的经验积累。

提升个人形象：就像这小节开头所讲的那样，有节奏地摇晃酒杯，可以提升一个人的形象，让饮酒者显得更加优雅。当然，要有节奏地、有韵律地摇晃，才能给人这样的感觉。

葡萄酒的敬酒礼仪

“敬酒”文化并不是舶来品，而是自古以来就有的文化。有人问：“葡萄酒敬酒与白酒敬酒有怎样的区别？”这是一个不太好回答的问题，中国人有中国的饮酒、敬酒的习惯，无论喝葡萄酒还是喝白酒，都可以参照一套符合中国人习惯的敬酒方式，只是需要大家在敬酒的过程中注意以下几个事项：

敬酒的时间：通常来说，宴会这类正式场合中，要在上菜后，由主人向客人敬开局酒，表示“欢迎”；如果是非正式场合，敬酒的时间可以随意安排。

敬酒时的言辞：敬酒的时候，敬酒者一定要让其他宾朋听到“我要向大家敬个酒……”之类的话，否则，敬酒就会变得无意义，甚至显得不礼貌，敬酒的时候要说几句敬语来表达自己的感情。

敬酒的姿势：通常来说，宴会主人敬酒，需要站起来，并且邀请大家一起站起来喝酒；长辈向晚辈敬酒需要坐着敬，晚辈喝酒需要站起来；晚辈向长辈敬酒则应该站起来，而长辈可以坐着喝酒。

除此之外，中国人敬酒还讲究“文敬”“互敬”与“回敬”，甚至还有“代饮”，这都是中国的传统饮酒文化，值得传承。

碰杯声音要清脆

碰杯也是有讲究的。如果你手握一只高脚杯，就要考虑在酒桌上如何碰杯了。握手是一种礼仪，碰杯也是，碰杯如同葡萄酒宴会上的“握手”，更要恰到好处才行。

第一，碰杯的时候千万不要过于用力。有人问："难道碰杯的目的不是听一听清脆的响声吗？"高脚杯是非常薄的，如果碰杯太用力，高脚杯容易破碎，一旦撞碎，简直太尴尬了，因此，碰杯的时候千万要控制力量，不要用太大的力气。第二，优质的高脚杯碰撞之后，会发出清脆的声音，而不是"咣咣"的声音，这与高脚杯碰撞的位置有一定关系，因此敬酒的时候，一定要找准合适的碰杯位置。如何才能产生清脆的声音且不伤害高脚杯的杯身呢？在碰杯的时候，酒杯杯身倾斜15度，既能保护高脚杯杯身，还能撞出清脆的声音。这种清脆的声音是葡萄酒敬酒时的一种"境界"，更是一种"礼仪"、一种饮葡萄酒的"标准"。其三，碰杯的时候，我们要用眼睛注视着对方，以示尊重，即使对方是陌生人，也要这样去做。喝葡萄酒时，碰杯是一种交流，能拉近人与人之间的距离，消除陌生感。

葡萄酒不能整杯倒满

很多人讲究"酒满心诚"，似乎只有把酒杯倒满了，才能表达某种诚意，尤其喝白酒的时候，几乎都是这样的喝法儿，但是，葡萄酒毕竟是一种舶来品，葡萄酒礼仪也是。倒葡萄酒的时候，不能一次性倒满，如果一次性倒满酒，会给人一种不礼貌的感觉。这是为什么呢？就像前面我们所讲的，倒干红葡萄酒时，最好倒至酒杯约三分之一杯身处，便于醒酒和发散香气。前面我们也讲到，饮用一款优质的葡萄酒时，需要通过摇晃杯身的方式让酒体"苏醒"，如果把葡萄酒杯倒满了，也就无法起到醒酒的目的了。饮用葡萄酒需要有情调，如果倒满了，情调也就瞬间消失。在葡萄酒宴会上，人们很少看到将葡萄酒斟满的场景。有时候酒会上会有一些人不胜酒力，喝不完一杯葡萄酒就会醉，所以倒酒不倒满，也是一种尊重对方、保护对方的行为。我曾经经历过一次尴尬的宴会，倒酒者把酒倒满了整整一大杯，大概有350毫升，宴会上有一位女士因不好意思拒绝而喝掉了满满一杯葡萄酒，结果宴会现场很尴尬，但是更尴尬的却是倒酒者本人。

豪饮葡萄酒也未尝不可

中国酒局上有句俗话："感情浅，舔一舔；感情深，一口闷！"许多人喝酒时都会用这样的方式劝酒，尤其喝白酒或啤酒的时候。大家见过喝葡萄酒一口闷的吗？其实，我见过这样的喝法儿。那是在几年前，我在一家餐厅吃饭，邻桌是四个年轻人，他们喝掉了整整六瓶葡萄酒。刚开始的时候，他们还是按照葡萄酒的正常饮法儿喝酒，到了后来，他们仿佛彼此敞开了胸怀，开启了“一口闷”喝法儿。有人问：“葡萄酒用这种饮法儿可以吗？”其实，饮酒是要看心情的，具体用什么样的方法喝，只要符合心情和气氛，都是可以的。三五好友相聚，彼此无话不谈，兴致到了，选择“一口闷”的喝法儿饮葡萄酒，也未尝不可。只是，葡萄酒的饮酒礼仪里，确实没有葡萄酒“一口闷”的饮法儿，更多的情况是倒酒不倒满，君子般、绅士般地饮酒。如果只是单纯地问，人们是否可以选择“一口闷”的喝法儿，我只能说，绝对可以，如果你的朋友也想这样喝，为什么不这样喝呢？哪怕好友相聚时，人人各执再普通不过的白酒杯，杯子里倒的却是干红葡萄酒，也可以一口一杯，就像喝凉白开一样，只要大家都很尽兴就好。

葡萄酒酒会上的基本礼仪

葡萄酒文化如同白酒文化一样博大精深，想要一次性掌握它，确实很难。但是，饮用葡萄酒时也有一些最基本的礼仪，除了前面我们讲到的一些礼仪之外，还有哪些比较重要的礼仪呢？俗话说：“工欲善其事，必先利其器。”如果你组织正式的葡萄酒酒会，就要注重细节，除了精挑细选葡萄酒之外，还要选择一套好的葡萄酒酒杯。喝葡萄酒要有葡萄酒酒杯，这样的专用工具绝对不能缺少，并且还要选择品质非常好的、干净的、透明的水晶杯，这样的杯子不仅好看，还能够撞出清脆的声音。敬酒的时候一定要有礼貌，谦虚一点，最好再说一些敬酒词来表达感谢或者祝福，增添一些喝酒的氛围。当然，敬酒的时候，还要选择合适的敬酒时机，而不能抢时间。葡萄酒宴会适合一种“慢生活”的方式，敬酒的时候更要“慢条斯理”。喝葡萄酒需要一个“观”“闻”“品”的过程，因此我们前面讲到，尽量不要选择“一口闷”的喝法儿，这样的喝法儿虽然有时符合兴致，但完全品尝不出葡萄酒的美妙，只是“灌酒”，而不是“品酒”。葡萄酒是需要细细品尝的，一点一点地、小口小口地喝，才能喝出里面的滋味。

喝酒时要自制，不可酗酒

喝葡萄酒是一件很惬意的事情，但是并不代表着可以肆无忌惮地喝酒或劝酒。记得有一年，有个朋友参加了一个葡萄酒酒会，结果被朋友灌得吐了一地，最后卧倒在大街上睡了一宿，第二天早晨醒来时，发现自己竟然躺在派出所里。实际上，这样的喝法儿不仅伤害自己的身体，更是一种无脑酗酒的表现。许多人不能自我控制，只要一碰酒，必然会喝多喝大，醉酒之后的状态非常不好，有些人还会发生“酒闹”。记得一位朋友的妻子每次都会提醒喝酒的朋友：“出门喝酒一定要少喝，不要往死里喝，这样喝酒，实在是太令人担心了！”是的，这样的饮酒方式是不文明的，也是不健康的，可是总有一些人，原本不胜酒力，却每一次都会喝多。当然，这也要怪那些“坏心思”的劝酒者，明知对方不胜酒力，喝不了那么多酒，还是继续劝，眼睁睁地看着对方醉酒，甚至以此为乐，这是非常恶劣的行为。还有一些人酒精过敏，更是不能饮酒，就像一位医生所讲：“葡萄酒的主要成分为葡萄汁、酒精，对葡萄或者酒精过敏的人群，须禁止饮用葡萄酒，以免诱发红疹、喉头水肿等过敏反应。”

豪饮葡萄酒只能偶尔为之

我不反对豪饮葡萄酒的喝法儿，尤其在我国传统酒文化里，酒确实可以豪饮。大诗人李白在《将进酒》中写道：“烹羊宰牛且为乐，会须一饮三百杯。岑夫子，丹丘生，将进酒，杯莫停。与君歌一曲，请君为我倾耳听。钟鼓馔玉不足贵，但愿长醉不复醒。古来圣贤皆寂寞，唯有饮者留其名。”豪饮代表一种豪放的心境，如果你的朋友都是一些“豪放之人”，为什么不选择豪饮呢？但是，豪饮也有豪饮的规矩，并不是痛快喝完就结束了。有些朋友豪饮干杯之后，还会向众人展示杯底，意思是说：“看，我已经干了，一滴不剩！”其实这倒也没什么，但是不能一直选择“一饮而尽”的喝法儿，偶尔可以为之，一直这样喝葡萄酒也是对葡萄酒的“亵渎”。一款优质的葡萄酒，尤其是一款珍藏佳酿，不仅价值不菲，还是酿酒师的心血之作，他们把这些珍藏佳酿当作自己的“艺术创作”，对待一个出类拔萃的“艺术品”，我们的豪饮者是否应该慢下来，细细品尝呢？当然，这只是一个建议，也是一个倡导。可以豪饮，但是只能偶尔为之，不能一直这样“暴殄天物”，这是不礼貌的，也是对酿酒师的一种不尊重。

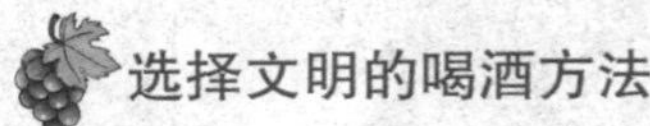

选择文明的喝酒方法

喝葡萄酒时，应该选择文雅的喝酒方法。我不反对“一口闷”，至少偶尔的“一口闷”也能体现饮酒者的豪情，但是某些自毁形象的葡萄酒饮酒法最好还是摒弃。我曾经在网上看到一个喝酒视频，有人一口气喝了三瓶高度酒，三瓶酒下肚，整个人几乎算是酒精中毒了，这样喝酒，无异于自杀。为了自己的身体健康，为了自己家庭的幸福，葡萄酒爱好者们要坚决拒绝这样的饮酒方法，这种饮酒法儿只能说是害人不浅。

品饮葡萄酒的基本环节

喝葡萄酒是一件优雅的事，要处处体现细节，才能收获良好的印象分。如果你参加一场葡萄酒宴会，一定要掌握几个品饮葡萄酒的基本环节才行。

执杯的姿势：执杯的姿势非常重要，通常要用大拇指和食指夹住葡萄酒酒杯的杯柄，并且与自己的身体保持一定距离；或者用大拇指和食指夹住杯座，其他手指握拳保持支撑状态，这两种姿势都是正确的执杯姿势，并且是非常优雅的。

饮酒前观色：一个优雅的葡萄酒爱好者一定会观看葡萄酒的颜色，以此判断葡

萄酒的品质，进而体现自己的“专业”；与此同时，欣赏一款好酒，如同欣赏一个艺术品，能够提升自己的品位。

饮酒前闻香：一款优质的葡萄酒一定是香气宜人的，闻香也可以辨识葡萄酒的品质，闻香的过程，也是与葡萄酒亲密接触的过程。

品酒：酒倒入嘴中，不要一股脑儿地吞咽下去，这样的快速饮酒法，很难品尝出葡萄酒的滋味；正确的饮酒方法应该是慢慢细品，用味蕾感受葡萄酒的美妙，并且与一起品饮的宾朋分享自己的感受。

用祝酒词活跃气氛

有些人属于“闷葫芦”类型，放任他们在酒桌上喝酒，整个酒场就会显得很沉闷；也有一些“社交狂人”，喝酒时总是滔滔不绝地聊天，反而能提升酒局的氛围。最简单的提升饮酒氛围的办法就是说祝酒词，敬酒的时候，嘴巴不要只用于喝酒，还要开口说话，尤其是要说一些祝酒词，不仅能社交破冰，还能打破沉寂的尴尬气氛。还有一些人会准备一些小故事，或者小段子之类的，只要这些段子是健康、积极、幽默的段子，就能起到非常好的活跃气氛的作用。我记得有一位朋友酒量有限，但是也会喝酒，并且还能在饮酒时活跃气氛，他经常在酒场上这样说：“出门在外，老婆交代，少喝酒，多叨菜，够不着了站起来。”这是一种幽默，既能拒绝多饮酒，还能活跃气氛，并且交代自己“少饮酒”的原因。还有一位喜爱饮酒的朋友这样说：“美酒倒进夜光杯，酒到面前你莫推，酒虽不好人情酿，远来的朋友饮一杯。”其实，这样简单的几句话，就能很好地活跃气氛。也有一些朋友嗓子很好，擅长诗歌朗诵，我的一位朋友经常用现场朗诵《将进酒》的方式活跃现场气氛，也能得到不错的效果，甚至秒变酒场上的 C 位大咖。

饮酒看透内心

一位名为“老酒味道”的作者写过一篇名字叫《如何通过喝酒看透人的内心？老司机：懂4点，你就是酒桌上的诸葛》的文章，文中写道：“像我们日常的酒局，你可以发现酒桌上的人千姿百态，不同形态不同角度地展现自己独特的一面，同样也是真实的一面。如果有机会跟他们喝一杯，你很快就会发现他真实的一面，从他的行为中就可以看清他的真性情。”人生千姿百态，饮酒者也是如此，有的人喝酒之后快乐高兴，并且会分享自己的快乐；有些人则爱发牢骚、闹脾气，甚至胡言乱语；也有一些人喝多酒就去找地方睡觉，仿佛什么事情也没有发生；还有一些人会忧愁哭泣，无法维持自己的得体形象，甚至需要他人的安慰……如果你能够在一次酒会上看穿所有人的内心，恭喜你，你可以放心大胆地喝酒了，因为你已经对所有人“了如指掌”。当然，想要掌握这种本事，还需要学一点心理学。有时候，你可以通过饮酒更加认识自己，只有认识自己，才能从容面对世界。巴甫洛夫说过一句话，“无论在什么时候，永远不要以为自己已经知道了一切。不管人们把你评价得多么高，你永远要有勇气对自己说：我是个毫无所知的人”。认识自己，还要保持谦逊的心态。

去除葡萄酒污渍的方法

葡萄酒有着“天然染色剂”的绰号，尤其是干红葡萄酒，如果不小心倒在身上，是一件很麻烦的事情。有些人不懂得如何处理，只能将心爱的衣服扔掉，如果我们掌握了以下几种方法，就能解决这个棘手的难题。

用牙膏去除污渍：如果你的衣服是浅颜色的，不小心溅上了葡萄酒，可以将牙膏挤到葡萄酒污渍上，静等片刻，再用清水清洗，一般可以清洗掉痕迹。

用食用盐去除污渍：几乎家家都有食用盐，如果衣服上不小心溅上了葡萄酒，可以将食用盐撒在葡萄酒污渍上，静等片刻，之后再用清水清洗，一般也能洗掉污渍。

甘油、蛋黄去除污渍：通常来说，要将甘油和蛋黄按照 1 ∶ 1 的比例进行混合，然后将混合物涂抹在葡萄酒污渍上，等 2 ～ 3 个小时，再用温水清洗即可。

用牛奶去除污渍：如果衣服上不小心溅上葡萄酒，也可以先用牛奶浸泡衣服，再用洗衣粉进行清洗，这种方法也能解决这道难题，帮助你挽救心爱的衣服。

除了上述四种方法之外，用淘米水浸泡 2 ～ 3 日，再用洗衣粉进行清洗，也能起到去除葡萄酒污渍的效果。

葡萄酒晚宴是一场社交

葡萄酒是一种“媒介”，这种“媒介”可以拉近人与人之间的距离，消除陌生感。但是，葡萄酒爱好者们一定要加强对葡萄酒的认识，并且提前学习与葡萄酒相关的礼仪方面的知识。其一，葡萄酒爱好者们一定要掌握几个葡萄酒的专业术语，比如酸度、酒体、单宁、风味、余味等，这些术语可以帮助我们进一步认识葡萄酒，并且能够描述葡萄酒的口感，鉴别葡萄酒的好坏。其二，葡萄酒爱好者们一定要掌握如何执杯、如何观赏葡萄酒、如何碰杯，以及如何在碰杯的瞬间保持自己的气质

和风度，甚至还要掌握一些敬酒的祝福语或者敬酒词，为自己社交破冰做好准备。其三，如果是你组织的葡萄酒酒局，一定要精挑细选一款或者多款葡萄酒，在确保葡萄酒品质的前提下，还要将所选的酒款进行排列。其四，葡萄酒爱好者们还要掌握一套“社交美学”，将社交礼仪发挥到可用之处，“社交美学”也是一种心理学学问，葡萄酒爱好者可以购买相关书籍进行阅读，掌握这一技能。

喝葡萄酒还有眼神礼仪

眼神是一种语言，更是一种交流方式。在葡萄酒宴会上，当你敬酒的时候，不能一味低着头喝酒，一定要与对方发生眼神交流，这时候就需要注意“眼神礼仪”。敬酒或者饮酒的时候，一定要看着对方的眼睛，通过眼神表达自己的诚意或祝福，这种眼神必须是尊重的、诚恳的。如果别人与你交谈，即使没有饮酒，也不要东张西望，一定要将眼神留给对方，否则会给人一种掩饰或者慌张的印象，甚至让对方觉得你不尊重对方。如果你与对方非常熟悉了，眼神的交流时间可以适当减少，将眼神放在较为陌生的朋友身上。当然，葡萄酒爱好者们也可以通过眼神判断酒席上的哪位先生或女士想要与你进行交流，如果对方选中了你，一定要集中精神，保持一定的专注度，用眼神和语言回应对方，这同样是一种尊重。通常来说，眼神是表情的放大器，也是表达内心的一种方式。比如，眯眯眼表示怀疑，迅速眨眼睛表示好奇或疑惑，微笑的眼神表示感谢，瞪大眼睛表示惊讶，温暖的眼神表示敬爱。据说，眼神作为一种语言，几乎占了所有人类使用语言的 70%，因此葡萄酒爱好者们也需要掌握“眼神礼仪”这门技能。

葡萄酒宴会的点酒礼仪

点酒也有一套礼仪，同时也是一项技能，如果我们不懂得如何点酒，又怎能组织好一场葡萄酒宴会呢？宴请点酒有四个原则，坚持这些原则办事，通常不会“翻车”。

原则一：先点菜，后点酒。不管是什么形式的葡萄酒宴会，都是要点菜的，葡萄酒宴会也是一个饭局，点不好菜怎么能组织好宴会呢？红葡萄酒配红肉，白葡萄酒配白肉或者海鲜，香槟配沙拉，但是大前提是先要把菜点好。

原则二：让侍酒师为你推荐。许多人并不是非常懂葡萄酒，在这样的前提下，组织葡萄酒宴会的人需要邀请侍酒师加入自己的“阵营”，为自己的宴会推荐葡萄酒。

原则三：一个葡萄酒宴会，需要准备足够数量的酒。比如，10 个人通常要准备 4 瓶葡萄酒，确保人均不低于半斤葡萄酒的量，如果宾客还想喝，还可以继续加酒，千万不要一副小气的样子。

原则四：在一些商务宴会中，侍酒师侍酒之后，需要进行回避，因此组织宴会的人还要掌握一些让侍酒师回避的言语或手势，比如说一句“不错”然后保持沉默，侍酒师就会选择回避。

葡萄酒的侍酒礼仪

并不是所有的餐厅都有侍酒师，有侍酒师的餐厅大多是高级餐厅，里面的餐品和服务往往价格不菲。还有许多中餐厅是不提供侍酒服务的，因为侍酒礼仪是一种西方礼仪，但是组织葡萄酒宴会的人应该掌握这套礼仪。侍酒的礼仪大致如下：

双手持酒到客人身边，

酒标朝上，让客人观看酒的名字、年份、级别、酒精度数等信息，让客人确认酒的“身份”，这是一种尊重，更能体现自己的诚意。

适当向客人介绍这款酒，以及这款酒的特色，进而提升酒的价值。

按照相对专业的方式进行开酒，姿势一定要优雅，并且将橡木塞平放，检查瓶塞是否湿润，然后再将葡萄酒倒进醒酒器，令其醒酒。

倒酒之前，应该擦拭瓶口，并且清除瓶口上的橡木塞碎屑，保证干净又卫生，还能体现仪式感。

倒酒的姿势一定要优雅，倒酒的时候酒标一定是朝上的，酒瓶口与高脚杯杯口的距离为5厘米，倒酒量不要超过杯身的三分之一。

倒酒时要按照女士优先、先长者后小辈的顺序去倒酒。

在许多人看来，侍酒师服务于饮者，只需要给饮者提供葡萄酒方面的服务，非常简单。其实，侍酒师是一个非常具有挑战性的工作，要通过葡萄酒礼仪和标准服务，向饮者传达一种心意。一名优秀的侍酒师，一定能从酒中领悟到这些道理，并且让自身与葡萄酒、饮者三者之间达到所谓的“天地人”合一的关系。侍酒师通过“侍酒服务”这种语言，把葡萄酒具有的美学意义传递给饮者，让饮者在享受美酒的时候爱上美酒，让美酒成全饮者，也让饮者成全美酒，这是葡萄酒文化的一部分。

葡萄酒宴会的品酒顺序

美国作家海明威说过一段话：“葡萄酒是世界上最文明的事物之一，也是世界上非常完美的、最自然的东西之一。或许它带给我们的享受价值和欣赏价值是无与伦比的，远超其他事物带给我们的纯感官感觉。”可见，葡萄酒是非常迷人的，许多人为之倾倒，它有时候像一名绅士，有时候像情人，让人们欲罢不能。但是，品尝葡萄酒是一个学问，在一场葡萄酒宴会上，我们还要掌握品酒的顺序。通常来说，品酒时要从轻盈的、低酒精度的葡萄酒开始，然后逐渐过渡，最后才是口感重、饱和度较为丰满的高酒精度的葡萄酒，如从起泡酒（香槟）、淡白葡萄酒、重白葡萄酒，到玫瑰红葡萄酒、淡红葡萄酒、重红葡萄酒、甜葡萄酒（加强型葡萄酒，如雪莉酒）。如果按照这个顺序品饮葡萄酒，则能控制住每一款葡萄酒的味道，彻底打开自己的味蕾。

葡萄酒宴会的酒桌礼仪

葡萄酒酒桌礼仪也就是我们常说的餐桌礼仪，这种礼仪自古就有，据说早在周朝，中国就有相关的礼仪了，后来又被孔子推崇，中国的餐饮礼仪也就渐渐形成了。酒桌礼仪内容非常多，大概有以下几个方面：

入座礼仪：通常来说，客人坐在上席，然后长者坐在客人旁边，入座后不要立刻动筷。

进餐礼仪：进餐时，先让客人动筷，然后是长者；进餐的时候千万不要打嗝；如果给客人或长者夹菜，最好使用公筷，或者将远离长者或客人身边的菜品摆放到他们面前；进餐的时候，不要当着大家的面剔牙，这会给人留下非常不好的印象。

饮酒礼仪：不要贪杯，更不要低着头喝酒，饮酒的时候要有交流，不要一声不吭。

离席礼仪：离席之前，客人要向主人（请客一方）表示感谢，然后表达回敬之礼；离席的时候，帮助长者和女士拖拉座椅，然后将餐桌收拾整齐（在酒店喝酒可以忽略这一项）。

除此之外，还要学会如何布席，尤其是如何让酒桌上的餐碟摆放得更加美观，这也是非常重要的一件事。

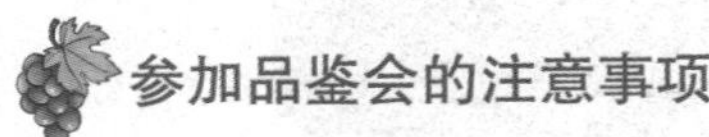

参加品鉴会的注意事项

如今，各式各样的品鉴会层出不穷，任何人都有可能被邀请参加品鉴会。如果你有幸被邀请参加葡萄酒品鉴会，应该注意些什么呢？

首先要坚持交流，甚至可以畅所欲言，但是绝不能有情绪化的偏见，要相对客观、公平地表达自己的喜好，而不是以个人的意志为中心去批评，因为你的喜好仅仅代表你自己。

如果是品鉴会，就要珍惜并享受每一口佳酿，想办法多学习一些葡萄酒知识，多与参与品鉴会的朋友们进行交流，毕竟品鉴会不是天天都有。

不要豪饮，品鉴会就是为了品鉴，参加品鉴会的人很多，一定要表现得绅士一点，不要像抱着酒瓶子不放似的，给其他人留下极其糟糕的印象，喝多了酒更是会有失颜面。

注意自己的一言一行，举手投足都要优雅一点，尤其是要管理好自己的表情，如果无法管理好自己的表情，就会显得很丢人。

如果是品鉴会，要品鉴很多款酒，主办方一般会准备吐酒桶，可以适当吐酒，不要把所有的品鉴酒款统统吞进肚子里，只需要享受几款名酒珍酿就够了。因为毕竟是品鉴会，其主要目的是品鉴，而不应该一饮而尽。

如果我们做好以上几个方面，就不会在品鉴会上丢面子，而且还能给组织方留下良好的印象。

电影里的葡萄酒礼仪

电影《泰安尼克号》中就有一个服务生倒酒的片段。在这个电影片段中，服务生穿着整齐，给人一种非常干净的形象；倒酒的时候，非常仔细，完全按照葡萄酒的礼仪进行侍酒；侍酒之后，向客人微笑，然后招呼客户："请您品尝美酒！"客人们也非常绅士，会顺嘴说一声"谢谢！"这个时候，侍酒师或者服务生就会转身离开，绝不会打搅客人用餐。汉密尔顿·摩尔说过一句话："要成为绅士，必须同时拥有许多品格，其中，优雅的谈吐和优雅的个人形象一样，都是最重要的方面。"事实上，葡萄酒礼仪完全可以用绅士风范来概括，这是一项属于绅士的活动。哲学家洛克是这样解释"绅士"的，他说："礼仪又称教养，其本质不过是在交往中对于任何人不表示任何轻视或侮蔑而已，谁能理解并接受了这点，又能同意以上所谈的规则和准则并努力去实行它们，他一定会成为一个有教养的绅士。"无论是服务生，还是侍酒师，都要让自己变得绅士、斯文，从而使自己体面一些，哪怕从事着服务生这样的工作。通过电影，我们总能看到那些谦虚的、彬彬有礼的服务生形象，那也是践行葡萄酒礼仪的人物的缩影。

倒酒时垫毛巾的作用

有人看到服务生或者侍酒师倒酒的时候，总会在酒瓶颈部垫一块白毛巾或方帕，这是怎么一回事呢？难道是防止葡萄酒沿着酒瓶颈部流下来吗？这只是其中一个方面的原因，如果倒酒不慎，确实可能导致葡萄酒酒液沿着酒瓶颈部落到客人的衣服上，被葡萄酒染红的衣服虽然可以"抢救"回来，但"抢救"也是一件非常麻烦的事情。另外一个方面的原因是，葡萄酒对温度的要求极为苛刻，白葡萄酒要求酒的温度不得超过12℃，而红葡萄酒的温度也不宜超过20℃。因此，服务生或者侍酒师就会握

着一块毛巾，防止自己的皮肤直接与葡萄酒瓶发生接触，一旦接触，葡萄酒酒体的温度也会随之发生改变，继而影响葡萄酒的口感。葡萄酒是美妙的，许多人都喜欢葡萄酒，如果自己在家喝酒，怎么喝都行。如果是在正式的葡萄酒宴会上，没有侍酒师在身边的时候，就需要向服务人员要一块毛巾，用侍酒师的侍酒态度去服务自己的朋友和客人，在坚持葡萄酒礼仪的情况下做好服务工作，能给参加酒宴的人留下好印象。

酒会上酒与酒杯的选择

如果要筹备葡萄酒酒会，葡萄酒爱好者们应该围绕着“葡萄酒”的话题展开准备，尽可能地多准备几款葡萄酒，包括从低酒精度到高酒精度的葡萄酒，以及从轻盈型到厚重型的葡萄酒。这样做的目的有三个。其一，让参加葡萄酒酒会的朋友可以尽可能地多品尝几款酒，尤其是风格、个性均不同的葡萄酒；其二，一次性满足参加葡萄酒酒会的朋友的好奇心，足够的好奇心能够推动酒会朝着圆满完成的方向发展；其三，通过葡萄酒的品鉴比对，让参加葡萄酒酒会的朋友学习并掌握更多关于葡萄酒“大家族”的知识。基于以上三个方面的原因，葡萄酒爱好者在组织葡萄酒酒会的时候，应该多选择几款“经典酒”，并且按照顺序进行标注。与此同时，葡萄酒爱好者还要准备几种不同的酒具，尤其是酒杯。香槟需要香槟杯，白葡萄酒需要白葡萄酒杯，干红需要干红酒杯，白兰地等烈性葡萄酒需要白兰地酒杯等，准备不同的酒杯，也是酒会的一个重要环节。服务方面，组织者更要坚持遵守葡萄酒礼仪，用心服务好参加酒会的每一个朋友，只有这样，才能把酒会办好。

烧烤摊儿喝葡萄酒的建议

其实，这是一个比较有趣的问题。既然是约在烧烤摊儿，说明这样的酒局是非正式的，也非常私人的，甚至是非常随意的。我也参加过这样的酒局，带着心爱的葡萄酒与朋友一起分享。如果非要说注意事项，或许有这样几个：其一，烧烤摊儿上的烧烤通常以红肉为主，如果携带葡萄酒，尽量携带干红葡萄酒，这一类葡萄酒更适合搭配红肉；其二，可以适当按照葡萄酒的饮法儿去喝，但是不必强求，烧烤摊儿上喝酒或许自有一套规矩，不必强行坚持遵守葡萄酒礼仪，应该怎么舒服怎么来；其三，无论是什么形式的酒局，说话时都要低调一些，要尊重对方，言行轻狂、大话连篇无论在怎样的场合都是令人无法容忍的，这是社交礼仪中的基本常识；其四，无论喝葡萄酒还是白酒，抑或是啤酒，无论烧烤摊儿的氛围多么有“江湖气”，都要适量饮酒，不能酗酒，“喝不够伤感情”是谬论，文明时代，应该文明饮酒。

大型酒会的摆台建议

酒会摆台是非常讲究的一件事，甚至也有一套礼仪在里面。对于大型酒店的服务生来讲，这项技能是必须掌握的；对于葡萄酒爱好者而言，这方面的知识也可以适当了解一些（毕竟许多酒会工作，酒店工作人员或者侍酒师可以帮助完成）。酒会摆台的第一件重要的事情就是将与酒会相关的各种“装备”准备齐全，如果是烛光酒会，还要准备蜡烛等特殊用品，除此之外，还有三大注意事项。

摆食品台：摆食品台的时候，一定要铺好台布，围上台裙，让食品台保持整洁、卫生；然后根据菜单逐一将餐碟、餐具、食品等摆放好，刀叉、筷子等摆放在餐碟里。

摆酒会桌：通常来说，酒会桌是按照人数进行摆放的，如果是重要的酒会，还要在酒会桌上提前给客人安置好位置，并准备好客人的名字，酒会桌上每隔两个座席应该准备一个烟灰缸、一个牙签盒。

摆设酒台：酒台中，不仅要有葡萄酒（主题用酒），还要给客人准备好矿泉水和饮料，并不是所有参加酒会的人都会选择喝酒。

以上三项工作可以同时进行，最后还要检查一下自己的工作有没有做到位。

参观酒庄的基本礼仪

有时候，我们或许也会有参观葡萄酒庄园的机会，如果有幸得到了这样的机会，在去葡萄酒庄园参观时，也要坚持遵守相关礼仪，给葡萄酒庄园主和其他人留下良好的印象，具体细节可以参考下面的建议：

穿着打扮要正式一点，切勿太随意。无论是参加怎样的展会活动，这类场合都属于“商务场合”，而葡萄酒庄园也是一个环境比较特殊的场所，穿衣打扮一定要得体，不能太过休闲，更不能“花花绿绿”。

参观的时候，不要大声喧哗。葡萄酒庄园如同博物馆，是一个安静的地方，只有安静地感受，倾听葡萄酒庄园主的介绍，才能从参观活动中了解到有价值的信息。葡萄酒庄园主介绍庄园的时候，一定不要打岔，这是一种礼貌。

不要随意触摸庄园内的藏品，有些藏品或许非常贵，稍有不慎就会打碎。如果葡萄酒庄园主提醒，该藏品可以触摸，这个时候可以小心谨慎地触摸藏品。

除此之外，在参加葡萄酒庄园展览的时候，一定要听从工作人员的指挥，不要乱走，大家应该互相尊重，互相体谅，按照工作人员安排有序参加展览。

葡萄酒随手礼的注意事项

几乎家家户户都有喝酒的时候，即使平时不喝酒，逢年过节也会喝一点酒，就算平时没有饮酒的习惯，走亲访友也会送酒作为礼物，因此去朋友家带一份葡萄酒伴手礼是很合适的。俗话说："礼轻情意重。"中国社会向来注重人情世故，礼尚往来是主流。如果去朋友家拜访时携带葡萄酒伴手礼，我有以下几个建议：

既然是伴手礼（随手礼），一般不需要太过贵重，应该选择性价比高、实用性强的。如果选择葡萄酒作为伴手礼，那么选择一款品质不错的高性价比葡萄酒即可，当然也要看个人经济情况和被拜访者的重要程度。

传统习俗中，有"送双不送单"的习惯，因此，如果送葡萄酒伴手礼，也应该选择"两支装"，尽量不要选择"单支装"，这样会显得小气。

伴手礼的另一个特点是好看，一定要选择包装精致的礼盒，不能随随便便选择礼盒。送礼也有基本礼仪，也要给朋友留下良好的印象，同时告诉朋友，自己是用心送礼的。

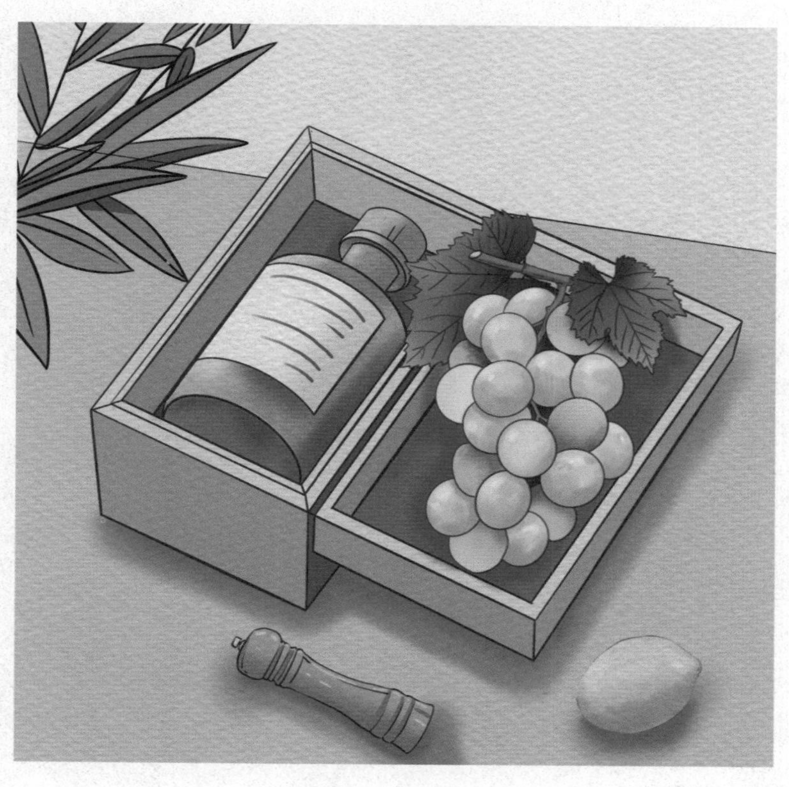

葡萄酒是要入口饮用的，一定要选择一款“喝得住”的葡萄酒，而不能选择一款外包装很好、品质却很差的酒，不注意这一方面而“翻车”的人简直太多了。

如果葡萄酒爱好者送葡萄酒伴手礼时注意以上四项，通常就能轻松解决这个难题。

第十一章 葡萄酒与爱情

与其说“你有故事，我有酒”，不如说，因为有葡萄酒，才有了很多爱情故事。葡萄酒的酒精度适中，不够烈但够浪漫，是很多年轻人约会时愿意选择的饮品，爱情与酒都是生活的一部分，因爱而饮，也因饮酒而更爱。

葡萄酒不会缺席情人节

在爱情话题里，怎么能少了葡萄酒呢？其实，不仅是恋爱中的人喜欢喝葡萄酒，很多文艺创作者也酷爱葡萄酒，优秀的作曲家勃拉姆斯便是其中之一，并且这份热爱伴随了他的一生。勃拉姆斯因着对葡萄酒的喜爱，每年夏天都会去莱茵高的葡萄园度过，他在那里结识了自己的爱人海敏娜，美人配美酒，为他营造了很好的创作氛围。现如今，每当情人节来临，人们第一时间想到的就是音乐与美酒，提起美酒，仿佛只有葡萄酒与情人节最搭，在浪漫的环境氛围下，双方更容易敞开心扉、增进感情。葡萄酒需要时间沉淀，爱情和生命同样需要时间沉淀，在情人节的时候，带着浪漫的葡萄酒，与心爱的人共饮，是很多浪漫人士的选择。

约会时喝酒首选葡萄酒

电影《芭贝特的盛宴》中有一句台词：“美食和美酒足以使平凡的一餐变成一场恋爱。而与最爱的人一起共饮一杯葡萄酒，或许那样的透彻心扉过后你也会感慨一声‘夫复何求’吧？”在很多人的认知里葡萄酒是浪漫的象征，葡萄酒没有烈酒的那种刺激感，也不像啤酒那样“淡”，它的酒精度似乎是“恰到好处”的，稍微喝一点，就能达到微醺的效果。在很多人看来，约会喝葡萄酒，喝的就是一种仪式感，如果这种仪式感在约会期间拉满，是不是就会给约会的对象留下好印象呢？与此同

时，爱情的产生会受到荷尔蒙的影响，而相关研究结果显示：人摄入酒精之后，酒精就会作用于大脑垂体后叶，产生类似于“爱情荷尔蒙”的效果，让人感到兴奋，并且脸色发红，瞳孔也会放大，让人有更强大的信心向对方表白，或者获取对方的好感。法国是葡萄酒王国，法国有这样一句俗语：“懂喝酒的人就懂得爱，懂得爱的人就懂喝酒。”如果你是一个特别懂葡萄酒的人，在约会的时候就有机会把自己最好的一面展现给对方，这样的约会一定是美好且令人期待的。

葡萄酒中的浪漫人生

葡萄酒是浪漫的象征，我们经常能够在一部爱情电影里找到品饮葡萄酒的浪漫场景。电影《杯酒人生》中有这样一段话：“喜欢酒，是因为可以让我们遐想——被用来酿酒的葡萄，在生长的时候，曾经经历过怎样的雨露阳光？那些亲手摘下葡萄的人们，曾经有过怎样的生活？当你打开一瓶陈年好酒，有没有想过，酿这瓶酒的人，或许已经不在这个世界上了吧？一瓶酒不单单是一瓶酒而已，它就是人生！”是啊，葡萄酒蕴含着人生的故事，浪漫的人生能够让人们记住，尤其是年轻人的浪漫爱情。两个年轻人深陷爱情，在窗前、月下举起各自的葡萄酒撞杯、饮下，这时，男主角会说一些女主角爱听的“情话”，于是

两个人在卿卿我我之间确定了恋爱关系，进入到彼此的世界。浓情也配葡萄酒，比如一杯色如宝石红的红葡萄酒，酒在杯中荡漾着，产生一圈一圈的涟漪，仿佛能够将所有的矛盾、冲突融化在里面。

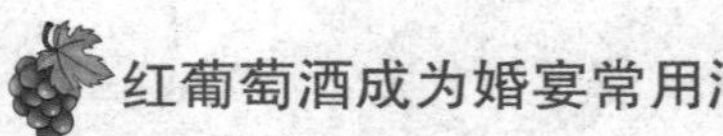

红葡萄酒成为婚宴常用酒

如今，越来越多的年轻人选择在自己的婚宴上准备充足的酒水，白酒、葡萄酒、饮料貌似都成了“标配”。葡萄酒代表着爱情、永恒，有着美好的意义。曾几何时，绝大多数的中国人举办婚礼时都会选择白酒和啤酒，原因在于中国人自古就有饮用白酒的习惯，尤其是年龄较大的长辈们，没有饮用葡萄酒的习惯。但是如今，葡萄酒的影响力越来越大，尤其是对于都市家庭来说，酒精度数适中的、更容易让人感受“微醺浪漫”的葡萄酒，似乎有超过白酒的趋势，成为婚宴上越来越多的年轻人的选择。不久前，一位朋友的儿子结婚，宴席桌上摆着两支葡萄酒，而且是定制款，酒标换成了喜结连理的两个新人的婚纱照。如今，许多国内的葡萄酒商都有这样的定制业务，尤其是针对婚宴的，既可以小批量定制，也可以大批量定制。与此同时，饮用葡萄酒有一种神圣的仪式感，婚姻是一件大事，婚宴更需要这种庄重的仪式感去衬托，毕竟结婚是人生最重要的事情之一，值得新人们为此付出。与白酒、啤酒相比，葡萄酒更能体现“品位”与“喜庆”，可以在一定程度上提升婚宴的情调与品味。

葡萄酒与爱情的相似之处

希腊诗人欧里庇得斯说过一句话：“没有葡萄酒，就没有爱情。”葡萄酒品鉴大师帕克与葡萄酒的不解之缘，可能也源于爱情。据说，帕克先生最早并不喝葡萄酒，而是可乐和啤酒的爱好者。后来，帕克先生去法国看望自己的女友，而法国是一个“葡萄酒的国度”，他女友身边的朋友几乎都喝葡萄酒。为了避免尴尬，帕克先生也开始尝试品尝葡萄酒，并且与葡萄酒结下不解之缘。当然，帕克的葡萄酒领路人是他的女友，后来，他的女友也变成了他的妻子。电影《云中漫步》里有一句经典台词：“葡萄酒的秘密在于时间。”酒是越陈越香，爱情也是如此，随着时间延长，洗尽铅华，爱情会变得更加成熟、浓烈，就像窖藏多年的葡萄酒，相爱的两个人更加默契、同频，谁也离不开谁，由浪漫的他和她变成相濡以沫、白头偕老的他们。无论是一见钟情，还是日久生情，两种爱情都很符合葡萄酒的特性。爱情需要见证，需要品鉴，需要储存，需要小心翼翼，葡萄酒也是如此，品饮葡萄酒，就如同沐浴着爱情的暖光。

葡萄酒与爱情的“色”

葡萄酒是五颜六色的，有宝石红色、桃红色、金黄色、淡黄色等，这种“色”进入人们的视野，让人们产生品饮或者痛饮的欲望。爱情也是“色”的，人们也常常用各种色彩去形容爱情，或者说，没有色彩的爱情不是真正的爱情，顶多是彼此倾慕而已。真正的爱情离不开“色”，这里说的“色”是指两个人之间迸发的激情。大作家塞万提斯在名作《堂吉诃德》中写道：“美人并不个个可爱，有些只是悦目而不醉心；假如见到一个美人就痴情颠倒，这颗心就乱了，永远定不下来；因为美人多得数不尽，他的爱情就茫茫无归宿了……”俗话说“酒不醉人人自醉”，美人们在那些醉眼蒙眬的男人眼里，简直是“倾国倾城”，散发的魅力让他们无比心动。我记得一个法国电影，一个男裁缝最喜欢的一件事就是站在自己的阳台上端着葡萄酒，欣赏着来来往往的行人，尤其是那些金发碧眼的美女，他会突然冒出一句话：“我要给她们做一件漂亮的衣服。”我想，在他陷入爱情的时候，也会暗自欣赏一下手中的葡萄美酒吧。爱情是深邃的，葡萄酒也是，爱情的“色”与葡萄酒的“色”似乎不谋而合。

一见钟情与葡萄酒

诗人木心的一首诗《从前慢》里说：“从前的日色变得慢，车、马、邮件都慢，一生只够爱一个人。以前的锁也好看，钥匙精美有样子，你锁了，人家就懂了。”后来，《从前慢》被改编成一首非常好听的歌曲，被用来歌颂爱情。有人问：“世界上真的有一见钟情的爱情吗？”当然有，不但有一见钟情的爱情，还有“一见钟情”的葡萄酒，那种第一眼的惊艳，不仅可以用于爱情，也可以用于对某一款葡萄酒的评价，美味的葡萄酒，品鉴一口，那美妙的口感就烙印在了记忆深处。波兰诗人辛波丝卡

在《一见钟情》中写道："他们彼此深信，是瞬间迸发的热情让他们相遇。这样的确定是美丽的，但变幻无常更为美丽。他们素未谋面，所以他们确定彼此并无任何瓜葛。但是从街道、楼梯、大堂传来的话语……他们也许擦肩而过一百万次了吧……"这就是一见钟情的美好与浪漫，有时甚至还非常奇异。每每谈及这样美好的爱情，总是在惬意品饮葡萄酒的时候，仿佛只要处于这样宁静温馨的氛围中，就会不自觉地让人回顾起经历过或者见证过的美好爱情，所以说葡萄酒与爱情是很适配的。

葡萄酒里的"爱的欲望"

曾经有人说："葡萄酒也有七情六欲。"甚至还有人说："葡萄酒是所有酒水中最性感的。"葡萄酒的"红色"会让人联想到欲望，这种欲望与爱情息息相关，很多深陷爱情的人都会选择一杯红葡萄酒来烘托气氛。还有一些葡萄酒大师想要挖掘出影响葡萄酒口感的诸多因素，并且从一些家族酿酒厂或夫妻店中找到了一些蛛丝马迹。一瓶葡萄酒的口感，与酿酒者的情感息息相关，夫妻感情好的时候，酿造的葡萄酒口感更加稳定、平衡；如果夫妻之间的感情出现问题，酿造的葡萄酒的口感也会受到影响。如果我们有幸喝到一款佳酿级别的“村庄”酒，背后一定是葡萄酒里的爱情得到了“稳定的成长”。有人说：“我们喝的不是葡萄酒，而是酿酒者付出的心血和情感。”品味葡萄酒不仅在于品尝外显的味道，更要享受的是那种对葡萄酒的热爱、对生活的热爱、对爱情的钟爱。因此可以说，葡萄酒一定是充满着“欲望”的，而且是“爱的欲望”。

葡萄酒可以提升愉悦感

许多人都问过这样一个问题：“为什么要喝酒？”人是一种很奇怪的动物，开心的时候喝酒，约会的时候喝酒，成功的时候喝酒，失败的时候也会喝酒。葡萄酒的酒精度相对较低，而且是水果酒，与烈酒带来的体验是完全不同的。葡萄酒更能够给人带来一种愉悦感，这种愉悦感有一部分是它的颜色赋予的，尤其是红葡萄酒。红色代表着“激情”，还代表着“爱情”，更代表着“热情”。喝葡萄酒更有一种气氛，用醒酒器醒酒，谈论产区与葡萄品种，端着高脚杯细细品饮……闺蜜聚会、同事聚餐时，品饮葡萄酒的气氛都能带来很多欢乐。巴西圣保罗的一位摄影师马科斯·阿尔贝蒂曾经组织过一次葡萄酒主题摄影展，参加摄影展的人在喝过葡萄酒之后的表情状态发生了天翻地覆的变化，他说：“在一天劳累的工作后，他们再在拥挤的公交车上下来到我这里早已是一脸倦意；不过在喝了1～3杯酒后，几乎所有人都从神经绷紧的状态变得放松，同时露出了难以自制的笑容。”由此可见，葡萄酒确实有一种解除劳顿、提升人们愉悦状态的功能。在那些盛产葡萄酒的国家，许多人下班回家之后，就会选择一款葡萄酒，然后喝上1～3杯，让自己继续保持着对平凡生活的希望。

葡萄酒可以激发想象力

德国作家歌德说过一句话：“酒使人心欢愉，而欢愉正是所有美德之母。但若你饮了酒，一切后果加倍：加倍的率直、加倍的进取、加倍的活跃。我继续对葡萄酒做精神上的对话，它们能使我产生伟大的思想，使我创造出美妙的事物。”葡萄酒是酒的一种，酒，总是可以给这些作家、诗人带来更好的想象力和创作力。诗仙

李白是一个“酒后诗人”，常常在喝酒之后才作诗，就像他的《将进酒》：“古来圣贤皆寂寞，惟有饮者留其名。”喝酒不仅是愉悦的，而且还能给人们带来丰富的想象力。有一位科幻作家，他唯一的爱好就是喝酒，喝至微醺，灵感就来了，他说：“酒是天赐良药！”不少作家、诗人，他们都有饮酒的爱好。有一些作者选择用微醺的方式激发自己的创作力，葡萄酒的香气、回甘，还有各种故事，或许可以给创造者更多灵感与启发，如果一瓶葡萄酒能够解决想象力匮乏的难题，岂不是让创作者既享受到酒的美味，又有创新的可能？如果想要找到一些灵感，不妨开一瓶葡萄酒，借助葡萄酒带来的想象力创作出优秀的作品。

葡萄酒是爱情的毒药？

歌手那英在《征服》中唱道：“就这样被你征服，喝下你藏好的毒……”关于“爱情毒药”，其实不是“爱情毒药”埋葬了爱情，而是人们通过“爱情毒药”确定了真相，这种比喻往往用于表达深刻的情感。

如果谈恋爱的双方对葡萄酒都有一定的喜爱，通过葡萄酒品鉴会或朋友的酒局扩大的社交圈，可以增加好感，带来爱情上的机会，葡萄酒自然而然会成为爱情的催化剂。曾经有这样一种比喻：“如果爱情是一瓶放有毒药的葡萄酒，我愿意把这瓶酒喝完。”这种貌似“殉情”的语言，也算是另外一种霸气的表达。现在的年轻人，往往用一种更深刻、更露骨的方式来表达爱意。葡萄酒，可以是轻尝的浪漫，也可以是微醺的魅惑，还可以是壮胆后的决心。

关于爱情，每个人有每个人的故事，每个人也有不同的理解，我们希望葡萄酒不会埋葬爱情，而是能给生活带来一段更美好的回忆，希望葡萄酒让生活更浪漫，更有情趣。

葡萄酒与爱情的味道

适当饮用葡萄酒的微醺状态能够让一个胆小的人变得勇敢，变得敢爱敢恨，甚至变得敢于付出一切、为爱人赴汤蹈火。如果问："爱情的味道是什么样的？"或许，我们能够得到这样几个答案。有人说："爱情的味道是巧克力的味道，丝滑、甜腻，甚至带着一点点苦。"还有人说："爱情的味道是鲜花的味道，非常香甜，仿佛带着人们进入一片花园。"还有人说："爱情的味道是烈酒的味道，如此呛人，但是人人都离不开它。"还有人提到一种让人记忆犹新的理解："爱情的味道是葡萄酒的味道，只有葡萄酒才有如此丰富的口感，只有葡萄酒才能带来浪漫的感觉。"许多年轻人的相识、相恋，都是通过一瓶葡萄酒。葡萄酒不仅是爱情的象征，还是爱情的"见证"。如果说，爱情有保鲜期，甚至两个人之间存在"七年之痒"，那么葡萄酒就可以说是"时间"的酒，是"爱情马拉松"的见证官，是相爱之人相濡以沫、白头到老的"见证官"。

葡萄酒与爱情都需珍藏

爱情到底是什么？爱情源于人的欲望，而这种欲望能够给人带来愉悦。法国女作家杜拉斯认为："爱情之于我，不是一蔬一饭，不是肌肤之亲，而是一种不死的欲望，是疲惫生活中的英雄梦想。"同样，一生都在诠释爱情真谛的杜拉斯同样喜欢葡萄酒，在《物质生活》中她说道：

“起初，我是逢有节庆日才喝酒，开始时喝几杯葡萄酒，后来喝威士忌。”当然，这并不代表杜拉斯喜欢威士忌多于葡萄酒，可能她更多的是将葡萄酒作为氛围的开启之物。很多向往美好爱情的人，都不会排斥葡萄酒，因为太多人将葡萄酒与爱情捆绑在一起，使得很多渴望爱情的人一看到葡萄酒，就会联想起爱情，葡萄酒可以说是爱情的象征。

爱情需要葡萄酒的点缀，而好的葡萄酒和爱情一样，需要用心珍藏，葡萄酒讲究储存的温度、环境，这样才能在陈年之后有更佳的口感；爱情需要呵护，需要两个人彼此理解，才能有相濡以沫的浪漫。

爱情长久如藏酒

爱情的保质期有多久呢？有人说，只有 18 个月；也有人说，爱情是没有期限的。1986 年，著名心理学家罗伯特·斯滕伯格也表达了一个研究观点：爱情可以持续一生，但是需要满足三个条件，即激情、亲密关系、责任。这个观点也就是著名的“爱情三因论”。爱情可以是永恒的，永远不会过期，就像一瓶高品质的珍酿，随着时间的延长，酒的品质会越来越好。陷入爱河的人，一定希望自己的爱情长久一些，能伴随自己的一生。如果爱情中的双方都想好了，那就坦白地说：“我们白头偕老吧！”或许，这一生很快就过去了，因为永恒的爱情“击穿”了时间，“战胜”了时间。这个道理就如同收藏葡萄酒一样，一瓶能够“战胜”时间的葡萄酒，才是最值得珍藏的葡萄酒。

葡萄酒的身边爱情故事

关于葡萄酒的爱情故事实在太多太多，既有神奇的故事，也有非常平凡的故事，甚至有发生在身边的普通的爱情故事。我的一个朋友，她与她的丈夫就是在葡萄酒酒会上认识的。她讲述道：“有一年参加葡萄酒酒会，他并不是很起眼。后来相互介绍的时候，我才知道他是一名外科医生。我是一个性格较为内向的人，他就比较外向，然后给大家侍酒……后来我得知，酒会是他组织的，他是个资深的葡萄酒爱好者，业余时间经营着一家葡萄酒酒馆。参加酒会的时候，我不慎将酒洒落到身上，他成功帮我解了围。我觉得他这个人很体贴，而且非常儒雅，身上有一种难以形容的魅力。本来性格内向的我，对他感觉一般，但是发现他是个资深葡萄酒爱好者后，渊博的葡萄酒知识让他的魅力得到很好的释放，从而显得很有吸引力。后来，我又参加了两次活动，都是他组织的。一来二去，我们两个人就熟悉了，并且成为恋人，直到结婚生子。”朋友的这段与酒相关的爱情故事是非常平凡的，没有大起大落，始终波澜不惊，但是却让人印象深刻。可能就是因为朋友的丈夫有像葡萄酒一样儒雅的魅力，很是奇妙，他与葡萄酒可谓相得益彰。

比葡萄酒美妙的是初恋

有这样一种说法：比葡萄酒美妙的是初恋。初恋确实是美妙的，甚至可以用妙不可言来形容。这与品尝葡萄酒也很相似，一开始感觉涩、苦，或许还有一些酸，但还有葡萄的香气，如同那些情窦初开的少女，掀开了青春期的“面纱”，她们身上的那种青涩带着水果般的芳香，也让那些少年们变得勇敢而冲动，这就是初恋，一种彼此见面之后马上脸红、怦怦心跳的爱情，一种渴望天长地久的爱情，一种想要呵护对方的爱情，一种纯粹的、不掺假的爱情。随着对葡萄酒的了解渐渐加深，越过酸涩，开始去体会葡萄酒相关的文化、历史，以及一瓶葡萄酒在开瓶后的不同时间产生的口感变化。有人说：“只有初恋才是最真实的，初恋之后的第二段感情，或多或少都会被其他因素干扰。”罗曼·罗兰说：“早期的爱只需要很少的营养！只要你们彼此看到，当你们走过时轻轻地触摸它，一种幻想的力量就会从你们的心中涌出来，创造出她的爱。一件非常无聊的小事可以让人们疯狂。”初恋是美好的，用葡萄酒比喻美妙的初恋，既有酸涩，更有美好，体现出葡萄酒让人为之流连忘返的魅力所在。

桃红葡萄酒更添浪漫

说到桃红葡萄酒，最有代表性的特点就是它的桃红色的葡萄酒酒液，如此美妙、诱人，令人遐想，因为桃红本就是浪漫的颜色。当然，说起桃红葡萄酒，还必须提一提曾经的好莱坞神仙眷侣布拉德·皮特和安吉丽娜·朱莉，他们曾经拥有一家葡

萄酒庄园，以盛产桃红葡萄酒闻名于世。或许有人会问：“他们的葡萄酒品质好吗？”其实，布拉德·皮特和安吉丽娜·朱莉的庄园生产的桃红葡萄酒品质一流，甚至有着南法拉菲之称。桃红葡萄酒是颜值很高且非常好喝的一种酒，它是介于干红葡萄酒与干白葡萄酒之间的一种酒，酒体轻盈，具有浓郁的花香和均衡的单宁酸。在法国，桃红葡萄酒虽然只占葡萄酒总产量的 16%，却占领了 30% 的市场份额。桃红葡萄酒在世界上的畅销度令人难以置信，尤其是那些身在爱情中的人们，他们会把桃红葡萄酒作为第一选择。当然，酿造桃红葡萄酒的葡萄品种多为浅色系的葡萄，比如歌海娜、神索、黑皮诺等，或者选择尚未成熟的葡萄进行酿制，而这样的桃红葡萄酒有着高酸度和高单宁的特点，并且适合搭配任何菜品。热恋中的男女在约会的时候，有桃红葡萄酒的点缀，能够平添几分浪漫。

餐后冰酒更增甜蜜

众所周知，冰酒的产量是很少的，在整个葡萄酒大家族里，是比较稀缺的存在。爱情也是稀缺的，甚至是“奢侈品”。冰酒是金黄色的，味道非常甜，爱情也是甜美的，因此，冰酒也可以代表甜蜜的爱情。据说，世界上每 3 万支葡萄酒中才有一支冰酒，如果你能邂逅冰酒，就如同从千万人中寻觅到那个他（她），这才是真正的缘分。冰酒，是来自冰天雪地的酒，因此，冰酒非常适合冰镇享用。如今，越来越多的年轻人在自己的婚宴上选择冰酒，它稀少、昂贵，它有着甜美的口感、金黄的颜色，它是醇厚的，也是丝滑的，还有浓郁的水果芳香气味。冰酒没有强烈的刺激口感，却能将葡萄酒中的所有“元素”糅合在一起。当然，冰酒也非常适合独自饮用，我时常在某个黄昏喝一杯冰酒，然后欣赏一首美妙的音乐。有人问：“冰酒最适合搭配什么呢？”冰酒最适合搭配西式甜点，甚至有着“最甜蜜的搭档”之称，使得餐后甜点甜上加甜，在餐后配上一杯冰酒，如同在美好的爱情里增加一份甜蜜。冰酒是高贵的、优雅的，就像爱情的丛林中绽放的一朵金色玫瑰。

香槟有种刺激的浪漫

还记得电影《金手指》里面的那句经典台词吗？邦德说：“宝贝，有些事情不要做哦，比如在超过3℃的情况下喝53年的唐培里侬，就像听披头士不戴耳机，简直就是糟蹋好东西。”其中提到的唐培里侬是大名鼎鼎的香槟之王，这款酒的创始人是唐·皮耶尔·培里侬修士。唐培里侬香槟王是尊贵的代名词，也是法国国王路易十四经常喝的酒。当然，香槟也经常与爱情有关。

著名女星奥黛丽·赫本的代表作《蒂凡尼的早餐》中有这样一段对话。保罗·瓦杰克说：“以前，我可能从来都没在早餐之前喝过香槟。”霍莉的回答是：“我有个好主意，不如做些以前从没做过的事情吧，我们轮流来做，你先我后。”这是一对迷茫的爱人，香槟于他们而言是一种爱情的点缀，可以让本来甜美的爱情更加刺激，也更加浪漫。

其实，香槟酒的轻盈口感是独一无二的，甚至名字也是独有的，只有法国香槟产区生产的起泡酒才叫香槟，其他地区生产的起泡酒只能叫××起泡酒。如果想要尝试点不一样的东西，那不妨喝一杯香槟吧。

白兰地充满后劲儿的浪漫

不得不说，白兰地是一种烈酒，酒精度数在40度左右。白兰地是葡萄酒家族中的特殊成员，它属于葡萄蒸馏酒，经过橡木桶的长年熟化（至少四年以上）后，才会变成一款柔和、美味的酒。如今，许多年轻人会在5月20日聚餐约会，并选择一款浪漫的白兰地来品饮。白兰地虽然是烈酒，却有着与烈酒不相称的柔和口感，酒精度虽高，但是口感却不烈。白兰地的颜色通常是琥珀色，晶莹透亮却又显得非常深邃，而刻骨铭心的爱情往往也是深邃的，就像两个互相深爱着的人撞杯饮下。白兰地的口感非常均衡而丰富，初闻，就能闻到它复杂的香气，橡木的气味里裹杂着淡淡的皮革味，如同一朵石楠花慢慢盛开，让你感受到扑面而来的“法国气息”；初饮，则是一种渐渐散开的雪茄味，还有水果味、花香味，甚至还有一点淡淡的百香果的滋味，但是你无法准确描述它，它很神秘，如同爱情的神秘，暗藏着永远解不开的答案。白兰地的这种浪漫，是一种充满后劲儿的浪漫，也是充满生机的浪漫。

端起葡萄酒等待爱情

罗伯特·帕克曾说：“喝酒的时候，不只是单纯地感受葡萄酒带来的色泽、气味和口感，我更看重的是由酒引申出的气氛、情谊和爱。”葡萄酒是象征爱情的酒，但如果爱情还没有来临，你也可以独自享受葡萄酒带来的美好。还有人说：“爱情与葡萄酒，二者皆是可遇而不可求的。”葡萄酒的口感又甜又微涩，而爱情有时候也是令人辛酸和心痛的，就像陈奕迅的歌：“但当你智慧都酝酿成红酒，仍可一醉自救，谁都心酸过，哪个没有？”曾经有一个失恋的女人，她疯狂地爱上了葡萄酒，原本她不再相信爱情，并且借酒消愁，在慢慢品酒的同时也悟到了很多道理，她的爱情观一点一点被修复。她说：“如果一个女人失去了爱的机会，整个生命也将失去意义！”于是，她果断振作起来，经常在窗前端酒观看。后来，她的隔壁来了一个男人，一个金融家，他非常优雅、干练，而且热情，善于思考。因一次巧合，两个人走到了一起。没想到的是，金融家同样喜欢葡萄酒，每天晚上，两个人都会喝上一杯，进入微醺的状态……葡萄酒能够让一个失去爱情的人在逐渐平静的过程中振作起来，重新等待属于自己的爱情，如果爱情没来，不妨端杯等待。

《玫瑰人生》里的酒与人生

还记得法国电影《玫瑰人生》中的琵雅芙吗？她出身卑微却不失优雅，她有着天使般清澈的嗓音，在夜总会老板路易斯·勒普利的帮助下，渐渐脱掉了乡村女孩的俗气，变成一颗耀眼的明星。但是，她传奇的人生却没能逃过悲剧命运，四十七岁便香消玉殒。我还记得《玫瑰人生》里面有这样一段话："当你年轻时，以为什么都有答案，可是老了的时候，你可能又觉得其实人生并没有所谓的答案。每天你都有机会和很多人擦身而过，有些人可能会变成你的朋友或者是知己，所以我从来没有放弃任何跟人摩擦的机会。有时候搞得自己头破血流，管他呢！开心就行了。"诗仙李白也有名句"人生得意须尽欢，莫使金樽空对月"，活着的时候就应该潇洒一些、肆意一些。然而爱情不是一个人的全部，人生才是，这部电影除去里面的爱情故事，还有一个让人记忆深刻的地方。为了烘托气氛、凸显人物性格，这部电影里也有葡萄酒出镜，例如桃红香槟，这种略带粉色的香槟也被称为"鹧鸪的眼睛"，如此美妙的名字，注定了这款酒的不凡。桃红香槟是多变的，极其像迷人而优雅的、拥有"玫瑰人生"的女主角琵雅芙，可见，人们在品尝葡萄酒的同时也会不自觉地品味人生与故事。

《秋天的故事》中的酒与爱情

《秋天的故事》也是一部法国电影，而且是一个围绕着女主角的葡萄园展开的感情故事。这个故事中的女主角欧嘉莉是一个非常有匠心精神的人，她像许多法国传统葡萄酒庄园的庄园主那样，为了确保葡萄园的葡萄品质，坚持不使用除草剂，导致葡萄园里杂草丛生，甚至有了一丝破败的感觉。但是，也因为没有除草剂的影响，葡萄园的葡萄品质和葡萄产量得到了很好的保障和控制，因而能够酿造出品质一流的葡萄酒。在电影故事的结尾，欧嘉莉并没有得到属于自己的爱情，而是与相爱过的人双双回到人生的原点，她享受了爱情却不被爱情束缚，她的葡萄酒也应该会如此，既有葡萄酒普遍具备的口感，也有不会被忽略的独特味道。

饮酒的最佳状态是微醺吗?

许多喜欢喝酒的人，都希望找到一个最佳的饮酒状态。微醺，或许还差那么一点，喜欢酒，肯定还是会适当多喝一点……但是，有些人并不知道自己的最佳状态是什么，选择一直不停地喝酒，结果喝“断片”了。醉酒是不好的，即使葡萄酒再好，它也是酒，任何一种酒，都不宜多喝。在北方，人们常常用“喝到位”形容最佳饮酒状态，这大概是一种有点意识飘忽的状态，这种状态恰恰介于微醺与“断片”之间，不仅不影响思考和创作，反而还会对思考、创作有推动作用。对于一些女性朋友来说，可能微醺是最好的状态，微醺才能确保女性的清醒和安全；而对于男性朋友来说，可能需要在微醺的基础上略微多喝一点，尤其是朋友聚会，喝得太少不给面子，喝得太多伤身体。当然，还有一些朋友确实不胜酒力，那就不要尝试喝酒，如果酒精过敏就更不要喝酒了，严重的酒精过敏甚至会致人死亡。无论如何，喝酒都要看自己的状态和酒量，不要追求喝酒的量，让自己感到舒服就好。

与葡萄酒谈一场恋爱

爱情是一个相识、相知、喜欢、依恋的过程，两个人从见面邂逅，到牵手并肩，非常不容易。一个喜欢葡萄酒的人，与葡萄酒的缘分似乎也是这样的一个过程。

相识，就是与葡萄酒的第一次“邂逅”。我第一次认识葡萄酒的时候还是大学期间，同学几人在超市的货架上买了人生第一瓶葡萄酒，尽管那只是一瓶很廉价的餐酒，却给我打开了葡萄酒的大门。

相知，就是逐渐了解葡萄酒，甚至开始尝试对比不同品种的葡萄酒。我先认识了干红葡萄酒，后来是干白葡萄酒、桃红葡萄酒、香槟、雪莉酒和白兰地，经过几年的认识和了解，我算是个葡萄酒爱好者了，并且爱上了葡萄酒。

喜欢，更要用心思去研究它，把它融入自己的生活里。我开始尝试购买、收藏自己喜欢的葡萄酒，在收藏葡萄酒之余，每天都会喝一点葡萄酒。

最后，我与葡萄酒的关系是一种“依恋”关系。葡萄酒会伴随我的一生，一直陪我到晚年。我不会抛弃这个即将伴随我走过一生的“朋友”和“恋人”，也正是因为有葡萄酒的陪伴，我学会了享受生活，学会了沉淀自己的人生。

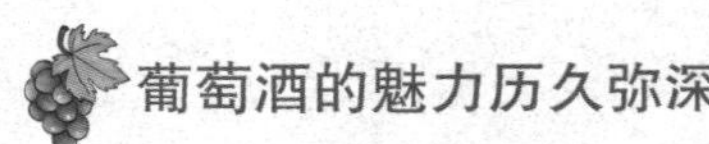

葡萄酒的魅力历久弥深

爱尔兰诗人叶芝的《当你老了》是非常经典的一首关于爱情的诗作，并且有许多中文翻译版本。就我个人而言，我更喜欢翻译家、诗人飞白的翻译版本，并且最爱这几句："当你佝偻着，在灼热的炉栅边，你将轻轻诉说，带着一丝伤感；逝去的爱，如今已步上高山，在密密星群里埋藏它的赧颜。"这是一首非常深情的诗，也是有些悲伤的诗，如果一个人老了，爱情是否会消失？当然不会，真正的爱情是经得起时间的熬煮和历练的，真正优质的葡萄酒也是如此。之所以会有人热衷于收藏葡萄酒，是因为葡萄酒本身具有独特的魅力，并且这份魅力不会随着时间的流逝而消失，而是会随着时间的推移而沉淀，变得越发值得人流连回味。

第十二章 葡萄酒爱好者的晋级之路

从初级到专业，从专业到行家，每个领域都有狂热的爱好者沉浸其中。如果想把葡萄酒融入日常生活中，就应当由浅入深地了解。从完全不了解到拥有酒局上让人羡慕的知识与谈资，甚至到经营葡萄酒的商家，都有一个逐渐学习的过程。

葡萄酒爱好者不止一种

不同的人有不同的爱好，即使大家都对同一个事物表示喜欢，也会有细节上的偏向，当然，葡萄酒爱好者也不止一种。有的葡萄酒爱好者偏向于喝酒，他们购买葡萄酒的目的在于品饮，也会根据自己的经济实力量力而行。还有一些朋友倾向于收藏葡萄酒，这些朋友似乎并不是特别喜欢饮酒，只是单纯爱好收藏。收藏葡萄酒的爱好者非常多，收藏并不是为了出售，就像那些集邮爱好者一样。还有一些葡萄酒爱好者既收藏酒，也喜欢饮酒，或许这样的爱好者是人数最多的。葡萄酒爱好者还有其他类型，比如有些葡萄酒爱好者会积极推广葡萄酒文化，或者本身就从事与葡萄酒相关的工作，甚至还有葡萄酒爱好者收购葡萄酒庄园，把爱好变成事业。

入门者品酒的挑选技巧

对于刚刚入门葡萄酒圈的新人，选择葡萄酒时尽量不要选择贵的，主要原因是刚入门的人不太了解葡萄酒，往往单纯以价格来衡量好坏，但是贵的酒不一定符合你认为的好，毕竟在不同阶段每个人对葡萄酒的理解是不同的。在我看来，新手品酒应该从入门款的葡萄酒开始，而不是从名庄酒、名贵酒开始。新手买酒品鉴，可以参考以下几个小技巧：

按照产地进行选择。众所周知，法国葡萄酒是世界上最有名的，其次是意大利。但是，法国葡萄酒并不都是好酒，也有大量的“李鬼”滥竽充数。葡萄酒爱好者们除了可以选择一些性价比高的法国葡萄酒，还可以尝试选择新世界葡萄酒，比如智利、美国、南非，这些国家的酒一般品质不错，很多酒可以说是价廉物美。

按照葡萄品种选择。对于那些刚刚入门的葡萄酒爱好者来说，那些口感厚重、单宁强烈的酒并不合适，入门者应该选择一些口感轻盈、爽快的葡萄酒，比如歌海娜等葡萄品种酿造的葡萄酒，然后再尝试赤霞珠这类葡萄酿造的葡萄酒。

按照配料表进行选择。一款品质不错的葡萄酒，应该是100%葡萄汁酿造的葡萄酒，而不是勾兑出来的葡萄酒。因此，我们选择葡萄酒的时候，可以选择配料表标注原料为“葡萄汁”和“二氧化硫”的葡萄酒，而不要选择其他配料类型的葡萄酒。

按照葡萄酒的类型选择。葡萄酒因含糖量的多少分为干型、半干型、半甜型、甜型等，对于刚刚入门的葡萄酒爱好者来说，直接选择干型葡萄酒似乎有些刺激，可以考虑从半干或者半甜型葡萄酒入手。

按照以上四个技巧选择葡萄酒，通常不会“翻车”。

初学者快速进阶的方法

葡萄酒爱好者的进阶之路并不困难，只要用心并且愿意付出时间，就可以简单轻松地做到这件事。但是，葡萄酒爱好者也要学习并掌握一些葡萄酒的知识，才能在葡萄酒这条道路上越走越远。

学习葡萄酒文化。葡萄酒文化与中国白酒文化截然不同，虽然中国也有葡萄酒，但是世界上的葡萄酒文化仍旧以西方文化为基础。我的推荐是，购买葡萄酒相关的基本书籍，从书籍上学习葡萄酒文化，进一步认识葡萄酒。

学会看葡萄酒酒标。前面我们介绍了关于葡萄酒酒标的相关知识，购买这本书的朋友们可以重新翻回到前面的章节，学习认识葡萄酒酒标，看懂了酒标，也就看懂了葡萄酒。

坚持品酒。品酒与饮酒不同，品酒的目的在于品鉴，不能一口吞下。只有学会了品鉴，我们才能在葡萄酒的进阶之路上不断前进；学会了品鉴，才能真正认识葡

萄酒。酒通常是用来喝的，老酒客才会去收藏美酒，当然，专业收藏家收藏葡萄酒是另外一回事。

分享交流。葡萄酒的圈子并不大，但是每个城市都有这样的圈子。我的建议是，如果有时间，可以多参加一些葡萄酒品鉴会，与大家一起分享、品鉴、交流，从中获得更多与葡萄酒相关的知识。

让人羡慕的老酒客

那些有经验的老酒客总是在葡萄酒圈里显得很特别，甚至是很有魅力，因此许多新手希望变成像他们那样的真正懂酒的人。许多年前，在我刚刚接触葡萄酒的时候，认识了一位非常懂葡萄酒的老酒客，他不仅经常在酒会上讲述各种葡萄酒和葡萄酒背后的故事，而且还能一口品出葡萄酒所用的葡萄品种，甚至品出葡萄酒的品牌，让在座的众人十分羡慕。

所谓的“老酒客”没有统一的标准，往往指的是爱好葡萄酒，对葡萄酒的历史、酿造工艺、葡萄品种、产区等知识了解比较深，品鉴葡萄酒又有一定水平的人。当然，老酒客肯定首先是葡萄酒爱好者，然后才有兴趣学习、了解葡萄酒，没有人一出生就是葡萄酒专家，都是由完全不懂到博学多识的，品鉴的酒多了就有了经验，听的故事多了就有了沉淀，去的酒庄多了就有了理解，慢慢地开始爱上葡萄酒，成为朋友圈中的葡萄酒专家。实际上，想要在任何一个领域成为专业人士，都需要对这个领域进行深入学习，还要有自己的理解并能表达出来。学习葡萄酒的过程，和学习其他领域的知识一样，在每个领域中，只要学习的时间够长、够用心，都可以成为那个领域的专家。

正因如此，很多资深老酒客往往也能把自己的人生经营得顺风顺水、井井有条，在自己的圈子里永远站在C位，这些智慧可以说是通过品酒慢慢领悟的。

葡萄酒的“终极饮者”

在中国武侠小说的圈子里，有两种大侠可以类比葡萄酒的“终极饮者”，一种出自金庸的小说，另一种出自古龙的小说。金庸小说中的“终极饮者”属于“东成西就”型的饮者，也就是说，这类饮者是非常挑地方、挑时间的。比如段誉与乔峰的酒约，是在松鹤楼，喝完了酒，两个人竟然结拜成了兄弟。换句话说，金庸笔下的饮者是非常在乎环境、氛围的，一些喝葡萄酒的“终极饮者”也是如此，他们会特别挑选饮酒的地方，而这样的地方一定要满足仪式感。就像一位从事葡萄酒生意多年的朋友说：“喝葡萄酒，就一定要选对地方，比如那些干净的、布局漂亮的、上档次的酒店或者会所。”另一种“终极饮者”出自古龙的笔下，就像描写李寻欢喝酒的那段话：“雪将住，风未定，一辆马车自北而来。李寻欢叹了口气，自角落中摸出了个酒瓶。”这种饮者似乎属于“无问西东”型的饮者，他们并不注重地方，把喝酒变得十分生活化、简约化，摸出一个瓶子就开始喝酒。其实，在葡萄酒的圈子里，许多老饕是这样的，他们把喝葡萄酒当成刷牙、洗脸这等日常事，甚至不在乎手中的葡萄酒产自哪里，只要好喝就 OK 了，似乎达到了“无剑胜有剑”的境界。

学习葡萄酒知识作为谈资

其实，掌握葡萄酒的礼仪，就等于掌握一门葡萄酒相关的学问，毕竟与葡萄酒相关联的知识实在是太多了。对于那些专门从事葡萄酒行业的人来说，必须了解并掌握更多专业性的葡萄酒知识，比如葡萄酒的酿造过程、葡萄酒的葡萄品种、葡萄酒的分类以及产地，甚至每个葡萄酒产区的特点都要讲出一二，才能让其他人信服。除此之外，与葡萄酒相关的历史故事、爱情故事、传奇故事等，也要多读一些，了解一些，在葡萄酒宴会上，可以借着品鉴美酒的机会分享给自己的朋友。我有一位朋友非常喜欢葡萄酒，他会在饮酒的时候分享自己的一些感悟，比如读《老人与海》之后的心得之类的。其实，在葡萄酒宴会上，人们更多希望听到与葡萄酒相关的话题，比如葡萄酒的品质、如何品鉴葡萄酒等，并且希望听到酒会的主持者能够帮助参加葡萄酒会的宾朋分析一款葡萄酒。一般的业余爱好者，或许不需要掌握如此多、如此复杂的专业学问，只要你喜欢葡萄酒，学会品鉴葡萄酒，就能拥有不少值得与朋友交流的谈资。

组织真正惊艳的品酒会

如今，许多酒会都具有商务性，组织酒会的目的在于朋友交往，扩展自己的交际圈。许多葡萄酒酒会给人一种“不温不火”的感觉，大家聚在一起就是品品酒，互相加个微信，或者互换名片，除此之外，一切都非常平淡。这样的酒会你会参加吗？因此，想要通过组织酒会来真正扩展自己的人脉，就要组织异常惊艳的酒会。这首先需要组织者确定酒会的主题，还要在筹备阶段准备酒会所需要的一切设备，如场地、酒杯、音响、装饰品等。还有一些组织者会邀请音乐人在现场表演，比如钢琴演奏等，这样不仅可以活跃现场氛围，而且让整个酒会更具“文艺范儿”。除此之外，酒会上一定要请专业的侍酒师进行侍酒，提升整个酒会的服务质量，让参加酒会的客人感受到真诚和热情。有一些品酒会，组织者打出“最牛的葡萄酒，最牛的葡萄酒讲师，

最牛的餐厅，最牛的葡萄酒酒杯”的噱头，实际上没有必要，把期望值拉得太高了，失望的风险就会大大增加。组织者能够提前列出葡萄酒酒单，给予专业的讲解，让每个来品酒的人都有收获，才是比较好的。惊艳不仅在于布置和气氛上，更在于品酒者的收获。每个人能汲取葡萄酒知识，并对品牌、主办方更认同，这样的酒会才是真正意义的惊艳的酒会。

为新人讲解葡萄酒的技巧

讲话是有技巧的，尤其是葡萄酒从业者或者酒局组织者向葡萄酒新人介绍葡萄酒的时候，一定要掌握相应的技巧。其一，讲话之前一定要察言观色，在最合适的时候开口说话。有时候，参加酒会的人未必喜欢听知识，而是喜欢听一些其他故事。刚接触葡萄酒的人往往是因为故事而产生兴趣的，所以，准备一些葡萄酒相关的历史故事是有必要的。其二，讲话的内容一定要有趣好玩，尽量让自己处于最好、最松弛的讲话状态。有些朋友性格内向，可能不太善于交流，这时一些饮酒的小趣事往往是很好的话题。其三，如果要讲葡萄酒相关知识，而且是讲给不懂酒的新人，一定要少用一点专业术语，要用一种浅显易懂的话语转述出来，让所有的新人都能听明白。如果专业术语太多，葡萄酒小白们就会听得云里雾里，甚至还会觉得你的表达是不礼貌的。其四，讲话的语气一定要有抑扬顿挫，注意节奏和停顿，如果讲话没有节奏，讲出来的话也是不好听的。讲葡萄酒知识的时候，讲解者不仅要注意内容上的重点，还要在讲话的过程中搭配合适且得体的表情与肢体动作，这样的讲话更加具有代入感，也会给参加酒会的葡萄酒爱好者们留下好印象。

专业讲解葡萄酒的方法

对于那些从事葡萄酒工作的专业人士来说，组织葡萄酒酒会，或者葡萄酒招商会，需要更加专业的葡萄酒知识来帮助自己解决问题。在那些“专家”聚会的时候，只有你的讲解更加专业，才能说服参加酒会的葡萄酒老饕们。这种情况下，就需要葡萄酒酒会的组织者提前准备讲解文案，把要讲解的内容整理出来，这样才能在讲解的时候不犯错。许多高端葡萄酒酒会，组织者会向参加酒会的客人一一介绍酒单上

的葡萄酒，包括葡萄酒的名字、酿酒葡萄品种、存储年限等，甚至还要向客人讲述葡萄酒背后的故事，如葡萄酒庄园的历史和相关趣闻，让参加酒会的客人们真正了解每一款酒。与此同时，专业讲解葡萄酒还要注意以下两点：其一，不要持续输出自己的观点和观念，只需要客观地将葡萄酒的相关知识讲述出来即可；其二，要关注参与酒会的客人的需求，适时和客人互动，听取对方的反馈，及时调整话术和说话的风格，这是一种“幽默”，也能拉近人与人之间的距离。

布置一个自己的小小酒庄

某酒类杂志曾经做过一次采访，采访的人是某酒庄的总经理兼酿酒师。这位行家说：“我们从种植、采摘葡萄到酿造、灌装葡萄酒，全部工艺都在酒庄内完成，我们进口了全套的一流酿酒设备。酿酒工艺上，我们坚持传统与创新相结合的方法。葡萄采摘会等完全成熟后才进行，坐果后坚持每三天进行一次葡萄果粒的分析，一直到成熟，在酿酒过程中坚持每天两次对发酵中的果汁进行理化分析，一直到酿好原酒。另外，我们采用了全新的法国橡木桶陈酿，每三年淘汰一批，虽然成本增加，但更好地控制了质量。”这段话展示了葡萄酒酒庄管理者摸索出来的一套经验，如何精心控制葡萄园的葡萄与葡萄酒的产量和质量。

这里说的布置一个自己的小小酒庄，是指布置一个品酒、饮酒、交流和聚会的场所，这个场所以葡萄酒为主题进行环境布置，既可以让爱酒的朋友们聚在一起，还能给自己的生活平添一些乐趣。从喜欢喝酒开始，之后慢慢学习葡萄酒知识，当了解了多种葡萄酒后，就可以自己布置一个小酒庄，在家里、办公室或者专门的场地都可以。这里有几点建议：一、根据场地购买酒柜，酒柜最好能和场地相结合；二、根据风格搭配一些酒具，如醒酒器、酒杯等；三、装修风格最好以简单实用为主，可以节省装修费用；四、可以用灯光衬托气氛。或许你也想拥有一个小小的酒庄，不要在乎形式，也不要刻意追求规模，只要能约几个朋友共同品酒，能收获一份好心情，多大的酒庄都是好的。

打造葡萄酒圈子要讲缘分

每个人都有自己的圈子，葡萄酒爱好者通常也有自己的圈子，每个城市都有与葡萄酒相关的社群，活跃在社群里的葡萄酒爱好者们也会经常组织线下活动，分享各自的葡萄酒。当然，打造属于自己的葡萄酒圈子也不是一件容易的事情。有朋友说："打造这样的圈子太难了，尤其是那些经营葡萄酒生意的人，大家一听你是卖酒的，就不愿意参加你的活动了。"因此，想要打造葡萄酒圈子，商业植入的目的性不能太强，可以是单纯地分享葡萄酒，也可以是谈谈生意品品酒。什么样的人才能聚在一起呢？一定是三观、喜好都相同的人才能聚到一起。有人问："大家都喜欢葡萄酒，不就能够走到一起吗？"并不一定，一定要三观相同才行，通常还要大家的性格都差不多。如果三观不同，性格差异很大，即使组织酒会，也很难打造自己的葡萄酒圈子。换句话说，打造葡萄酒圈子，还要看缘分，人与人之间都是讲缘分的。

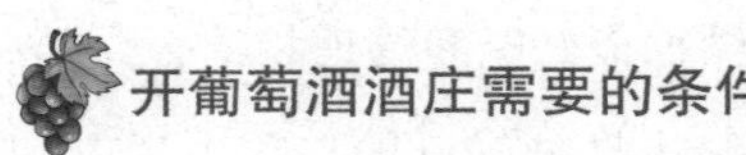

开葡萄酒酒庄需要的条件

有人问："如果我想从事葡萄酒生意，开一家卖葡萄酒的小酒庄，应该准备些什么？"从事葡萄酒生意的人有许多，有的人经营得好，有些人却经营得很差，甚至生意没有做多久，酒庄就关门了。首先，葡萄酒小酒庄需要一定的投入，甚至投入很大，想要从事这方面的生意，就要准备充足的资金，因为进货、上架都需要钱，而且几乎所有的供货商都需要现款支付，而不愿意铺货。其次，想要从事葡萄酒生意，还要利用自己的人脉提前打通各种销售环节，要与消费者建立感情，要开拓销售渠道。有一位经营葡萄酒多年的朋友说："我有几个大客户，他们包销了 80% 的量，剩余 20% 进行零售。"他还补充一句："零售虽然跑量，但做葡萄酒，更需要有批发或者团购的渠道，否则葡萄酒生意很容易做不好。"实际上做任何生意都是有风险的，并不是所有的创业者都能取得成功。在我看来，我希望那些想要从事葡萄酒生意的葡萄酒爱好者一定要提前准备一颗"大心脏"，无论创业成功还是失败，都要有一颗平常心。

葡萄酒生意需要爱好者参与

如今，许多葡萄酒爱好者尝试转型，成为葡萄酒商人，而且成功的案例比比皆是。有一位朋友，曾经是一名码农，后来从知名互联网公司辞职，自己创业做公司，并且赚了不少钱。他非常喜欢葡萄酒，也从一名葡萄酒爱好者变成了葡萄酒商人，开了一家葡萄酒专营店，并且经营得非常成功。他是这样说的："以前我经常参加各种葡萄酒品鉴会，许多人也会带着自己心爱的葡萄酒与大家一起分享。久而久之，我也在这样的酒会上变成非常懂酒的那一个，朋友也会让我推荐酒……结果，我反而做起了葡萄酒生意。"其实，许多葡萄酒爱好者都会向自己的亲人、朋友推荐葡萄酒，而亲人、朋友也会参考推荐来购买葡萄酒。如果一名葡萄酒爱好者知道一些相关的葡萄酒销售渠道，就能做成几单生意。在葡萄酒圈子里，还有一些葡萄酒行业里的"意见领袖"，这些人有着很大的话语权，甚至写一篇文章或者拍一期视频，就能给商家带来很高的关注度，甚至带来很多生意。因此，葡萄酒生意本身就是一门需要爱好者参与的生意，甚至还能赚到很多钱。

懂酒能让酒的生意更好

从事葡萄酒生意的人非常多，有些从业人员并不懂葡萄酒，而仅仅将其当成一门生意。当然，这种类型的葡萄酒商人也有成功的案例，他们更懂得人脉关系和营销套路，凭借渠道批发或者分级代理等方式，就能把葡萄酒销售一空。但是，这样的葡萄酒商人是少数人，绝大多数的葡萄酒商人都懂一些葡萄酒知识，甚至还是葡萄酒方面的专家。我身边有一位葡萄酒商人，每周他都会组织葡萄酒的品鉴会，而且这样的品鉴会是免费的。这位商人会提前拟定邀请名单，然后向客人发请帖，邀请他的朋友或者让他的朋友带其他朋友来参加葡萄酒品鉴会。在葡萄酒品鉴会上，这位葡萄酒商人会一一介绍酒单上的葡萄酒，并且帮助客人们了解品鉴技巧，使其知晓如何才能品尝到最可口的美酒。参加葡萄酒品鉴会的朋友们也会非常开心，能学到相关的葡萄酒知识，最后也会让葡萄酒商人推荐葡萄酒。因为懂酒，所以能向客人、朋友精准推荐最适合他们的酒，比如向男性朋友推荐某品牌的干红葡萄酒，向女性朋友推荐某品牌的干白葡萄酒、香槟酒、桃红葡萄酒等。

葡萄酒经营者需要走访

有人说："人生不是在学习，就是在学习的路上。"还有一句俗话是："活到老，学到老。"一个人需要不断学习才能提升自己。对于葡萄酒爱好者或者葡萄酒从业者来讲，学习也是让自己在葡萄酒这条道路上越走越远的必要条件。除了学习葡萄酒的专业知识外，葡萄酒爱好者与经营者还要做一件事：走访。在我国，许多葡萄酒庄园主也时常去葡萄酒产业发达的国家进行走访、学习，比如国内某葡萄酒庄园主去法国许多庄园参观、走访，学习对方先进的酿酒技术，然后回国改良自己酒庄的工艺，提升自己酒庄的酿酒水平。如果不进行走访和观摩，就无法找到自己与他人的差距，也就无法在葡萄酒这条路上走远。除此之外，葡萄酒经营者更要学会品鉴葡萄酒，一个不懂得葡萄酒品鉴的葡萄酒经营者只能沦为纯粹的商人，只有掌握了葡萄酒品鉴本领，才能把葡萄酒的文化精髓推广出去。所以，葡萄酒方面的专家应该做一个葡萄酒的"布道者"，做一个真正拥有"葡萄酒灵魂"的经营者和爱好者。

热爱葡萄酒才是最大动力

罗曼·罗兰说过一句话："一个人只有在他为自己的兴趣和志愿去追求和努力的时候，他才觉得他的人生有目的。"而爱因斯坦也说过一句话："兴趣是最好的老师。"同理，想要从事与葡萄酒相关的事业，首先需要有发自内心的喜欢和热爱。帕克因自己的法国女友爱上了葡萄酒，并且与葡萄酒结下不解之缘，而帕克先生真正从事葡萄酒事业的原因也是热爱。有了热爱，才有动力，就像一个男人先要喜欢上一个女人，然后才会鼓起勇气去追求她，只有追求了，才有机会得到女人的爱。如果你不爱葡萄酒，只是想要通过葡萄酒赚钱，或者通过葡萄酒酒会拓展自己的朋友圈，这样强行了解葡萄酒是没有意义的。如果你是一个非常痴迷葡萄酒的人，一定会在葡萄酒领域内取得成就，甚至还能成为葡萄酒领域内的权威和专家。

第十三章 不同场景的葡萄酒

每一款葡萄酒都有适合的应用场景，店面促销用成本低、颜值高的酒做赠品；朋友小聚饮用时可以挑选性价比高、口感又好的“口粮酒”；送朋友、送长辈则需要在选酒上注重包装、产区，甚至是葡萄品种。总的来说，懂得选酒和用酒，也是一种功夫与本领。

不同场景选不同的葡萄酒

通常来说，不同的场景应该选择不同的酒。有些商务场景，更加适合“商务气质较重”的干红葡萄酒，饱满、强劲的干红葡萄酒可谓百搭，一般来说宴请宾客的时候，选择干红葡萄酒不会“翻车”。如果是有女士参加的商务场景，可以选择追加一款干白或者甜白葡萄酒，起泡酒也可以，这样可以在不失体面的情况下，提升商务宴请环节中的商务氛围。如果是家庭聚会的饮酒场景，选择的酒款应该更加随意一些，亲朋好友的聚会，只要是酒桌上的葡萄酒品质能够得到保证就可以了。还有恋爱的场景，比如男女之间的约会，在这样的场景下，一定要选择一款浪漫、甜美、轻盈的葡萄酒，轻盈酒体的干红或者酸酸爽爽的干白都是可以的，甚至一瓶包装华丽而浪漫的莫斯卡托也是非常好的选择，还有一些朋友会在这样的场景下选择后劲儿强烈的白兰地，同样也能起到良好的效果。如果是葡萄酒品鉴会，那就需要多准备几款不同种类的葡萄酒，而且在品鉴环节标记好饮酒的顺序，通常是先低酒精度的葡萄酒，后高酒精度的葡萄酒，或者按照“干白—干红—加强干红—白兰地”的顺序进行品鉴。

葡萄酒中的口粮酒

一些葡萄酒爱好者或许听说过“口粮酒”，到底什么是“口粮酒”呢？通常来说，口粮酒就是那些符合大众口味的、适合许多场景的、性价比高的酒，这些酒属于市场流通量比较大的产品，一般不会短缺，因此也不需要担心买不到。葡萄酒里，也有许多口粮酒，当然，“口粮酒”在每个人的心目中有着不同的定义。一个高收入者，他眼中的口粮酒或许价值不菲，甚至是许多收入普通的人眼中的“中高档酒”，不属于口粮酒的范畴；还有一些低收入者，他们对口粮酒的定位会更低，或许就是价格低廉的普通餐酒。总之，不同人群都可以在各种不同的葡萄酒里找到属于自己的口粮酒。自己能够买得起、喝得起，并且可以随时购买、重复购买的酒，就是属于自己的口粮酒。对于一个喜欢喝酒的人来说，口粮酒代表着可以畅饮，口感也能获得自己的认可，而无须使自己背上经济压力。或许许多口粮酒品质一般，但却拥有着超高的性价比，低价的葡萄酒也拥有与其价格相配的葡萄酒品质，甚至还有一些品质不错而价格低廉的葡萄酒，而这种定位非常合理且品控出色的葡萄酒，就是绝大多数人眼里的口粮葡萄酒。

适合爱人约会的葡萄酒

每年的情人节、七夕节，都是相爱之人约会的好日子，有些人会在城市角落的餐厅或酒馆里，喝点小酒庆祝一番，加深彼此的感情。身边的一些年轻朋友，他们庆祝节日的方式非常有趣，有的人选择美食，有的人选择美酒，还有一些人选择看一场缠绵悱恻的爱情电影，更有一些人会选择在这一天出去旅游。如果是与爱人吃饭约会，尤其是与自己的“梦中情人”约会，应该选择哪种葡萄酒呢？其实，只要能够提升你在爱人眼中的印象分，任何一款葡萄酒都可以。

干红葡萄酒酒体饱满，颜色如同奔放的红宝石，持续释放的花香、果香会提升聚会品饮时的体验。干白葡萄酒酒体轻盈，不同的干白葡萄酒也

有较大的区别，而白葡萄酒更加适合女性饮用，在约会时也能起到非常好的效果。当然，浪漫的香槟酒也是如此，如果在饮用香槟酒的时候，播放一支浪漫而轻盈的音乐，或许会更加舒服，更加令人心动。除此之外，你也可以选择一款白兰地，尤其是高品质的法国干邑，既可以加冰块饮用，也可以做成浪漫而多样的鸡尾酒，都能够提升约会的效果。如果对方是老酒客，可以带一瓶名庄酒，表示对对方的重视；如果对方平时不怎么喝酒，可以带一瓶入口舒服、口味清淡的酒，或者低度的莫斯卡托；如果对方喜欢浪漫，可以选一款酒瓶造型特别的酒，这个时候反而要考虑带的酒和餐厅的气氛是否一致。总而言之，提前了解对方的需求才能做出更精确的准备。

用葡萄酒做随手礼

葡萄酒代表着浪漫、儒雅、风度，甚至还体现出某种文化内涵，作为随手礼，葡萄酒是非常好的选择，甚至好于其他烈酒。逢年过节送礼，有的人会随手带一份葡萄酒作为礼物，比如两支葡萄酒的礼盒，既能满足送礼的面子，也能给他人留下好印象。饮用葡萄酒的时候，很多人会选择遵守葡萄酒的礼仪，这种仪式感满满的葡萄酒饮法儿，能够提升酒会或者聚会的“档次”，彰显酒局组织者的品位。

向重要的朋友送礼时可以优先选择进口葡萄酒，大多数进口葡萄酒都有一定的品质保证，只要是正规渠道购买的进口葡萄酒，如大型超市、连锁专营店、线上品牌旗舰店等，质量通常不会出问题。如果要向普通朋友送随手礼，如部分地区的婚宴回礼、企业开业的嘉宾随手礼、商业活动给客户的随手礼等，就需要经济实惠的小礼盒了。外观好看，成本又不高的小礼盒，2 支装、4 支装的都可以，相对来说价格要更实惠一些，包装也更便于携带，当然如果经济实力允许，也可以考虑提高一些档次，这就要因人而异、因事而变了。

送葡萄酒做礼物的技巧

其实，送葡萄酒也是有技巧的。曾经有位朋友给自己的领导送酒，送了一箱普通的箱装葡萄酒。后来，他发现，他送去的葡萄酒出现在其他人的手里，也就是说，他送给领导的酒，又让领导轻易送给别人了。显然，领导并没有把这一箱葡萄酒当成好东西，甚至都没有打开过。其实，这样的送礼是非常尴尬的，而选择送葡萄酒作为礼物也不适合这样去送。送的礼物一定要有好看的外包装，不管是送一支葡萄酒，还是两支葡萄酒，都要选择一个漂亮的外包装，比如精致的皮盒或者木盒，而皮盒葡萄酒包装内，还常常配有海马刀，方便对方品饮的时候开酒。还有一些人会选择送大瓶的葡萄酒，这样的葡萄酒也非常常见，有 1.65 升装的，也有 3 升装的，甚至更大体积的，这样的葡萄酒不仅有抓人眼球的体积，还非常适合聚会的时候饮用。送礼的时候如果送的酒有特点，比如特别的产区、葡萄品种、口感、高评分等，一定要告知收礼的人，没办法口头告知的话，可以贴一张说明或在包装里放一张纸条，这样显得既尊重对方又不失礼节。另外，如果送礼时不知道应该选择干红葡萄酒还是干白葡萄酒，我的建议是送干红葡萄酒。干红葡萄酒的受众面更广，喜欢干红葡萄酒的人也明显多于喜欢干白葡萄酒的人。如果明确知道对方喜欢某一款酒，可以精准送礼，送对方喜欢的葡萄酒是最好的技巧。

好葡萄酒不一定价格高

许多葡萄酒小白以为，葡萄酒是一种非常昂贵的酒，价格不菲，用来送礼的成本有些高。其实，葡萄酒也有很多种价位，既有价格过万一支的名庄佳酿，也有价格不贵却品质不错的口粮葡萄酒，因此，可以根据自己的实际送礼需求来选择葡萄酒。不久前，朋友送给我两支葡萄酒，包装既高档又有特色，让我觉得那款葡萄酒品质不错，而且酒标很有艺术感，显得非常有档次。后来经过多方打听，这款葡萄酒价格并不贵，两支酒还配上了礼盒。不久前的一次聚会，我带着它参加，与朋友一起分享。参加聚会的朋友都认为，这款酒的品质很不错，而且非常有名庄葡萄酒的独特风格。送礼时如果送这样酒标漂亮、品质稳定、具有明显地域特色的葡萄酒，不仅有面子，而且花钱不多，洋气十足。如果仅仅为了满足虚荣心而选择名庄佳酿，不仅花费巨大，还不一定起到良好的效果，挑选贵重的礼物，一定要三思而后行。但是，品质低劣的普通餐酒也不适合送礼，虽然花钱不多，但容易弄巧成拙。因此，送礼时选葡萄酒，一定要多费费心思，总结一下送礼心得。

选葡萄酒不一定选贵的

有句俗语说：“昂贵的东西除了昂贵之外，一切都是好的。”其实这句话没有问题，名庄佳酿在良好的保存条件下，品质都是一流的，葡萄酒爱好者们几乎不需要怀疑名庄佳酿的品质。名庄佳酿之所以卖得贵，除了庄园名气的加持之外，还因为酿酒环节都相当严苛。这些庄园为了保障葡萄酒的高品质，甚至会牺牲葡萄酒的产量，但是，名庄佳酿的高价格也会将很多人拒之门外。对于喜欢葡萄酒的人来说，顶着经济压力购买名庄佳酿并无必要，不是还有一些高性价比的葡萄酒适合购买吗？如果你不懂酒，还是葡萄酒方面的门外汉，可以按照酒类专业网站或者身边的老酒客给出的评分进行选择，评分越高，代表着葡萄酒的品质越好。在那些高评分的葡萄酒当中，也有“性价比之王”，有一些高评分的葡萄酒不需要花费太多钱就可以购买到。如果你是一位非常懂酒的人，选葡萄酒就是很简单的事情。事实上，有些葡萄酒爱好者总能找到性价比极高的“村庄级”的优质餐酒，这种葡萄酒不仅品质非常好，而且非常小众，具有明显的地方特色。总而言之，根据自己对葡萄酒的熟悉程度、爱好、经济实力，选择自己适合的，才是好的。

新手买酒的参考条件

如果你还是一个新手，选择葡萄酒的时候，需要参考一些条件。在我看来，选择葡萄酒可以参考以下几个条件：

一、价格。其实，“贵有贵的道理”，在葡萄酒世界里，也是如此。如果你担心葡萄酒的品质得不到保证，而且并不太熟悉葡萄酒，那就选择价格稍微高一些的葡萄酒，不过，必须从正规渠道购买。

二、产地。葡萄酒产地可以粗略分为新世界和旧世界，不同“世界”的酒，有明显的不同之处。通常来说，旧世界生产的酒有着较为严格的等级规定，如果想选择旧世界的葡萄酒，可以按照区域等级进行选择；如果想选择新世界的酒，则可以在购买前适当了解新世界不同国家的葡萄酒的风格特点。

三、酒标。其实，一款酒的大部分信息都在酒标上。如果你能看懂酒标，就可以知道这款葡萄酒的“身份信息”。比如，一款某酒庄的葡萄酒，酒标上一定会有产地、酒名、年份、酒精度等相关信息，你就可以按照这些信息去选择酒。一般来说，如果酒标标注的产区是小产区，就说明这款酒的品质会更高一些。

四、用途。按照“不同场景用不同的酒”的原则进行选购，做促销活动礼品可以选一些好看又实惠的，朋友们自饮可以选一些性价比高的“口粮酒”，送礼肯定要选一些品质好、包装上档次的，根据用途选择要购买的葡萄酒也是一种不错的方法。

给不同的人送不同的酒

针对不同的人，自然要送不同的酒。有一些朋友会囤几箱相同的酒，比如在酒庄促销活动期间购买几箱，然后自己购买两支装的包装盒进行包装，再用来送礼。其实，这样也不是不可以，但是，还是建议对不同的人送礼要有所区分。送亲人、长辈，酒一般是送给他们喝的，那就应该送一款口感比较好、性价比比较高的酒。如果是要长期送给长辈，培养他们饮酒的习惯，最好送一些品质稳定、口感均衡的口粮酒。送领导一定要送好酒，所谓的“好酒”，最好是名庄酒，具备一定的收藏价值，并且价格非常透明，可能因此要“出点血”，但“舍不得孩子套不着狼”就是这个道理。送朋友，葡萄酒本身的品质要有保证，而且包装要美观好看，如果能在外包装上多用些心思，送礼的心情好，收礼的心情也好。如果是送亲密的异性伙伴，如男女朋友、异性好友，一定要送浪漫一点的葡萄酒，比如送女性朋友香槟或者冰酒，不仅颜值高，而且味道好，非常适合女性饮用；送男性朋友，一瓶厚重的干红或者后劲儿浓烈的白兰地是非常合适的。

送爱人葡萄酒要注重包装

葡萄酒是爱情的象征，尤其是在特定的节日，如情人节、七夕节或者5月20日，爱人间除了送玫瑰花、巧克力等礼物之外，送葡萄酒也非常合适。但是，送女朋友葡萄酒，一定要设计一下包装，让包装能起到烘托气氛的作用。许多商家都会在节日前后做这样的限定产品礼盒，同样也包括葡萄酒销售商，你也可以直接去礼品店购买与爱情相关的包装礼盒，然后将葡萄酒放进礼盒里。还有一种方法，就是去饰品店找一位工作人员为你现场包装，这是最简单的一种方法。如果买不到合适的包装盒或者包装纸，可以购买外包装原本颜值就比较高的葡萄酒，许多起泡酒的外包装非常漂亮、时尚，这样还能省下包装盒的包装费。我身边有一位朋友，情人节送给女友的葡萄酒，竟然藏在一束玫瑰花里面，这个创意非常有新意。如果你确确实实是新手，也不懂得如何去包装，那就直接买个普通包装，装两瓶用心挑选的高品质葡萄酒，诚心诚意地送给对方。有人问：“难道这样不会尴尬吗？”我想说的是，如果两个人的感情非常稳定了，岂能因一瓶酒的包装而翻脸？葡萄酒只是一个节日礼物，只要你用心了，对方就能感受到那份爱意。

给不同客户送不同的酒

在我国，一到中秋或者年关，就到了往来送礼的热闹时节。此时，那些做生意的朋友们，通常都会给自己的客户送礼。送礼的方式有很多，有的人送茶米粮油；有的人送保健品；有的人直接送购物卡，客户想买什么，自己拿着购物卡去刷。当然，更多的人选择送酒和茶，葡萄酒就是热门选择之一。有位送葡萄酒的朋友说："我本人喜欢葡萄酒，也有稳定的购买渠道，而且能用比较划算的价格买到品质不错的好酒，我就会送葡萄酒给客户，客户自己喝也行，转送他人也行，也不失面子。"当然，客户与客户也有区别，送老客户和送新客户是不同的。如果是老客户，送葡萄酒不一定要送贵的，送品质不错、性价比高的葡萄酒就可以了，但是要勤送；如果是新客户，就需要送一些贵一点的酒，为了扩大业务，或者把新客户发展成老客户；如果送重要客户，更要送一些品质高的名庄酒，重要客户是商人们最大的销量来源，怎能亏待他们呢？另外，不要忽略送礼的细节，既然送礼了，除了选酒之外，在包装上也要适当地下一点功夫，不方便当面送礼的，最好能包邮给客户送上门。毕竟，既然送礼，形式上还是要做好。

盒装的葡萄酒更显礼物的特性

葡萄酒的礼盒种类有很多，有木质的，也有纸质的，花样繁多，送礼时一定要选择漂亮的礼盒。中国是一个讲礼仪和人情世故的国家，因此更应该注重人际交往的细节。葡萄酒包装相当于葡萄酒的脸面，尽管我们经常说不要"以貌取人"，但事实上，在一个讲面子的社会里，注重脸面是对对方的尊重。当然，送不同的人，应该挑选不同的礼盒，木质的礼盒显得高档而传统，这样的包装适合送亲人、长辈以及领导；纸质的礼盒适合随手礼；如果送爱人，一定要选择漂亮的、浪漫的礼盒，让对方更容易感动。当然，还有许多有创意的礼盒，比如新年礼盒、中秋礼盒，这些礼盒适用于节日送礼。其实，还有许多资深的葡萄酒收藏者也会选择收藏葡萄酒礼盒，有些礼盒很有艺术气息，完全可以当作艺术收藏品进行收藏，比如那些木质的、充满自然气息的包装盒。如果是送礼，一定要给葡萄酒配上礼盒，就如同给一个人精心打扮。

酒会沙龙上的随手礼

有些人可能参加过沙龙活动，比如酒会沙龙或者商务沙龙，很多主办方会有这样的安排——凡是受邀参加沙龙的人，都可以领一份随手礼。如果这个沙龙活动是你组织的，你会不会为每个人准备随手礼葡萄酒呢？不久前，我参加了一个葡萄酒沙龙，组织者是一位经营葡萄酒生意多年的人，组织酒会沙龙的目的是营销。当然，沙龙活动是免费的，受邀请的人有葡萄酒分销商，也有葡萄酒爱好者和一些企业管理者，酒会沙龙上一共品鉴了六款葡萄酒，其中四款干红葡萄酒，两款干白葡萄酒，干红葡萄酒的价位也是分为低、中、高三个档次。酒会沙龙结束之后，他为每个人准备了一份随手礼，随手礼是一支干红葡萄酒和一支干白葡萄酒。这两支酒不是最便宜的，也不是最贵的，而是销量最大、最有代表性的，两支酒的成本不高，但是给大家的感觉很好，大家还可以把现场品酒的知识带回去与其他朋友分享，又做到了二次宣传。其实，沙龙活动准备随手礼，既不能成本太高，也不能太过寒酸，要想办法达到举办沙龙的效果，也要给足参加沙龙活动的人面子，太小气不行，太铺张奢侈更不行。

商务宴请的用酒与侍酒

商务宴请与家庭聚会用的葡萄酒是相同的吗？其实，可以一样，也可以不同。家庭聚会相对来讲私密一些，也简单一些，没有那么多讲究，高品质的葡萄酒可以，普通一些的餐酒也可以，选择范围比较大。每年过年，亲友聚会，酒桌上的葡萄酒什么类型的都有，有的贵，有的便宜，大家不会在意它们的价格和品质。当然，商务宴请使用的葡萄酒要谨慎一些，必须确保葡萄酒的品质。商务宴请具有商务目的，餐桌上的人大多是商务合作关系，就应该按照商务要求和宴会标准准备葡萄酒。通常来说，商务宴请最好选择法定产区级别的葡萄酒，或者新世界地区的名庄佳酿，这样才能符合要求。在服务方面，要按照葡萄酒标准礼仪进行侍酒，最好能对宴会用酒有一定的说明，表示对客人的尊重，给商务合作伙伴留下良好的印象。如今，许多行业的生意都不好做，市场环境不够友好，在这样的情况下，商务宴请的服务标准更应该提高档次。所谓的提高档次，并不是提升消费额度，而是提升相关的服务质量，抓住难得的商务宴请机会，让商务合作伙伴愿意展开合作或继续合作。

朋友聚会的葡萄酒

许多时候，朋友聚会都会选择自己的口粮酒，原因有三个：其一，朋友之间关系亲密，不需要做太多准备，情谊深厚，不需在意葡萄酒是否名贵；其二，选择自己的口粮酒会更加亲切，朋友之间彼此熟悉，没必要搞得神神秘秘，一款经济实惠的口粮家常酒就足以交流感情；其三，真正的好朋友也不希望你花费很多钱去准备昂贵的饭菜和好酒。因此，朋友聚会选择一款或者几款性价比高的葡萄酒即可。当然，朋友聚会也不是不能选择一款比较贵的葡萄酒，这完全看你的心情。我有一位朋友，每一次聚会都会精心准备几款品质好的葡萄酒，按照他的标准，至少是老酒客或专业品酒师给出好评的葡萄酒才算是符合标准和要求的酒。我的这位朋友是一个非常讲究、非常儒雅的生意人，即使宴请熟络的好朋友，也是按照商务标准做准备，他说过这样一句话："朋友是比我的生意伙伴更重要的人，一定要给我身边重要的人准备高标准的宴席。"因此，我的这位朋友，有许多熟络的好朋友，甚至他的不少生意伙伴也慢慢变成了好朋友。

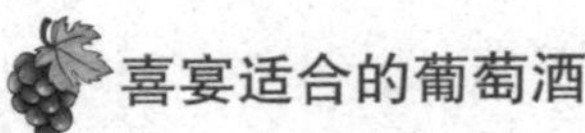

喜宴适合的葡萄酒

什么是喜庆的家宴呢？我想，过节时的家庭聚会算是一种，孩子“过百日”算是一种，长辈寿宴算是一种，但凡为了庆祝喜庆的事而举办的宴会，都算是喜宴。中国人办“喜宴”讲究吃喜菜、喝喜酒。在我国，有“红为贵、黄为尊”的说法，也就是红色代表着富贵，黄色代表着尊贵。喜宴同样离不开红、黄二色，因此选择喜宴上的葡萄酒，理应选择红色的干红葡萄酒和黄色的冰酒，或者颜色接近金黄色的干白葡萄酒。有人问，选择香槟、桃红或者白兰地行吗？其实没有不行一说，喜宴主要凸显喜庆的氛围，大家聚在一起，开开心心就好，凡事都好商量。桃红葡萄酒是桃红色的，也是很喜庆、很浪漫的颜色，白兰地是琥珀色的，也是一种喜庆的暖色，香槟酒也有淡淡的黄色，甚至起泡酒都带有颜色，还可以看到“咕嘟咕嘟”冒泡的景象。喜宴上，酒不是重要的角色，即使选择喝白酒或者啤酒也可以，如果桌上有人不喝酒，还要准备一些茶水之类的饮品，以茶代酒或者以水代酒，这些习俗都是中国家庭的传统习俗，并且一直延续着。

朋友生日宴带一瓶葡萄酒

如果有朋友组织生日宴并邀请了你，千万不要空手去，至少要带点礼物。参加朋友的生日宴会，带一瓶品质不错的葡萄酒也是非常好的选择。不久前，我参加了一个朋友的生日宴会，参加生日宴会的人，大家都非常熟悉，不需要一一介绍。我带了一瓶 3 升装的葡萄酒，虽然这瓶酒不昂贵，但因为酒瓶比较大，很吸引眼球，酒摆在桌子上的时候，朋友非常开心，其他人也是。于是，大家一起享受了这样一款酒，品质不算差又能够满足好奇心的葡萄酒。还有一次朋友生日宴，我带了一瓶法国的白兰地，是 XO 级别的，品质不错，大家喝完了之后，都觉得非常舒适。我喜欢葡萄酒，也喜欢与朋友分享葡萄酒，分享能够使彼此获得快乐，尤其是生日宴这样的聚会，更应该去主动分享。当然，你也可以全权“承包”朋友的生日宴葡萄酒，多带几瓶，把生日宴变成葡萄酒品鉴会，朋友也会因你的重视而开心。

带来欢乐的酒就是好酒

人们对葡萄酒的奢华印象，在西方国家已经持续了几百年，至今仍无法消除。几百年来，一条围绕葡萄酒的鄙视链形成了。著名年份的酒、名庄酒、名牌酒、昂贵的酒一直处在这条鄙视链的顶端，甚至有人盲目吹捧某些名庄酒而鄙视其他葡萄酒。可是，什么样的酒真的重要吗？喝酒的人开心，就是好酒。一般来说，非常贵的酒，肯定是好酒，但有些昂贵的酒，口感比较独特，不是每个人都喜欢，而便宜的酒，也有口感好的，价格只是衡量葡萄酒品质的一个方面。每个人所处的阶段不同、场合不同，拥有不同的经济实力，对于葡萄酒，自己喜欢喝的、感觉好的，就是好酒。对于绝大多数的葡萄酒爱好者来说，葡萄酒买回家是用来喝的，并不是用来收藏的，如果一款平价的口粮酒也能给你带来欢乐，那它就是好酒。

常规购买葡萄酒的渠道

说到葡萄酒的购买渠道，想必很多人已经有所了解，但这里最好还是进行一下介绍，这样不但给大家更多选择，还能让大家通过了解购买渠道掌握不同的葡萄酒来源。一般来说，葡萄酒购买渠道可以分为线上渠道和线下渠道两种。线下渠道就是我们常说的传统销售渠道，大家想到的第一个渠道就是大型商超，大型商超通常会设有葡萄酒专区柜台，一般会有多种价位的葡萄酒。第二个传统渠道是酒水专营店，当然也有专卖葡萄酒的专营店。第三种线下渠道也是很重要的一种，就是朋友介绍。很多老酒客或葡萄酒爱好者本身也在销售葡萄酒，或许就是某家店的推销员或“品牌粉丝”。通过朋友介绍，除了可以了解葡萄酒的品牌、历史之外，还可能享受到一些折扣，因此朋友推荐也是一个很好的购买方式。如果在线上购买葡萄酒，最好选择比较有名的购物网站，或者在大型购物平台的企业网店进行购买，这样相对有质量保证。如果去购物平台购买葡萄酒，尽量选择葡萄酒品牌的旗舰店，同时也要参考店铺评分。一些店铺有相对良好的口碑和质量保证，还有一些最近兴起的私域流量的线上品牌也可以尝试。对于各种购买渠道，你可以先尝试少量购买，经过品鉴后，确定哪些葡萄酒是自己喜欢的，再批量购买，避免买错。

不同年份的酒的挑选建议

每一种葡萄酒都有适饮期，有些新酒可以立刻引用，有的需要放 1 ～ 2 年后才能体现出风味，有的需要放得更久，葡萄酒不是年份越老越好，要根据适饮期来决定。如果只是买来喝，并且选择购买口粮酒，也就是普通餐酒，那么葡萄酒年份越近越好，也就是说越新的酒越好。葡萄酒酒标上会打上“10 年保质期”的字样，但是并不代表着 10 年之后才好喝，选购口粮酒的话，购买新酒即可。有一些品牌的葡萄酒，新酒比老酒更有活力，也更加好喝。如果购买适合收藏的高档酒，也可以选择有陈年能力的新酒，买到新酒之后，自己进行储存。储存超过一定时间之后，酒的口感会更好柔和。还有一些起泡酒，也是新酒更佳，绝大多数的起泡酒没有陈年能力。如果你想购买一瓶白兰地，可以选择橡木桶陈年时间稍微长久一点的，而不是购买出厂日期更加长久的。白兰地的酿造、储藏工艺决定了其酒液的熟化是在橡木桶内完成的，一旦灌装成瓶，白兰地酒体将不会发生明显变化，类似的还有威士忌。总之，我的建议是，尽量购买新酒，名庄佳酿的新酒可以在自己家中存放，没有必要“花钱买时间”。

不是瓶底越深的酒越贵

现代葡萄酒瓶底部的凹槽深浅跟葡萄酒的质量也是没有什么直接关系的，更加不能说凹槽越深，酒的质量就越好。早期的葡萄酒酿造技术比较落后，葡萄酒在酿造完成后只能简单过滤，装瓶后就容易产生酒渣沉淀，平底酒瓶的葡萄酒在倒酒的时候，容易把酒渣一起带出来。为了保证酒的品质，才诞生了带有凹陷的酒瓶，一般称为碹底瓶，酒渣会集中沉淀到凹槽内，倒酒的时候就不会被倒出来，凹槽起到了二次过滤的作用。越需要长时间贮存的葡萄酒，瓶底凹陷越深。

随着生产技术的发展，机械吹制和挤压成型的玻璃瓶渐渐替代了人工吹制的玻璃瓶，瓶底比以往更光洁、平整，且现代化的过滤技术和低温结晶技术的出现，使得葡萄酒的清澈度有了大幅的改善。技术的进步让人们可以放心地使用制作成本更低的平底瓶来代替厚重的碹底瓶，如今平底瓶已经被广泛用于各类葡萄酒，所以，并不是瓶底越深价格越贵。

享受葡萄酒带来的美妙

品葡萄酒一定要懂酒，如果什么都不懂，就是“两眼一抹黑”，永远进不了葡萄酒的世界。有人说：“葡萄酒的江湖，水很深，如果一脚踏入葡萄酒江湖，恐怕难以脱身。”其实，爱酒没有错，喜欢喝酒也没有错。对于白酒还有句老话说：“酒是粮食精，越喝越年轻。”优质的葡萄酒是纯天然的，是大地精华，毕竟葡萄酒是葡萄的汁液酿造的，葡萄酒的品质主要也是由葡萄本身的品质决定的。众所周知，许多天然微量元素是人身体所必需的，而葡萄酒中的各种有益身体的微量元素是非常多的。葡萄酒已经逐渐地渗透到寻常百姓的生活中和各种商务宴请中，推杯换盏，畅聊心事，是件享受的事情，若你懂酒，更是享受，在聚会餐桌上聊聊葡萄酒，猜猜品种或年份，也是一种乐趣。我的一位朋友曾说：“宁可一人喝千瓶，不可千人享一瓶。”对于一个资深葡萄酒爱好者而言，享受与葡萄酒邂逅的美好时光，实在太美妙了。

葡萄酒背后的人生故事

每个人都有他自己的故事，每瓶酒的背后也有一段故事，有酒有故事，人生才够充实。在你眼里，喜欢喝葡萄酒的人会拥有一种怎样的生活呢？如果让我来概括，那就是惬意而自然。

很多酒庄都有相应的历史，每个品牌也有自己的故事，通过了解酒庄历史和品牌故事，对葡萄酒会多一分了解，也更能通过品酒感受历史的痕迹。

爱酒之人，珍惜每一次与酒的相遇，因为酒中有笑有泪，有真我，有不能对别人诉说的故事。葡萄酒也把人与人之间的关系拉得更紧密，不熟之人，以酒相识结缘；朋友相聚，增加话题，像葡萄酒的产地、品种、年份、口感、个人感受等，都是酒友相聚时讨论的内容。摇晃的酒杯中，仿佛能窥见一生的光阴和情谊，慢慢品饮，内心平和满足。

每一瓶葡萄酒都包含一段精彩的故事，它蕴含着春天的阳光雨露，诠释着出产土地的风土人情，饱含着果农的辛勤劳动和酿酒师的思索与激情。一段人生又何尝不是呢？人们都会经历艰难险阻，都会享受喜乐平和。那么，在这个浮躁的快节奏时代，每天奔波忙碌的你，不妨放慢脚步，与葡萄酒为伴，来体验一种健康、恬然、自在的生活方式吧！

第十四章 葡萄酒与美食搭配的必备知识

葡萄酒配餐是很讲究的，懂得为某种葡萄酒搭配合适的美食，不但可以突出这款酒的特点，也会让就餐更有趣味。干白、干红等各种葡萄酒的搭配食物不但有一些历史的经验参照，更值得去探寻更多可能性。

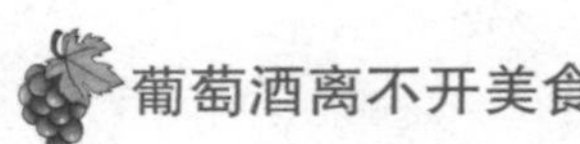

葡萄酒离不开美食

美酒配佳肴，喝酒，一定要吃点东西才行。在电影、电视剧里，我们经常看到两个人相约餐厅吃饭、喝葡萄酒的场景，在葡萄酒圈子，也有着红葡萄酒配红肉，白葡萄酒配白肉的说法。当然，也有一些朋友喜欢纯饮葡萄酒。其实，从健康角度来看，饮酒的时候吃点东西是比较好的。一方面，葡萄酒可以刺激食欲，让人多吃一点东西，尤其是肉类和蔬菜；另一方面，喝酒时吃些东西，可以有效保护胃黏膜，减轻酒精对肠胃的刺激。那些喜欢去西餐厅吃料理的朋友也会发现，西餐厅有着非常丰富的葡萄酒酒单，侍酒师也会在你点菜之余推荐一款搭配西餐的葡萄酒，享受美食的同时，喝一口葡萄酒，这才是惬意人生。还有一些朋友特别喜欢烹饪美食，费尽心思做了一桌好菜，怎么能不犒劳一下自己呢？于是，他们也会从酒柜里找到一款适配的葡萄酒，一边品尝自己亲手制作的料理，一边享受一杯自己收藏的葡萄酒。葡萄酒与美食，是“黄金搭档”，谁也离不开谁，就像一对互不分离的情侣。

葡萄酒的基本搭配原则

葡萄酒有这样几种基本风味，即酸味、苦味、甜味，偏酸味的主要是白葡萄酒，偏苦味、单宁重的主要是红葡萄酒，偏甜味的主要是甜葡萄酒。不同口味的酒，要选择不同口味的食物去搭配。白葡萄酒是一种非常合适的开胃酒，酸味刺激味蕾，并且还能解腻。但是，白葡萄酒是一种比较轻盈的酒，所搭配的食物不能掩盖它自身的香气特点，因

此要选择口味偏淡，或者略微油腻的菜品来搭配。与白葡萄酒不同的是，红葡萄酒酒体强劲，似乎带着一种黑胡椒的味道，许多人吃牛排的时候选择红葡萄酒，而红葡萄酒的苦涩恰恰与一块炭火炙烤的牛排相得益彰。比如，赤霞珠干红所带来的那种苦涩，恰恰可以给那些味道浓郁的食物增加一些其他香气，甚至可以更好地营造品尝美食的氛围。而甜葡萄酒应该搭配些什么类型的菜品呢？曾经有一位美食家说："我品尝一款美味的甜品时，会选择一款非常好喝的甜酒，甜酒配甜品，才是最好的。"因此，我们可以在影视剧中看到贵腐甜酒搭配苹果派的场景。或许，这就是葡萄酒世界的基本搭配原则吧！

葡萄酒与食物的搭配无须固定

白葡萄酒配白肉，红葡萄酒配红肉，从搭配原则上来讲，似乎没有问题，许多美食家或品酒师，也是这样推荐的。影视剧中，也常出现这种搭配，吃牛排的人一定是喝红葡萄酒，仿佛只有红葡萄酒才对得起那一块品质优良的牛肉。烤制的牛排一般不能熟透，熟透了也就失去了口感，葡萄酒也是，需要"醒"得恰到好处，否则就无法帮你打开味蕾。白葡萄酒一定要配白肉吗？首先，我们要搞明白什么是白肉？白肉不是肥肉，而是指禽类和水产类的肉，鸡肉、鸭肉、鹅肉都属于白肉，鱼肉、虾肉之类的肉也属于白肉。白肉与红肉相比，脂肪含量低，而且非常适合清淡烹煮。在法国，许多厨师喜欢低温烹调白肉，最大限度地锁住肉中的水分，还原食物最原始、最本真的味道。其实，白葡萄酒搭配红肉也不是不可以，红葡萄酒搭配海鲜也不是完全不行。只要我们在享受美食的时候，喝一杯品质优良的葡萄酒，就能让自己的生活变得更加惬意。

BBQ 烧烤与葡萄酒的搭配

许多年轻人都爱吃 BBQ，BBQ 是烧烤的一种形式。当人们说起烧烤的时候，总觉得啤酒才是最合适的酒精饮料，但葡萄酒和烧烤其实也是一种绝美搭配，值得更多人去尝试。烧烤那种被炭火撩过的烟熏风味和葡萄酒一样复杂，而复杂意味着更百搭。BBQ 烧烤食材多样，如果是烤羊肉或者烤牛肉，一定要搭配干红葡萄酒，最好是口感浓郁、单宁厚重的，其他类型的葡萄酒似乎都无法压住牛羊肉的风味；如果是烤虾或者烤鱼丸，可以考虑搭配干白葡萄酒或者入口淡雅的红葡萄酒……总之，在品尝BBQ烧烤时，你可以玩出许多花样。有一位朋友特别喜欢吃烤玉米，她吃烤玉米的时候一定会喝一杯霞多丽干白葡萄酒，她曾对我说："玉米是甜的，有点腻，一定要喝点霞多丽才解腻……"

羊肉与葡萄酒的搭配

不少人都喜欢吃羊肉，那羊肉要怎么搭配葡萄酒呢？首先大家需要注意的是，羊肉烹饪方法不同，要搭配的葡萄酒也就不同。烤羊肉，尤其是辛辣的烤羊肉串，适合搭配赤霞珠葡萄酒和西拉葡萄酒；对羊排来说，加州赤霞珠葡萄酒和梅洛葡萄酒都是不错的选择；白切羊肉推荐搭配酸度适中的白葡萄酒；羊腿肉的味道通常很浓，适合搭配口感同样浓重的葡萄酒，比如意大利海藏红葡萄酒、法国混酿红葡萄酒；羊肉炖汤也是极富风味的一道菜，适合搭配一些酒体厚重、口感丰富的葡萄酒，如意大利基安蒂葡萄酒、赤霞珠葡萄酒、仙粉黛葡萄酒等。当然，以上推荐仅供参考，具体还要看自己的喜好。

牛排是葡萄酒的绝佳搭档

无论是电影里，还是现实生活中，吃牛排的时候总要喝上一些葡萄酒。葡萄酒与牛排，仿佛是最佳拍档，有牛排，仿佛就必须要有葡萄酒。我是一个非常喜欢牛排的人，不同的牛排，口味也有不同。通常来说，脂肪含量较低的牛排，适合搭配酒体比较轻盈的葡萄酒；脂肪含量较高的牛排，适合搭配酒体强壮的葡萄酒。沙朗牛排是典型的瘦肉牛排，脂肪含量较低，非常适合香煎，因此可选择的葡萄酒的范围比较广，除了红葡萄酒之外，也可以搭配白葡萄酒。肋眼牛排有大理石花纹，油脂非常丰富，香煎或者烧烤都可以，但是这种脂肪含量高的牛排需要搭配高单宁的葡萄酒，比如赤霞珠干红这一类的，用来中和油脂带来的肥腻感。菲力牛排是最为有名的牛排，有着"牛排中的凯迪拉克"之称，这样的牛排更加适合搭配能够充分激发牛排香气且能互补的葡萄酒，这样的葡萄酒，恐怕只有那些旧世界的混酿干红了。

当然，还有一些牛排是“臀肉”，这样的牛排非常紧致，有咬劲儿，可以搭配几乎所有类型的干白、干红葡萄酒。

各种海鲜与葡萄酒的搭配

许多人喜欢吃各种海鲜，可以说，鱼类海鲜几乎是白肉的代名词。关于鱼的料理方式，全世界恐怕有几万种，仅中国就有许多中式吃法。湖南名菜剁椒鱼头是一个口味强烈的菜，非常“火热”，如果搭配葡萄酒的话，恐怕只有浓郁的干红葡萄酒才能hold住。广东人喜欢原汁原味，清蒸美食比较多，讲究原汁化原食，清蒸鱼比较适合一款开胃的葡萄酒，尤其是干白葡萄酒。在我国北方地区，人们烧鱼喜欢添加大酱，做成酱焖鱼，或者瓦罐鱼，这类菜属于口味较重的菜，因此需要一款厚重一些的红葡萄酒进行搭配。四川人特别喜欢鳝鱼，而盘龙鳝鱼或者油爆鳝丝也是比较重口味的菜，也需要搭配一款比较厚重又可以解腻的红葡萄酒。在日本料理中，金枪鱼、三文鱼、鲷鱼、河豚等鱼类常常被做成刺身，蘸着芥末或者山葵食用，非常清淡却辛辣，因此，在很多日料店，店员或者侍酒师会推荐一款干白葡萄酒，或者一款来自日本的清酒。不同的鱼，需要搭配不同的葡萄酒，没有固定的、唯一的搭配方式。

不只是鱼类，不同的海鲜由于肉质和烹饪方法的不同，适合搭配的葡萄酒也就不一样，可以参考下面的一些搭配。

适合搭配蛤蚌（生的或半烤的）的葡萄酒：长相思白葡萄酒、干型起泡酒。

适合搭配蟹肉的葡萄酒：干型起泡酒、霞多丽白葡萄酒。

适合搭配龙虾的葡萄酒：干型起泡酒、霞多丽白葡萄酒、瑚珊白葡萄酒、玛珊白葡萄酒。

适合搭配牡蛎的葡萄酒：干型起泡酒、霞多丽葡萄酒、雷司令干白葡萄酒。

适合搭配三文鱼的葡萄酒：黑皮诺红葡萄酒、长相思白葡萄酒、灰皮诺白葡萄酒。

适合搭配生鱼片和寿司的葡萄酒：干型起泡酒、雷司令半干白葡萄酒。

奶酪与葡萄酒的搭配

葡萄酒和奶酪一直都被誉为“天作之合”。葡萄酒轻微的涩味能中和奶酪给人带来的油腻感，而奶酪的香醇也能让葡萄酒入口显得更柔和，各自的风味能通过合理的搭配得到提升。葡萄酒与奶酪又有什么搭配原则呢？

风味相近原则。风味较淡的葡萄酒搭配口味较淡的奶酪，风味浓郁的葡萄酒搭配口味浓郁的奶酪，这是久经考验的原则。比如桃红葡萄酒适合淡味干酪，而切达奶酪风味浓郁，正适合波尔多干红。

产地相近原则。产地相同或相近的奶酪和葡萄酒，通常都适合搭配在一起。因为相同的泥土、水质和空气，培育出的葡萄藤和牧草，通常会让最终制造出的葡萄酒和奶酪“同声同气”，更适合互相搭配，比如赤霞珠就可以和切达奶酪相配。

如果犹豫不决，最好选择白葡萄酒。比起红葡萄酒，白葡萄酒更适合搭配奶酪，因为白葡萄酒通常带有水果风味，比如苹果、梨等，这些水果风味更容易和奶酪搭配。

担心的话还可以添加其他食物来搭配，如果觉得搭配不好，可以用果味的食物来搭配，比如水果干、果酱、蔬果饼干等。

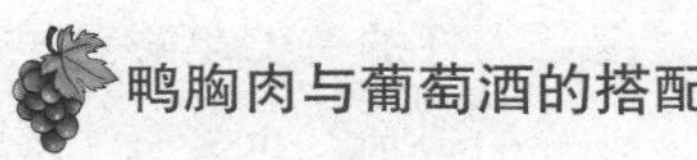

鸭胸肉与葡萄酒的搭配

法国料理是“世界三大料理”之一，法国人佐餐喝葡萄酒的习惯维持了很多年。喜欢美食的朋友们都知道，法国有一道非常经典的名菜叫红酒烩鸭胸，这道菜做起来并不困难，主料就是鸭胸肉和葡萄酒，还会使用到洋葱碎、海盐和黑胡椒粉。在葡萄酒的加持下，煎制的鸭胸口感变得更好，香气更足，而且不会有鸭子本身的腥臭味。除了法国，意大利人也爱吃鸭胸，无论是煎鸭胸，还是鸭胸配菜，都离不开葡萄酒。还有一些美食家直接选择用葡萄酒做调味酱汁，浇在煎香的脆皮鸭胸上。当然，这种葡萄酒酱汁的做法也很简单，而且非常百搭，一款葡萄酒酱汁可以搭配鸭胸，还可以搭配牛排。葡萄酒让酱汁的口感更加饱满，富有层次感。如果吃鸭胸的时候，再喝一点葡萄酒，不仅可以抵消鸭胸油脂的腻，而且还能享受美食与红酒的碰撞。真正的生活就是美食加美酒，尤其在西餐里，葡萄酒是必须出现在餐桌上的“风景”之一。

素菜与葡萄酒的搭配

葡萄酒与美食的搭配，其实没有什么严格规定，而只有建议。最简单的原则是当食物口味比较重的时候，就应该搭配酒体比较饱满的酒；而当食物口味较轻时，则最好搭配酒体比较轻盈的酒。较重的番茄味道和黑豆原料的菜肴与果味较重的红葡萄酒是很好的搭配，比如西拉、赤霞珠或是意大利托斯卡纳地区的红葡萄酒，这些酒与比较重口味的素菜都能很好搭配。如果是以鸡蛋为主的比较清淡的菜肴，则建议搭配白葡萄酒，比如长相思就是很好的选择。对于以蘑菇为主的菜肴，最好的搭配大概就是黑比诺了，但是，对于那种泥土味很重的蘑菇来说，勃艮第的红葡萄酒或是西拉等葡萄酒才是最好的搭配。关于素食者的葡萄酒搭配方法，不同的素食者对于葡萄酒的搭配都会有不同的方法。

野餐时的葡萄酒搭配

说到野餐，我突然想到了年轻导演毕赣的电影《路边野餐》，这是一部非常有

趣的、探讨人性的奇幻电影，里面有诗一般的台词，也暗合了毕赣导演的诗人气质，我摘录其中一段：“许多夜晚重叠，悄然形成黑暗，玫瑰吸收光芒，大地按捺清香。为了寻找你，我搬进鸟的眼睛，经常盯着路过的风。”如今，人们的生活是快节奏的，在快节奏的生活中，更要找到一个精神上的栖息之所。因此，许多年轻人在有空闲时，会选择露营的方式惬意消遣一下，放松一下疲惫的心灵。

如今，国内的露营行业发展得不错，许多旅游公司都提供露营场地，只需要自己携带食材即可。我身边的朋友常选择露营烧烤，拿出提前准备好的牛排、羊排等进行烤制，然后大快朵颐，大口喝酒。如果是享用这类美食，肯定要选择一款劲爆的干红葡萄酒，只有干红，才能充分激发红肉烧烤的香气。如果是非常简单的露营野餐，甚至以甜品为主，为什么不选择一款甜酒呢？甜酒配甜食，是相得益彰的美妙搭配。其实，许多露营青年会携带多种食品，有烤肉、甜品，也有素菜……如果是这样，倒不如多带几款葡萄酒，彻底享受一下生活，把野餐变成葡萄酒户外品鉴会。也有许多人野餐时会选择 187 毫升的小瓶葡萄酒，这是为什么呢？主要是因为，这样的葡萄酒不需要酒杯，可以拧开直接喝，非常方便。既然是野餐，也就没有那么讲究了，强行营造仪式感反而会失去野餐的气氛。

用葡萄酒炖菜是可行的

许多法国菜在制作过程中会使用葡萄酒，比如葡萄酒炖牛肉等，还可以用葡萄酒调出各种各样的酱汁，能够满足许多菜式的搭配。有着“地狱厨神”之称的戈登·拉姆齐经常在自己烹饪的美食中加入葡萄酒，提升菜品的味道，并且还能起到提香、消除腥味的作用。其实，葡萄酒炖菜的原理有点类似于我们国家一些黄酒炖菜或者米酒炖菜的原理，是人们在长期美食实践中总结出来的经验，因此，葡萄酒炖菜不仅是可行的，而且是很常见的。很多人家里都会有一些没有喝完的葡萄酒，当人们不想喝这些葡萄酒的时候，就可以拿来炖菜。我曾经用半瓶法国赤霞珠干红炖煮牛腩肉，出锅前点一些盐巴和黑胡椒碎，就能制作成一道非常经典的葡萄酒炖牛肉。如果你家中只有白葡萄酒，也可以用来炖牛肉，只是风味有些不同。如今，中国的餐饮大师们也在用葡萄酒炖菜、煮菜，还有一些东北的朋友竟然用葡萄酒做东北乱炖，最后的效果据说也不错，大家有空的话也可以大胆尝试。

用干白葡萄酒做法式贻贝

法式贻贝是经典的法国菜，喜欢法餐的朋友们，绝对不会忽略这道菜。贻贝也叫淡菜或海虹，是常见的小海鲜。中国人也非常喜欢贻贝，它的营养价值非常高，味道极其鲜美，并且有一定的药用价值，对人的身体有一定的滋补作用，因此人们称呼它为“海中鸡蛋”。烹制这道经典法国菜是非常简单的，如果你能够买到欧芹，可以将欧芹和洋葱切成细碎的小丁，用少量黄油煸至透明状，然后加入一小杯干白葡萄酒，然后加入贻贝进行烧制，直到贻贝张开嘴巴，吐出“舌头”，一道美味且经典的法国佳肴法式贻贝就完成了。当然，烹制法式贻贝的干白葡萄酒并没有特别的要求，普通的长相思干白完全可以胜任，霞多丽也没有问题，甚至还可以选择雷司令干白葡萄酒进行烹制。假如你的家中有未喝完的干白葡萄酒，就可以用它来烹饪法式贻贝。有人问：“如果买不到欧芹该怎么办？”如果没有欧芹，只有洋葱也是完全可以的，做这道菜没有太多讲究，简化版的法式贻贝同样非常美味。

比萨与葡萄酒的搭配

说到意大利美食，也就无法绕开比萨和意大利面。比萨是一道古老的意大利菜，根据相关资料，历史学家在意大利撒丁岛发现了3000年前的类似从面包到比萨的过渡食物；在古希腊也多次出现饼状面包加入各种香料的食物，其中就有蒜和葱；还有一位波斯国王曾使用石头烤一种扁面包，里面加入了奶酪。或许比萨最初并不是意大利人发明的，但一定是在意大利“发扬光大”的。据说，整个意大利有超过2万家的比萨店，而那不勒斯一个地方就有1 200家比萨店。意大利人如此喜欢比萨，同样也喜欢葡萄酒，因此有人问：“意大利人吃比萨的时候喝葡萄酒吗？”众所周知，比萨是一种简单的食物，搭配时应该选择一款口感轻盈的葡萄酒，而单宁强烈的葡萄酒会掩盖比萨的美味。在意大利，许多人选择霞多丽干白葡萄酒搭配白比萨；而蘑菇比萨似乎更适合搭配内比奥罗葡萄酿造的葡萄酒；香肠比萨口味略重，搭配品丽珠干红葡萄酒是不错的选择；海鲜比萨最好还是搭配一款白葡萄酒。

大闸蟹与葡萄酒的搭配

秋季是吃大闸蟹的好时候，搭配一款好酒更是美味，那么大闸蟹如何搭配葡萄酒呢？一般来说，葡萄酒要衬托出蟹肉的鲜嫩和蟹膏的香甜。但单宁突出的葡萄酒会掩盖蟹的鲜味，所以这类酒不适合搭配大闸蟹；而清爽的干白葡萄酒无法迎合蟹膏的甜香，所以也不适合；其实，口感丰富，味道微甜的白葡萄酒是最好的选择，具体可以参考下面的建议。

就金秋时节的清蒸大闸蟹而言，白葡萄酒肯定是佐餐首选。总体来说，配大闸蟹的白葡萄酒宜以木桶陈年的醇香型为主，最好有一定程度的氧化来柔化酸度并减去太过明显的果味，推荐霞多丽干白葡萄酒。

大闸蟹蟹肉入口的鲜嫩与起泡酒跳跃的口感相遇时，也给人新鲜的味觉感受；起泡酒中别致的矿石味道和果香，可与金黄蟹膏馥郁的鲜美香气相融合，所以推荐白起泡酒。

蛋糕与葡萄酒的搭配

许多女孩喜欢吃蛋糕，蛋糕属于典型的甜品，能够给女孩们带来幸福感，在蛋糕出现的时候，总会伴随着浪漫的氛围。亲友过生日的时候，我们会送去蛋糕；节日的时候，我们也常吃蛋糕；情人节这天，我们也经常看到情侣们在蛋糕店挑选蛋糕。蛋糕的种类有很多，如果你选择了一款味道香浓的芝士蛋糕，可以来一杯浪漫

的、奢华的、富有仪式感的香槟酒，香槟葡萄酒给人神秘、高贵的感觉，能够提升芝士蛋糕的甜美味道，还可以消除芝士蛋糕的油腻感。如果你选择了一款慕斯蛋糕，而慕斯蛋糕是入口即化的，甚至比布丁更加容易入口，是不是可以选择一款起到点缀作用，还能持续带来凉爽感的起泡酒呢？或者，选择一款浪漫的莫斯卡托也是不错的。冰激凌蛋糕也是一种常见的蛋糕，它不仅凉爽，而且还经常与水果搭配在一起，非常适合一款白葡萄酒或者桃红葡萄酒。有人问："干红葡萄酒适合搭配蛋糕吗？"其实，干红葡萄酒并不适合与蛋糕进行搭配，干红葡萄酒的酒体实在太抢眼了，会放大蛋糕的甜腻，这样的感觉似乎不太好。

葡萄酒和意面也是好组合

意大利是一个盛产奶酪和意面的国家，意面是意大利的心头好，有很多细分种类，意面在中国也非常有市场，而且有许多种做法。最为常见的意面是番茄意面。所谓的番茄意面，就是用烹制好的番茄与煮好的意面进行搅拌，形成的一种以番茄汁为基底的意面，这种意面有着番茄汁的酸度和刺激，通常也会搭配红肉一起食用。为了平衡番茄意面的酸度，可以选择一款酸度较高的白葡萄酒，比如长相思干白、白诗南干白。除了番茄意面，意大利人还喜欢海鲜意面。意大利盛产海鲜，也会将蛤蜊、虾肉、螃蟹、乌贼等食材进行烹制，制作一款海鲜意面。海鲜意面最大的特点就是独特的海鲜的味道，可以选择一款低单宁酸的葡萄酒，而且一定要适量饮用，比如低单宁的白葡萄酒。除了番茄意面和海鲜意面，还有一种芝士肉酱意面也是非常常见的，可以选择一款风格合拍的干红葡萄酒来搭配。

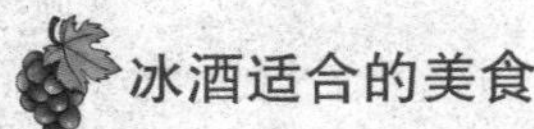

冰酒适合的美食

冰酒是葡萄酒中的极品，数量少，价格也比较高。但是冰酒是高甜度的酒，花果香非常浓郁，给人一种非常美妙的感觉。有些朋友喜欢独饮冰酒。冰酒这样的甜酒，搭配各式各样的甜点是非常好的，喝冰酒的时候来一块蛋糕会很舒服。当然，冰酒也有几种类型。威代尔葡萄酿造的冰酒带有一种橘子和菠萝的水果香气，经过橡木桶陈酿后，还会带有一种烤面包的味道，这样的冰酒非常适合搭配各式各样的肉类，甚至可以搭配牛排。雷司令冰酒与威代尔冰酒有所区别，雷司令冰酒主产区在德国，它富含的矿物质更多，同时散发着浓郁的水果香气，似乎更加适合搭配奶油甜点或者焦糖布丁。还有一种冰酒是用品丽珠葡萄酿造的，品丽珠冰酒带有一种浓郁的草莓味和馅饼味，非常别致，适合与烤水果一起搭配并饮用，而烤水果也是西方的经典菜品，如法式烤苹果。

起泡酒适合的美食

起泡酒是一个大家族，恐怕我们很难用一篇短小的文章介绍清楚。香槟是起泡酒，西班牙卡瓦是起泡酒，还有意大利的莫斯卡托和普罗赛克，不同产区、不同葡萄酿造的起泡酒，都有着属于自己的搭配。香槟产自法国香槟产区，属于干型起泡酒，有较高的酸度，泡沫非常细腻，水果风味非常优雅，口味较为清淡的美食都可以搭配香槟酒。在法餐中，人们在品尝生蚝和鱼子酱的时候，总会斟上一杯香槟，还能起到开胃的作用。西班牙卡瓦的风格与香槟有些相似，因为它们的酿造工艺是相同的。与香槟相比，西班牙卡瓦价格没有那么高，口感更加轻盈，有干型卡瓦和半干型卡瓦两种，非常适合搭配西班牙火腿或者小海鲜。莫斯卡托阿斯蒂是经典的起泡酒，产自意大利，属于甜型微气泡酒，酒体非常轻盈，带着浓郁的水果香气，因此可以在吃水果的时候来上一杯，或者在吃红豆派、苹果派这类食物的时候倒上一杯。普罗赛克是一种酸度较高的起泡酒，结构简单，但是口感轻盈、优雅，适合搭配一些奶酪或者油炸食品。

香槟酒的美食搭配

玛琳·黛德丽说过一句话："香槟，让你感觉每天都沉浸于周末时光。"香槟有着"葡萄酒之王"的称号，是高贵生活的象征。如果你是一个追求高品质生活的人，一定会品尝香槟，可能还会把香槟当成生活中不可或缺的一部分。纯饮香槟是极好的，然而在现代饮食生活里，吃饭时也可以品饮香槟，如果你是位美酒爱好者，除了喜欢喝点小酒，还喜欢品味美食，我想你可以尝试做这样几道香槟下酒菜。

第一道菜，水果沙拉。水果沙拉是非常容易做的菜，几种水果切块，用沙拉酱进行搅拌，就可以得到一盘搭配香槟的下酒菜。当然，水果不要选择带有"异味"的水果，比如榴梿。

第二道菜，芝士类的菜品。甜品店里购买的芝士蛋糕也是非常好的香槟"伴侣"，许多女生都会把香槟与芝士蛋糕搭配在一起，能够给她们带来满满的幸福感。

第三道菜，含有奶油的意大利面。意大利面是非常容易做的，美酒爱好者可以搜索一个奶油意面的做法攻略，做一道这样的菜品搭配自己心爱的香槟，让自己的生活充满仪式感。

百搭的白兰地

美国作家爱伦·坡是一个很奇怪的人，也是一个对文学充满热情的人，他说过一句话："我不在乎我的著作是现在被人读还是由子孙后代来读。既然上帝花了6 000年等来一位观察者，我可以花一个世纪来等待读者。"爱伦·坡死后，他的名气才渐渐大了起来。后来，那些喜欢他小说的人们，会在他诞辰当天，用围巾裹着面部，祭献三枝玫瑰和一瓶白兰地。白兰地是烈酒，但也是葡萄酒的一种，只不过与我们常见的葡萄酒的酿造工艺有所区别。白兰地几乎在任何场景下都能看到。中国也有生产白兰地的地方，尤其在山东烟台，有许多品牌的白兰地，这些白兰地并非都是葡萄酿造的，也有苹果白兰地、桑葚白兰地等。总之，在山东烟台的各式餐馆里，无论是鲁菜馆，还是海鲜店，哪怕是街边大排档，都有白兰地的身影。看来，白兰地已经褪去了"贵族"的光环，充分融入寻常百姓的家庭里，任何人在任何时候都可以喝上一杯，这是为什么？因为白兰地实在太百搭了！

餐前酒的选择

大家经常听到"餐前酒"的说法，餐前酒是葡萄酒的一种吗？其实不然，餐前酒是一种可以刺激食欲的酒，它是一类酒的总称，大多数在就餐的前段饮用，我们也可以叫它"开胃酒"。最早的开胃酒来自意大利都灵，一款名叫"味美思"的开胃酒被推上了餐桌。如今，餐前酒选择一款味美思也是可以的，味美思是一种以葡萄酒为基酒制造的酒，但是这种酒的芳香气味并不明显，味道主要以苦艾味为主，因此也有人称味美思为"苦艾酒"。

一般来说，可以做餐前酒的酒有这样几个特点：其一，酒精度要低，高酒精度的葡萄酒会让舌尖上的味蕾变得麻木、迟钝，也就无法带来更好的饮食体验；其二，餐前酒，或者说开胃酒主要是为了提高食欲，而许多甜酒有降低食欲的效果，更加适合充当餐后酒，因此餐前酒应该选择干型葡萄酒，比如气泡酒，或者味道清新、口感轻盈的干白葡萄酒和桃红葡萄酒。还有一些鸡尾酒也非常适合充当餐前酒，有着"鸡尾酒之王"名号的马提尼是非常好的选择，干型马提尼是由味美思和金酒调制而成的，有非常好的刺激味蕾、提升食欲的效果。

米其林餐厅里的葡萄酒

有人曾经对米其林三星餐厅做出这样的评价：“登峰造极的厨艺，值得专程前往，可以享受手艺超绝的美食，精选的上佳佐餐酒，零缺点的服务和极雅致的用餐环境，但是要花一大笔钱。”米其林餐厅有着餐饮行业“奥斯卡”的美誉，《米其林红色宝典》也被誉为“美食圣经”。想要去米其林餐厅就餐的葡萄酒爱好者们，你们知道米其林餐厅是如何选择葡萄酒和推荐葡萄酒的吗？虽然米其林餐厅是餐饮行业里的明星，但是它们选择的优质佐餐葡萄酒并不是最贵的，而是品质第一、价格其次。换言之，米其林餐厅比较注重葡萄酒的性价比，而不会把一款非常贵的名庄佳酿摆在你面前推荐你购买。米其林餐厅采购的葡萄酒种类很多，许多餐厅有自己的酒窖，而餐厅配备的侍酒师会根据点餐的顺序和美食的类型向你推荐不同品质和类型的葡萄酒。因此，在米其林餐厅吃饭喝酒，一定能够享受到“上帝”般的待遇，完全不需要因喝不到好酒或者享受不到美食而担心。

黑珍珠餐厅的葡萄酒

西方有米其林，中国有黑珍珠。黑珍珠餐厅算是中国餐饮行业里的“奥斯卡”，目标是打造“中国人自己的美食榜”，评选标准也是参考中国人的饮食文化和菜品制作水平而专门设计的。根据相关资料，“黑珍珠餐厅指南”以烹饪水平、体验感受、传承创新为三大评判标准，餐厅名单由众多美食专家匿名造访、打分、遴选而出。

迄今为止，“黑珍珠餐厅指南”覆盖北京、上海、广州、杭州、香港、澳门、成都、顺德、汕头等国内22城，以及巴黎、纽约、东京、新加坡和曼谷等海外5城。不同地方的黑珍珠餐厅也会遴选适合自己菜品风格的葡萄酒，这一点与米其林餐厅十分相似。我曾经与朋友探店过一家黑珍珠三钻餐厅，就餐环境非常高档，甚至可以用奢华来形容，菜品非常精致，并且拥有自己的葡萄酒酒窖，配备了专业的侍酒师向客人推荐不同款式、不同价位的葡萄酒。在黑珍珠餐厅里消费，或许只需要你做好一件事，即准备好足够多的钱，仅此而已。在这里，你不需要为什么菜搭配什么酒而纠结，把这所有的一切交给侍酒师就好，你只需要享受黑珍珠餐厅提供的服务。

中餐与葡萄酒的精彩搭配

中国幅员辽阔，美食众多，且各个地区的美食都不同。中国有享誉世界的“八大菜系”，而当下的中华美食，正在不断地融合和创新中走出新路。粤菜在融合西方菜方面，做得非常突出，加上本身菜系以清淡为主，因此可以搭配白葡萄酒或者轻盈的桃红葡萄酒。湖南、贵州、四川、江西等地方的菜系，多以辛辣、香辣、酸辣、麻辣等口味见长，可以搭配单宁含量较高的葡萄酒。在我们国家的东部沿海地区，无论是江苏的淮扬菜、浙江的杭帮菜和台州菜，还是以海鲜见长的闽菜，都非常适合搭配各式各样的葡萄酒。在这里，我不得不提上海本帮菜，上海本帮菜的最大特点是“浓油赤酱”，而上海人的“小资”情调在百年前的上海滩就已经形成了，上海人吃本帮菜也会搭配一款葡萄酒。我国山东半岛地区盛产葡萄酒和

白兰地，因此人们在吃海鲜或鲁菜美食的时候也会选择葡萄酒和白兰地进行搭配。而西北地区的牛羊肉烧烤是非常有特色的，来一瓶西域地区盛产的葡萄酒不是很好的选择吗？

川菜搭配葡萄酒

许多人一听到“川菜”二字，马上就会联想到“麻辣江湖”这个品牌，其实川菜有很多流派。以成都为中心的“官府菜”，特别擅长制汤，而且有许多菜式是非常清淡的，如开水白菜、芙蓉鸡片等，这类菜更适合酒体轻盈的白葡萄酒或者起泡酒，如果选择酒体很重的干红葡萄酒，就会夺走四川官府菜中的清淡菜的鲜味和甜味。四川盐帮菜也是非常有名的流派，并且以鱼香味型的菜为主。鱼香味是一种复合型的味道，酸甜微辣，层次分明，主要菜式有鱼香肉丝、鱼香茄子等，这类菜适合搭配白葡萄酒，或者口感轻盈的干红葡萄酒和桃红葡萄酒。川菜做法的东坡肉的产地是苏东坡的老家四川眉山，也是乐山菜的代表，这道菜完全可以搭配一款经典的干红葡萄酒。另一道四川美食回锅肉，肥而不腻，入口浓香，如果选择一款干红葡萄酒，或许效果不太好，不如试一试干白葡萄酒？

鲁菜与葡萄酒

“八大菜系”之一的鲁菜，现在的地位或许有些“尴尬”，但是论历史地位和烹饪工艺，恐怕其他菜系是难以望其项背的。鲁菜给人的感觉有点像上海的本帮菜，同样浓油赤酱，擅长使用酱油炒糖色，菜品以“酱香”为主，非常适合搭配一款酒体适中的干红葡萄酒。当然，鲁菜中也有“官府菜”的流派，如清汤菜中的开水白菜（一说起源于鲁菜）、乌鱼蛋汤等，就需要搭配非常轻盈的白葡萄酒或者香槟酒。在山东沿海地区，厨师们善于烹制各类海鲜，尤其以“葱烧海参”闻名。有人问：“吃葱烧海参需要搭配什么样的葡萄酒？”虽然海参没有味道，需要“借味儿”，但仍旧是一道海鲜菜品，这道菜大量使用了酱油和糖，搭配干白或者干红都是可以的。在一些知名的老字号鲁菜馆里，我们总能看到葡萄酒的身影，而山东也是中国著名的葡萄酒产区，山东烟台有着中国“海洋葡萄酒”产区的名号，并且盛产优质的葡萄酒。山东人对葡萄酒有一种别样的情怀，因此在鲁菜的餐桌上，也少不了各种各样的葡萄酒。

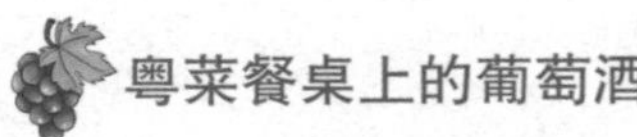

粤菜餐桌上的葡萄酒

粤菜是中国八大菜系之一，在广东也有“食在广州，厨出凤城”的俗语。广东作为中国最早开放的地区，许多餐饮界的朋友接触了大量的“西餐文化”，因此也将西餐的部分烹饪工艺借鉴到粤菜的制作中，推出许多新品菜式。新品粤菜是“中西合璧”的代表，既有中国南方菜的清淡、典雅，也有西方餐饮的搭配工艺，因此，粤菜非常适合与葡萄酒摆在一起。对于使用重口酱料的菜，搭配一瓶赤霞珠，尤其是经过橡木桶陈年的、具有圆润单宁的赤霞珠，绝不会是离经叛道的组合，要知道赤霞珠典型的青椒气息多少都与酱料有些渊源。如果是搭配醋酸味为主的食物，还是要找带有辛香气息的白葡萄酒，才会在口中诞生和谐感，譬如花香味浓郁的琼瑶浆、雷司令。那么对于蒜泥入味的禽类美食呢，那就回归干红葡萄酒吧，它总能够与食物美好相处。当然，这些只是一种建议。潮汕地区的卤味美食又应该如何搭配呢？有资深的老饕推荐，潮汕卤味搭配白兰地是很好的选择。

上海餐桌上的葡萄酒

上海菜也是交相融合的菜系，有传统的本帮菜，浓油赤酱，深受北方菜系影响；上海的宁波人很多，因此宁波菜也在这里扎根儿；淮扬菜在这里也能看到，粤菜也是如此……当然，上海人的融合菜还体现在“海派西餐”上，是上海人自己的“西餐”，如炸猪扒、烤麸等。那么，这些上海菜搭配葡萄酒不是很和谐的一件事吗？至少在我看来，一点也不违和。上海也有一种做法独特的红烧肉，搭配一款酒体适中且能够增加红烧肉口感层次的黑皮诺干红葡萄酒，会不会给食客们带来别样的感受？腌笃鲜也是上海的特色菜，许多外地人不敢轻易尝试，但是对上海人来说，却是一道神奇的美食，更是“大自然的馈赠”。这样一道菜如果能够搭配上等的干白葡萄酒，会不会更加完美？烤麸是一道非常有意思的小吃，在其他地方很难找到，这一类面筋食物味道非常浓郁，口感软糯，非常适合搭配半干型的葡萄酒，或者来一杯意大利的莫斯卡托也是极好的。总之，上海人非常喜欢葡萄酒，在这里，葡萄酒经常是餐桌上的C位大咖。

红烧肉与葡萄酒的搭配

红烧肉也是一道重口味的菜肴，需要搭配一款酒体饱满、能够提升红烧肉复合型口感的葡萄酒。因此，有一些美食家在吃红烧肉的时候会选择一款赤霞珠干红葡萄酒，赤霞珠干红似乎能够与红烧肉的“浓油赤酱”相得益彰，且不失葡萄酒自身的风味。红烧肉与葡萄酒的搭配，即便是从专业烹饪角度来看，都算是恰到好处，葡萄酒中的单宁虽然会

在口中产生干涩感，但是却可以柔化肉类的纤维，让肉质变得更细嫩，这正是红葡萄酒适合配红肉的主要原理。一款合适的葡萄酒，最好是清新的口感与紧致的单宁结合得比较好的，正好可以化解红烧肉的油腻，和“浓油赤酱”达到一个平衡，而肉汁与葡萄酒微妙的果香混合，让肉的香味更加丰富，口感更为轻盈。

火锅适合搭配的葡萄酒

吃火锅可以喝红葡萄酒吗？当然可以。在中国，火锅的类型有很多，不同的火锅可以搭配不同类型的葡萄酒。北方地区传统的火锅是“涮羊肉”，最传统的羊肉涮锅是铜锅，锅底通常是清汤，因此涮出来的羊肉也是清淡、细嫩的，需要搭配韭菜花腐乳之类的调料。那么，涮羊肉应该搭配什么样的葡萄酒呢？许多老饕推荐口感轻盈的白葡萄酒，尤其是霞多丽干白。在广东地区，有一种火锅是海鲜火锅，这种海鲜火锅要么是清汤打底，要么是老火粥打底。海鲜火锅可以搭配酸度适中的葡萄酒，如灰皮诺葡萄酒等，酒体轻盈，口感也十分清新，能够与火锅产生“相辅相成”的效果。四川和重庆的火锅主要是麻辣火锅，这样的火锅是典型的重口味，火锅锅底通常是用牛油熬制的，会给人一种油腻又麻辣的强烈刺激感，因此需要选择一款可以降低刺激感的葡萄酒，比如香槟或者莫斯卡托阿斯蒂等起泡酒，当然如果想口味重一些，也可以搭配西拉葡萄酒。在广东潮汕地区，非常流行牛肉火锅，这类火锅吃的是牛肉的原汁原味，因此也要选择口感略微清爽高雅的葡萄酒，如干白葡萄酒，它能很好地还原牛肉的鲜甜，给人带来更好的饮食享受。

冒菜搭配葡萄酒

什么是冒菜？在四川，有这样一句话：“火锅是一群人的冒菜，冒菜是一个人的火锅。”换言之，冒菜是一种可以简化的“火锅菜”。有人说，冒菜难登大雅之堂，它太过市井化。每天晚上，成都的许多巷弄里面，就会排起长队，男男女女，穿得也是花花绿绿，等着享受一顿冒菜，他们都喜欢这口地道、“巴适”的味道。许多冒菜店提供的酒水主要是碳酸冷饮和啤酒，仿佛只有碳酸冷饮和啤酒与冒菜才是最合适的。其实，吃冒菜也可以喝点葡萄酒，甚至没有什么违和感。我有一位成都朋友，从事自媒体工作的，平时的主要工作就是“探店”，与此同时他也是一位葡萄酒爱好者。有一次，他带着朋友去一家冒菜店吃冒菜，然后带了一瓶雷司令干白葡萄酒，到了店里，他让店主帮他放进冰柜冰镇，冰镇好后一边吃冒菜，一边与朋友分享干白葡萄酒。吃完之后，他非常开心地说：“没想到干白葡萄酒竟然与冒菜毫不冲突，甚至可以互补，太美妙了！”换言之，对于那些真正喜欢葡萄酒的人而言，吃冒菜喝干白也是很爽的一件事。

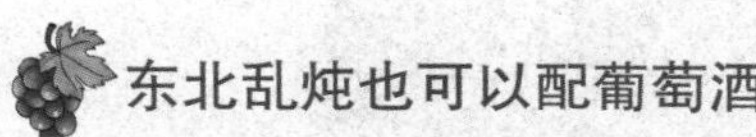

东北乱炖也可以配葡萄酒

汪曾祺写过一句话：“四方食事，不过一碗人间烟火。”这句话很好地体现了北方人的饮食理念，尤其是冬日大雪覆盖的东北，这里的美食也是“粗犷”的。大家知道东北乱炖这道菜吗？在中国东北，几乎是家喻户晓的。传统的东北人，吃东北乱炖的时候，一定会喝一点白酒，尤其是高度白酒——烧刀子。北方是寒冷的，尤其是东北，过去天寒地冻，旷野无人，人们只能躲在家中取暖，但是，现在的人们生活条件好了，会逐渐地改变一下饮食、饮酒的习惯。因此，我们看到东北大锅台也随之南下，逐渐来到了长江流域，甚至扎根下来，那些原本喜欢喝烧刀子的食客们渐渐老去，被年轻人所代替。这些年轻人不再以喝烧刀子为主流，反而会“噌”的一声打开葡萄酒品尝起来。其实，东北乱炖与葡萄酒一点也不违和，如果搭配一瓶酒体厚重、口感浓郁的干红葡萄酒也是不错的，至少不会令人失望。

北京烤鸭与葡萄酒的碰撞

或许北京烤鸭才是中国在世界饭圈内名气最大的一道菜，姚明和家人在休斯敦开了一家“姚餐厅”，餐厅最畅销的菜就是北京烤鸭。很多来中国游玩的外国人，只要到了北京，就要去王府井排队，去全聚德尝尝烤鸭。北京烤鸭是“烧烤的艺术”，需要有“片鸭”的绝技。以前人们吃烤鸭往往喝点白酒，如今选择的范围更大，难道不能搭配一点葡萄酒吗？如果搭配一款酒体适中、口感柔和、花香丰富的干红，比如梅洛干红葡萄酒或者西拉干红葡萄酒，就会为烤鸭的美味“锦上添花”。当然，葡萄酒还有解腻的功效，能把油脂丰富的烤鸭变成真正的酥而不腻的烤鸭。

花生米也可以配葡萄酒

每年世界杯期间，许多球迷朋友会囤大量啤酒，然后将啤酒放进冰箱，等着比赛开始。球迷看球时，啤酒是一种“情绪催化剂”，赢球的时候喝酒，输球的时候也喝酒。在中国人的眼里，最好的酒伴恐怕就是花生米了。花生是一种非常常见的油脂型植物果实，通常将其油炸或者烘焙后制成花生食品。我身边的球迷朋友绝大多数会在看球赛时选择啤酒和花生米的搭配，啤酒喝得多，花生米吃得少。也有朋友问我：“看足球的时候，能选择葡萄酒搭配花生米吗？”其实，球迷看球，喝什么吃什么并不是最重要的，最重要的是享受一场足球盛宴。如果你想换一换胃口，完全可以开一瓶葡萄酒嘛！还有许多球迷，支持的球队大获全胜的时候，也会开一瓶香槟庆祝，同样也能起到活跃气氛的效果。如果你是一个球迷，恐怕不会纠结花生米搭配什么类型的酒水，那为什么许多球迷选择啤酒呢？夏日看球，啤酒的冰爽可以解暑，气泡还能活跃气氛，而且价格便宜。与啤酒相比，葡萄酒价格贵一些，而且不能“一口闷”，毕竟，喝葡萄酒最好还是优雅一些，如果想在看球的时候制造一些氛围，用葡萄酒也是可以的。

宫保鸡丁搭配葡萄酒

大概宫保鸡丁在海外的知名度仅次于北京烤鸭，宫保鸡丁是一道川菜，也是一道鲁菜，甚至还是一道宫廷菜，只是在川菜、鲁菜、宫廷菜里的做法略有不同，但是都叫“宫保鸡丁”。传统的宫保鸡丁还有一个外号，叫“米饭杀手”，换句话说，这道菜非常开胃，非常下饭，一款名为“宫保鸡丁盖饭”的菜品也是享誉全国。有人问：“吃宫保鸡丁的时候，喝点葡萄酒是否可以？”我想，这样一道传奇菜式完全可以搭配一款葡萄酒。宫保鸡丁是一道“五味俱全”的美食，但是其辣而不爆，甜而不腻，麻而不苦，又略带一点点酸，非常适合搭配一款清爽而带着花香的干白葡萄酒。

九转大肠搭配葡萄酒

如果说，鲁菜中最有代表性的海鲜类菜肴是葱烧海参，那么以济南为中心的代表性鲁菜就是九转大肠。虽然九转大肠是一道内脏菜，但是也有一段传奇故事。有朋友问：“九转大肠中的‘九转’是怎么一回事？”其实，九转是道家的词汇，有反复“炼制”之意。光绪年间，济南有个姓杜的老板开设了一家酒楼名曰“九华楼”，在当地非常有名。而九华楼非常擅长制作猪下水，其中“红烧大肠”便是九华楼的一道名菜。后来一群雅士来九华楼吃饭，并当即取名“九转大肠”，而“九转大肠”的名号自此开始传遍各地。九转大肠的制作工艺非常烦琐，前前后后需要很多工序，非常考验厨师功夫。在过去，食客们看到一盘九转大肠就会随手摸到口袋藏着的白酒，一口酒，一口大肠，仿佛只有这样吃才是最为正宗的。其实不然，随着现如今酒文化的发展与进步，那些喜欢这道菜的葡萄酒爱好者们，完全可以用一款梅洛葡萄酿造的干红葡萄酒来搭配食用，说不定也能带来奇妙的饮食体验和感受。

臭豆腐搭配葡萄酒

中华美食源远流长，菜式多样，总能令食客们大开眼界。在中国的经典美食里，竟然还有大名鼎鼎的“人间三臭”。所谓“人间三臭”，就是臭豆腐、臭鳜鱼、螺蛳粉，臭豆腐是“人间三臭”里最有名的，它是香与臭的结合，味与鲜的碰撞。如果吃臭豆腐的时候，喝点葡萄酒会怎样呢？有朋友表示：“臭豆腐是臭的，葡萄酒是香的，臭的与香的结合一下，完全可以中和。”“臭菜”当然可以尝试配葡萄酒，如果选择一款酒体非常霸道、强烈、单宁酸十分“壮硕”的干红葡萄酒，就会压制住臭豆腐的那种“臭”，帮助它释放豆类发酵后的那种香气，会给食用者带来不错的体验。

煎饼馃子搭配葡萄酒

煎饼馃子是一个典型的中国小吃，也是天津小吃的代表之一。作家白佩云在一篇散文《儿时的年味儿——煎饼馃子》中写道：“上好的煎饼馃子，面糊由绿豆面、小米面、玉米面三合面组成，加上上等的五香调味、大大的甜面酱、少许豆腐以及生葱，最后还可以加点香菜……如果你往煎饼馃子里撒胡椒面儿，那叫‘有面子’，如果你把煎饼馃子摊成方的吃，那就是‘做人方正’，如果给方正的煎饼馃子夹火腿香肠吃，那就是邪门歪道的吃法。”其实，煎饼馃子的这种“邪门歪道”的吃法早就无法回头了，既有牛肉煎饼馃子，也有猪肉煎饼馃子，甚至还有鸡肉煎饼馃子和海鲜煎饼馃子。这样的煎饼馃子已经不再是传统的素食煎饼馃子，甚至还可以与葡萄酒进行混搭，完全可以按照“红肉配红葡萄酒，白肉配白葡萄酒”的配搭方式，鸡肉煎饼馃子搭配干白，牛肉煎饼馃子搭配干红。

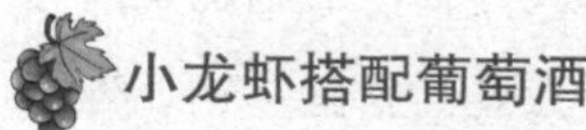

小龙虾搭配葡萄酒

对于那些江湖食客来说，麻辣小龙虾是无法逾越的一道“门槛”，要说横行消夜江湖的“神仙菜品”，也非小龙虾莫属。据说，中国人每年会消耗掉全球80%的小龙虾，可见国人对小龙虾的喜爱完全可以用“疯狂”来形容。现如今，小龙虾与葡萄酒的搭配很常见，小龙虾的做法非常多，不同的做法可以搭配不同风格的葡萄酒。麻辣小龙虾通常是用四川或者重庆产的火锅底料进行炒制，麻辣爽口，香气四溢，需要搭配一款可以缓解舌尖“灼烧感”的葡萄酒，干白或者半甜再合适不过了，而且还能缓解油腻感。十三香小龙虾是这几年颇火的一种做法，也是味道最为复杂的一种，因此需要搭配一款单宁含量较低的葡萄酒，只有轻盈的酒体才能唤醒十三香赋予的滋味。蒜香小龙虾是“江湖名菜”，蒜香既开胃，口感又好，吃蒜香小龙虾，应该搭配一款桃红葡萄酒，不仅可以中和蒜蓉带来的刺激感，还能激发小龙虾的鲜甜。

葡萄酒与长汀豆干

客家菜也是中国无法被忽略的味道，在岭南地区，它才是真正的“主角”。讲到客家味儿，就会想起客家人非常喜欢吃豆腐。有一道豆腐美食——长汀豆干，也叫长汀豆腐干，是福建龙岩长汀县的一道美食，风味独特，驰名中外。早年，瞿秋白曾经写道：“中国的豆腐也是很好吃的东西，世界第一。”长汀豆干采用“酸浆”点卤，火候需要控制得恰到好处才行。对那些嗜酒如命的人来说，长汀豆干是一道绝佳的下酒菜，表皮鲜香，质地柔软，口感鲜嫩，用来下白酒、米酒、葡萄酒皆可。如果搭配一款葡萄酒的话，可以选择一款酒体轻盈、带着花香且红果味道突出的干红葡萄酒，比如西拉干红葡萄酒便是不错的选择之一。当然，对于一款百搭的下酒菜来说，任何一款葡萄酒似乎都可以与之搭配，因此，长汀豆干就像花生米那样，是典型的佐酒神器。

葡萄酒与香肠的搭配

葡萄酒配牛肉、配羊肉，甚至配水果你可能都会听说过，但是葡萄酒配香肠你听说过吗？你知道什么样的葡萄酒搭配川味香肠吗？你又知道什么样的葡萄酒可以搭配广味香肠吗？川味香肠很容易制作，老一辈的人会亲自去采买新鲜猪肉，配上香浓的料酒，加上四川特有的花椒面、辣椒面等，经过腌制后晾干，味道是麻辣鲜香俱全。这样的香肠，可以搭配一款单宁偏薄、果味浓重的红葡萄酒，干型和甜型都不错。葡萄酒中的果味会给香肠带来更为丰富的口感，较薄的单宁不会使辣味留在口中，回味中，香肠的咸、麻和葡萄酒的余香相辅相成，恰到好处。广味香肠也是老少皆宜，是全国人民都喜欢的口味。广味香肠中会加入冰糖，比起川味香肠更增添了几分鲜味。广味香肠所适合的葡萄酒一定是酸甜平衡的，甜味不能太重，否则会盖住香肠的甜味；酸味不能太重也不能没有，否则都会影响肉的口感；单宁也需要丝滑细腻，毕竟不是牛排这样的大肉，还得以细致为主。葡萄酒配香肠，会有不同的味觉享受，而且香肠原本就是一种下酒菜，搭配葡萄酒也是合情合理的。

俄式大餐离不开葡萄酒

俄罗斯人有着“战斗民族”之称，民风彪悍，而且有许多“酒鬼”。俄罗斯人非常喜欢喝酒，不管是伏特加、白兰地，还是干红或干白葡萄酒，只要是酒，就会大口喝。但是俄罗斯人也给许多其他国家的人（尤其中国人）留下了这样一种印象，他们喝酒的时候对菜肴不怎么讲究。有些俄罗斯人拍摄自己的喝酒视频，一根酸黄瓜配一杯伏特加，或者是啃一口面包喝一口酒……其实，真正的俄式大餐是很丰盛、很讲究的。俄式大餐中，红菜汤是最有名的，俄式烤盘肠也十分有趣，味道浓郁的焖罐牛肉、香煎鹅肝，还有烟熏三文鱼、瓦洛佳羊排等都非常适合搭配葡萄酒。俄式大餐的餐桌上永远缺不了葡萄酒，来自东欧的葡萄酒，是俄罗斯人非常喜欢的。虽然俄式大餐与法式大餐、日本料理等相比粗犷一些，但是并不影响吃大餐时喝葡萄酒的心情。记得几年前在一家俄国餐厅，餐厅里放着悠扬的俄罗斯民歌《喀秋莎》，加上红墙、吊灯、油画的渲染，让人不由自主地端起了葡萄酒杯，一饮而尽。

日本料理也需要葡萄酒

美食家蔡澜非常喜欢日本料理，他曾经说过，“渔夫们出海，把抓到的小活鱿鱼扔到酱油之中，鱿鱼大跳，拼命吞墨和吞酱油，等到船靠岸时咸味正足，铺在热饭上面，包你吃三大碗。”日本人似乎也有“不鲜不食”的习惯。其实，日本料理是非常精致的，刺身有刺身的美，手握寿司有手握寿司的美，哪怕是一小碟天妇罗，也会进行精美的摆盘。还有精致的日本怀石料理，美得不可方物，甚至不忍下口。搭配日本料理的第一选择是清酒，第二选择就是葡萄酒了。日本刺身因为是“生食”，搭配一款风味纯净的白葡萄酒或香槟酒是非常雅致的；日本的味噌汤非常鲜，可以搭配一款来自西班牙的雪莉酒；日本人也非常喜欢腌菜，但是日本腌菜十分清爽，有别于韩国泡菜，非常适合搭配一款长相思或者雷司令；而天妇罗搭配灰皮诺干红似乎相得益彰；如果去日本烧烤店吃烧烤，总是少不了一款西拉干红。

日式刺身搭配葡萄酒

刺身主要是海鲜类的生制品，很多人会认为日式海鲜与葡萄酒存在一定的冲突，比如许多日料店提供的酒水，绝大多数是日本清酒。但是，也有朋友问：“我怎么看到许多美食节目里，也有很多食客选择喝葡萄酒呢？”这是仁者见仁、智者见智的问题，如果你想用葡萄酒来佐餐，也不是不行，但是一定要选择一款单宁较低的葡萄酒。还有一些刺身并非海鲜类食物，而是用的牛羊肉，例如日本料理中的和牛刺身。和牛刺身也是非常重要的一道美食，对于这一类刺身，我们或许可以选择一款白葡萄酒来搭配，既能丰富口腔里的层次感，也能最大限度保留和牛自身的口味。有些人喜欢吃金枪鱼刺身，搭配一款水果香气浓郁的葡萄酒也未尝不可，反而能提升金枪鱼的口感，让金枪鱼的鱼肉入口即化。但是一位资深的葡萄酒品鉴师和美食爱好者建议，如果吃刺身搭配葡萄酒，尽量不要选择过于昂贵的葡萄酒，因为这样的葡萄酒中的单宁酸与鱼本身的鲜味会产生一种类似于“铁锈味”的金属味道，抑制人们的食欲，这样会降低刺身和葡萄酒的印象分。

汉堡搭配葡萄酒

一提到汉堡，人们就会想到肯德基、麦当劳这类快餐店里的食物，看起来汉堡确实是一种快餐，似乎与“美食”二字无关。汉堡给人们的印象是，它属于“垃圾食品”范畴，跟营养丝毫不搭边。但是，汉堡也可以被做成花里胡哨的“艺术品”，连地狱厨神戈登·拉姆齐都开起了汉堡店，甚至把汉堡店搬到了亚洲。难道，汉堡仅仅是一种快餐吗？如果我们把汉堡里面的夹心肉换成真正的煎烤和牛，或者M级别的菲力牛排，然后搭配各式各样的蔬菜和奶酪芝士碎，再搭配上一款合适的葡萄酒，恐怕它就是一道美食了。在一个美食节目里，我曾经看到探店小哥在一家美国非常有名的顶级汉堡店吃汉堡，侍酒师也向他推荐葡萄酒。因此，我们还要打破“汉堡就是快餐，汉堡不是美食”这个传统的认知。那位侍酒师是这样推荐葡萄酒的：“先生，您点的这款汉堡是芝士和牛汉堡，口感非常饱满浓郁，层次分明，我推荐您一款赤霞珠干红葡萄酒！”食客欣然接受，一边大口嚼着汉堡，一口喝着杯中的红葡萄酒，非常享受“吃汉堡、喝美酒”的时刻。

西班牙火腿搭配葡萄酒

西班牙火腿是西班牙的“国宝级”美食，而且价格不菲。西班牙火腿也是非常适合下酒的。我经常去各式各样的酒吧，有一次去某城市的威士忌酒吧，这个酒吧的吧台上摆着一只西班牙火腿，许多喝威士忌的人都会点上一小碟西班牙火腿。其实，西班牙火腿也是一个百搭的下酒菜，搭配葡萄酒也是非常好的。西班牙盛产葡萄酒，许多西班牙人吃西班牙火腿时，也会喝一点自己国家盛产的葡萄酒。西班牙火腿有一种淡淡的咸味，然后再释放淡淡的鲜味，并且包裹着带有榛果香的油脂味，如果搭配一些酸度适宜的葡萄酒，让其中的单宁分解火腿中的蛋白质，还会提升火腿的口感，让火腿变得更加细嫩，激发火腿中的芳香。西班牙火腿几乎可以搭配任何葡萄酒，我们可以选择西班牙的干型雪莉酒和干型马德拉酒，也可以选择其他国家生产的干白葡萄酒，或者干型桃红酒，这些葡萄酒都可以是西班牙火腿的“知音”。

正式酒宴的菜品搭配

如果是重要的正式宴会，尤其是葡萄酒宴会，选择菜品是非常重要的。一旦搭配错了，就会给参加酒会的朋友们带来不适的感觉。因此，在这样的宴会上，我们需要坚持按照葡萄酒搭配美食的基本原则进行搭配。

干红葡萄酒：干红葡萄酒是最为常见的葡萄酒，常见的搭配红肉，如果酒会上有干红葡萄酒，就要坚持这样的搭配原则。选择一些红肉，或者动物的内脏（鹅肝之类）及辛辣的食品来搭配，这样不仅可以唤醒食物，还能提升干红葡萄酒的饮酒体验。

干白葡萄酒：干白葡萄酒较干红葡萄酒的酒体更加轻盈，果香更加浓郁，微酸的口感可以消除甜腻。因此，干白葡萄酒可以搭配一些海鲜，或者适当的甜品，会给人一种“妙不可言”的感觉。

白兰地：白兰地是一款百搭的酒，搭配任何一种食物都是可以的。只不过，白兰地属于烈酒，一定要在酒宴的后面出现。

起泡酒（包括香槟）：起泡酒是轻盈的，而且酒精度数很低，能够给人带来活泼的感觉。这类酒非常适合充当开胃酒，如果前菜是沙拉或者甜品，是非常适合的。

如果葡萄酒爱好者在正式的酒宴上按照这样的方式进行搭配，通常不会“翻车”。

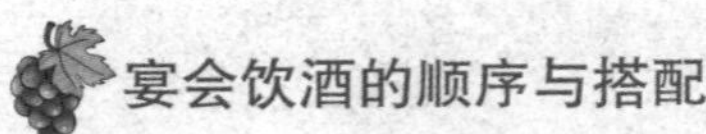

宴会饮酒的顺序与搭配

宴会饮酒有一套大致流程，尤其喝葡萄酒。餐前酒，也就是开胃酒，这类葡萄酒一般要求酒精度数较低，有很好的酸度平衡，能帮助就餐的人们打开味蕾，进入“吃饭”的状态。因此，许多侍酒师会推荐一款香槟，或者干白葡萄酒，帮助人们打开味蕾的同时，还能让人们感受初遇葡萄酒的魅力。喝完餐前酒，吃完了“头盘”，也就正式进入主题了。主题佐餐酒，应该根据主餐的食物进行选择，当然尽量还是坚持“红葡萄酒配红肉、白葡萄酒配白肉”的原则。如果是搭配牛排这类美食，应该准备一款品质过硬的干红葡萄酒；如果是白肉、海鲜等菜品，就应该搭配干白葡

萄酒。需要提醒的是，准备的葡萄酒数量不宜过少，宁可剩下，也千万不能不够，应当给参加宴会的朋友留下大方的好印象，这也是中国人的宴会传统，并不算一种奢侈的习惯。如果是西式酒会，最后一道菜通常是甜品，理应搭配与甜品相关的葡萄酒，一瓶白兰地或者甜酒，都是非常好的选择；如果是中式宴会，最后的菜品通常是主食部分，酒水环节也就可以随之结束。

商务宴请的饮酒顺序

许多朋友问我："我有许多商务宴请的机会，经常组织商务宴请活动。如今，商务宴请活动多以'葡萄酒'为主题，宴会酒桌上也会摆放葡萄酒，我这个葡萄酒小白应该如何选择葡萄酒呢？有没有具体的顺序在里面？"葡萄酒搭配确实有一个顺序，而且这个顺序也是葡萄酒圈子里面约定俗成的，因此，葡萄酒新人们完全可以按照这个流程顺序进行：

1. 先干后甜：意思是说，先喝干型葡萄酒，再喝甜型葡萄酒。干型葡萄酒有一定的酸度，能够起到开胃作用，而甜酒则完全不同，有着抑制食欲的效果，更加适合餐后喝。

2. 先白后红：通常来说，干白葡萄酒比干红葡萄酒的酒体更加轻盈一些，也更加适合放在前面。当然，干白葡萄酒的酒精度数也会比干红葡萄酒的酒精度数更低，更容易入口。

3. 先轻后重：所谓的"轻"与"重"，指的是葡萄酒的酒体轻重，比如赤霞珠干红葡萄酒的酒体要比黑皮诺干红葡萄酒的酒体厚重，应该坚持先轻后重的原则，因为酒体厚重的葡萄酒需要更长一点的醒酒时间。

除此之外，如果酒桌上有不同年份的葡萄酒，还应该坚持"先新后陈"的顺序。只要葡萄酒新人们坚持上面的原则安排葡萄酒，通常不会"翻车"。

日常聚会畅饮美酒

中国有"酒逢知己千杯少"的俗语，老朋友见面，往往要喝一点酒。我有几个北方朋友，特别喜欢扎堆儿喝酒，他们的聚会目的就是"喝点儿"，偶尔也会组织葡萄酒酒局。这群人也是葡萄酒爱好者，既然喝葡萄酒，也会按照我们之前讲述的葡萄酒宴会的顺序组织安排葡萄酒，这个顺序是不会轻易变动的，先安排餐前酒，然后是佐餐酒，最后是餐后酒。当然，还有一些不那么严谨的葡萄酒酒局，比如组织吃大排档，没有什么餐前、餐中、餐后的顺序和概念，一种葡萄酒也足以解决问题。如果在场的朋友较多，大家都想多喝一点，选择一款品质过关、性价比较高的佐餐酒即可，也可以按照“先干白后干红”的顺序，携带两款酒。当然，也有一款酒“打遍天下无敌手”的玩法，直接搬两箱葡萄酒开怀畅饮。最后还是要提醒一下，畅饮虽好，可不要贪杯哦。

不必追求饮酒的最佳顺序

有朋友问我：“起泡酒、淡酒、主酒、冰酒的顺序合理吗？”如果是在一个标准的西餐式的葡萄酒宴会里，这个顺序是合理的，但不一定是最佳的。葡萄酒宴会，虽然以葡萄酒为主，但仍旧是“氛围第一，喝酒第二”。如果我们过于追求这样的顺序，也会给参加葡萄酒宴会的朋友一种压力。在我看来，如果是西餐宴会，并且能够明确地区分餐前、餐中、餐后，可以采取这样的上酒顺序，但是这个顺序原则也只是一个选项，同样有其他合理的顺序安排。对于一个葡萄酒新人来说，在一场普通的聚会中一次性安排 4 种，甚至四种以上的葡萄酒是非常考验人的，如果安排不好，就会“翻车”，尽量还是选择 2 ～ 3 种，不宜超过 3 种葡萄酒。如果是中式宴会，没有餐前、餐中、餐后的严格区分，选择两款葡萄酒就足够了，“先干白后干红”，干白干红各一种。其实，我们不用过于追求“唯一答案”或者“最佳顺序”，在葡萄酒圈子里，饮酒顺序不是唯一的，只要能够在你的酒局上营造足够的气氛就可以了。

第十五章 爱好者的葡萄酒品鉴

作为葡萄酒爱好者，品酒、赏酒、论酒是必然经历的过程，有一定的品鉴经验很有必要；对于自己选酒、与朋友聊天、从事葡萄酒生意等都很有帮助。懂得品酒并且谈资丰富，在朋友的面前就算是一名“品酒师”了。

葡萄酒品酒步骤

一个懂葡萄酒的人，一定懂得如何去品尝和欣赏葡萄酒，也能掌握喝葡萄酒的顺序。通常来说，喝葡萄酒有四个步骤。

第一步，取酒。想要喝酒，肯定要先选择一款想喝的葡萄酒，而且要选择温度恰到好处的葡萄酒。白葡萄酒与红葡萄酒都有自己的最佳饮用温度，取葡萄酒时要考虑这一点。

第二步，倒酒。有一些人喜欢在倒酒之前摇晃一下，但葡萄酒会有一些沉淀，正确的倒酒方式是均匀用力倒酒，最好不要在倒酒之前摇晃酒瓶，要让沉淀物继续留在瓶底。

第三步，醒酒。通常来说，酒体强壮的干红葡萄酒需要醒酒，珍藏佳酿需要的醒酒时间较长，餐酒需要的醒酒时间较短。酒体强壮的干白葡萄酒也需要醒酒，起泡酒、白兰地等一般不需要醒酒。

第四步，品酒。品酒，也就是真正意义上的饮酒。即使是价值连城的稀缺葡萄酒也是用来喝的，葡萄酒一旦过了最佳饮用时间，也就无法把最好的味道留给想喝酒的人了。

葡萄酒的色、香、味

关于葡萄酒的品饮，大家可能听过“观其色、闻其香、品其味”的说法，确实，葡萄酒的色、香、味是品饮的重点。

观其色，就是观察葡萄酒的颜色。葡萄酒有许多品种，不同品种颜色不同。干红葡萄酒是红色的，这种红色也分色度；白葡萄酒一般并不是白色的，而是浅黄色，也有金黄色的；桃红葡萄酒是桃红色；白兰地是琥珀色。

闻其香，就是闻葡萄酒的香气。葡萄酒都有自己的香气，干红与干白的香气是不同的。有一些资深葡萄酒爱好者，他们通过葡萄酒散发的香气就能说出这款葡萄酒的产地，甚至能说出酿酒所用的葡萄品种。干红葡萄酒有一种巧克力和浆果混合的香气；干白葡萄酒则不同，花果香气更足一些。还有一些高档葡萄酒甚至混合了奶香，实在令葡萄酒老饕们震惊。葡萄酒的香气源于葡萄汁，有些朋友说，葡萄酒中还有一些说不出名字的香气，比如类似皮革的气味等。

品其味，就是品尝葡萄酒的口感味道。这种口感味道与香气是相辅相成的。品酒时一般要品尝葡萄酒的甜味、酸度、酒精度和涩味，这四种味觉元素构成了葡萄的平衡感、口感浓郁度和结构感。挂杯好的葡萄酒一般在口感上会表现出酒体的圆润醇厚、酸度平衡、酒精度适中、优质单宁丰满浓郁，且具有结构感，回味绵长。

当然，观其色、闻其香、品其味是葡萄酒爱好者的必修课，一定要在品酒实践中多加研究。

观察葡萄酒的颜色

“观其色”的说法，其实早在古籍《黄帝内经》中就有写：“观其色，察其目，知其散复；一其形，听其动静，知其邪正。右主推之，左持而御之，气至而去之。”当然，这里的“观其色”是观人的气色，而不是观酒色。在中国的白酒品鉴里，也有“观

色”。有朋友会产生疑问：“难道白酒也有颜色吗？白酒不都是无色透明的吗？”其实，白酒也有颜色，通常来说，优质的白酒是清亮透明的，不会产生杂质和沉淀，并且有非常好的挂杯效果，而一些品质不好的白酒可能酒色浑浊，甚至有明显沉淀。葡萄酒也有类似之处，同样都是干红葡萄酒，不同葡萄酿造的干红，颜色会有细微的差别；干白葡萄酒也是如此，有的金黄，有的浅黄。通过观察葡萄酒的颜色，老酒客就能大概分辨出葡萄酒的品质。如果一瓶葡萄酒的颜色是浑浊的，甚至产生了絮状的沉淀物，则说明这瓶葡萄酒十有八九是变质坏掉了。还有一些年份比较长的葡萄酒，也会产生沉淀物，但是这种沉淀物与变质形成的絮状物是不同的。此外，干白葡萄酒还有一个特点，随着年份的增加，葡萄酒的颜色会变深，比如同样是霞多丽干白，年份更长的霞多丽干白要比年份更短的霞多丽干白颜色深。

闻识葡萄酒的香气

电影《闻香识女人》感动了无数人，很多人将“闻香”引入到酒文化当中，想要揭开葡萄酒的神秘面纱，也要学会“闻香识酒”。不同葡萄品种的葡萄酒，或不同产地的葡萄酒都会表现出不一样的风格。那么，我们该如何闻葡萄酒香呢？通常来说，闻香有三种，按照顺序，先要静止闻香，然后是摇杯闻香，最后是破坏闻香。静止闻香，就是酒倒进杯中，然后将鼻子靠近酒杯，集中精力吸一口气。摇杯闻香，就是在感受到葡萄酒的基本香气后，进行的二次闻香。摇杯的目的是让葡萄酒与空气充分接触，并且让部分酒精进一步挥发，这时便能闻到葡萄酒的复杂香气。最后一步是破坏闻香，即剧烈摇晃酒杯，让酒体与空气进一步碰撞，也让葡萄酒中的二氧化硫等不好的成分的气味得到挥发，最终捕捉到葡萄酒的真实香气。

品尝葡萄酒的味道

葡萄酒是一种神奇的饮品，品鉴葡萄酒也是葡萄酒爱好者的必修课程。我们应该如何品鉴葡萄酒呢？众所周知，葡萄酒中的内含物非常丰富，其味道不仅有糖分带来的甜度，而且还有一定的酸度和涩度，这些滋味构成了葡萄酒的酒体结构。葡萄酒中的甜度主要来自葡萄本身含有的糖分，干白、干红的糖分含量不高，几乎感受不到甜味，甚至还会被酸度掩盖，这就需要葡萄酒爱好者细品了。葡萄酒的酸，是多种成分的酸味组成的，比如葡萄酸、酒石酸、苹果酸、乳酸等，如果一款葡萄酒的酸度比较高，在口感上也会表现出非常轻盈、活跃的特点，低酸度的葡萄酒则给人一种非常平淡的感觉。葡萄酒中的单宁同样不可忽略，单宁主要源于葡萄果皮和橡木桶，重单宁的葡萄酒给人一种青涩感。除了糖分、酸和单宁之外，葡萄酒作为一种酒，里面当然含有酒精。高酒精度的葡萄酒通常用成熟度高的葡萄酿造，澳大利亚的葡萄酒的高酒精度就极好地诠释了这一点。

盲品葡萄酒

如果葡萄酒爱好者想要更上一层楼，甚至想要考取“品酒师”证书，就要学会盲品葡萄酒。盲品也有一些诀窍，“观其色、闻其香、品其味”就是盲品的重要环节，与此同时，我们还要通过“盲品”猜到葡萄酒的产地、年份和葡萄品种。在某次葡萄酒品鉴会上，组织方选择了六款不同国家、相同年份、价位相当的赤霞珠干红葡萄酒。同为赤霞珠葡萄酒，但是产地不同，便有不同风格。有一位有经验的品酒师竟然准确无误地说出六款赤霞珠干红葡萄酒所属的国家。还有一些品鉴会是“年份垂直品鉴会”，选择同一庄园的相同酒款、不同年份的葡萄酒供人品鉴，有的品酒师不仅能从盲品中判断出葡萄酒的年份，甚至还能品出一些当年的天气信息。众所周知，不同年份的天气是不同的，雨水少的夏天，生产的葡萄品质会高一些，而多雨的夏季则会让葡萄的品质受影响。当然，葡萄酒盲品是属于实践课，许多葡萄酒爱好者经常与葡萄酒打交道，积累了很多的葡萄酒品鉴经验，才能参加葡萄酒盲品赛事，或者通过盲品的方式获得葡萄酒中的更多信息。

葡萄酒酸涩感的来源

许多朋友都有这样一个问题：“葡萄酒有一种酸涩感，这样的葡萄酒是否已经变质？”其实，葡萄酒有一种酸涩感是正常的，葡萄酒中的酸涩感源于单宁和酸类物质。葡萄酒中的单宁是一种酚类物质，在葡萄酒的制造发酵过程中，单宁溶解到酒液中，给葡萄酒带来一种青涩的感觉。但是，单宁也是一种抗氧化剂，能起到抗氧化的作用，因此有些女性朋友会购买“葡萄酒面膜”，据说葡萄酒中的单宁还能起到抗衰老的作用。葡萄酒中的酸味，源于葡萄酒中的各种酸类成分，比如酒石酸、葡萄酸、苹果酸等，其中酒石酸还会在葡萄酒的存放过程中产生“酒石”，就是我们常说的类似于玻璃碴的沉淀物。一瓶优质的葡萄酒一定有酸度和涩度，而酸度与涩度构成了葡萄酒口感的“骨架结构”，如果涩度刚刚好，既不会刺激舌头，也不会掩盖葡萄酒中的果香，反而会在酸度的激发下，让葡萄酒更易入口。通常来说，干红葡萄酒的单宁含量高一些，而干白葡萄酒的单宁含量低一些。

葡萄酒的颜色来源

葡萄酒拥有着许多种颜色，不只有红色和白色。有人问：“葡萄酒的颜色来自什么成分？”其实，葡萄酒的颜色主要来自葡萄酒中的色素，也就是葡萄内含的色素。有些葡萄品种颜色非常深邃，就会酿造出颜色较深的葡萄酒。白葡萄酒采用了去皮工艺，榨取的葡萄汁色素浓度较低，酿造出来的葡萄酒颜色较浅。除此之外，葡萄酒随着时间的延长，其颜色也会逐渐加深，尤其是白葡萄酒。另外，葡萄酒的颜色还与葡萄的成熟度有关，葡萄成熟度越高，酿造的葡萄酒颜色越深，反之则越浅。

红葡萄酒的主色调是宝石红色，但是年轻的红葡萄酒呈现出鲜活的紫红色，而时间略长的红葡萄酒则呈现出石榴红色甚至是红棕色。白葡萄酒的新酒通常是浅黄色或者黄绿色，而有一定年份的

白葡萄酒则会呈现出金黄色，或者黄棕色。桃红葡萄酒也有许多种颜色，既有桃红色，还有玫瑰色、薰衣草色、草莓色，甚至是橘黄色。其中，薰衣草色的桃红葡萄酒是比较年轻的酒，而玫瑰色是桃红葡萄酒中比较常见和经典的颜色。

葡萄酒有苦味的原因

如果在品鉴葡萄酒的时候品尝到一种苦味，那可能是葡萄酒自身的问题了。人们常常把“苦涩”放在一起说，但在葡萄酒口感上，苦就是苦，涩就是涩。葡萄酒的涩是葡萄酒中的单宁导致的，只要存放得当，醒酒方法正确，这种涩感就会减弱，甚至达到平衡。但是葡萄酒中的苦味与涩完全是两回事，葡萄酒中的苦，是一种缺陷。葡萄酒的苦味是怎么产生的呢？酿造工艺不达标，酿酒设备落后，卫生处理不当，葡萄酒就会发苦。如果葡萄酒在酿造过程中，盲目追求产量，将葡萄籽碾碎，就会让大量的劣质单宁融入酒体中，葡萄酒的味道会更加苦。因此，追求品质的酿酒师都会严格控制葡萄酒的产量，甚至人工挤压葡萄汁。如果葡萄酒在橡木桶内的存放时间过长，也会因为酒体内融入太多单宁而发苦。所以说，葡萄酒存放在橡木桶里的时间不宜太长，太长也会引起过度浸渍的问题。最后一点，如果葡萄酒酒体氧化过度，也会产生苦味，而且葡萄酒自身的香气也会受损。

葡萄酒的皮革味

许多朋友问：“为什么我在喝葡萄酒的时候还会闻到一种皮革味？这种皮革味来自哪里？与现实中的皮革存在关系吗？”当然，葡萄酒中的皮革味与现实中的皮革没有任何关系，也没听说将皮革浸泡在葡萄酒里从而获得皮革味的工艺。葡萄酒中的花香、果香、咖啡香、巧克力香，甚至烤面包香都是常见的香气，偶尔还能闻到奶香，但是，葡萄酒中的皮革味也是确确实实存在的。喜欢威士忌的朋友们都知道，威士忌就有类似于皮革的气味，甚至在白兰地中也能找到这种气味。这其实也是单宁造成的。葡萄酒中的单宁与葡萄酒酵母中的蛋白质进行结合，产生一种特殊的物质，这种物质会有一种类似皮革的味道。当然，拥有皮革味的干红葡萄酒很有可能是一款非常不错的葡萄酒，单宁含量丰富的葡萄酒，可能是橡木桶陈酿过的葡萄酒。

有些人担心皮革味是劣质葡萄酒的表现，其实不用担心，法国南部生产的许多干红葡萄酒都带有皮革的味道，甚至皮革味还是法国南部葡萄酒的典型特征。

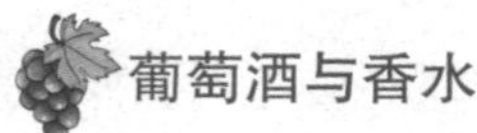

葡萄酒与香水

很多葡萄酒会有一些特别的香气，有的仿佛有香水的味道。其实酒和人一样，每款酒都有自己的性格，不论是香气、酒体，还是味道，都会或温和，或浓烈，但是酒的香气会决定人的第一印象。打开瓶塞，源源不断涌出的香气会一直诱惑着品尝者。好的香气能直达灵魂，唤醒内心。葡萄酒与香水有着非常隐秘的关系，甚至有人说，葡萄酒是酒类中的香水。其实，在香水世界里，也有香水师用葡萄酒制造香水，也叫葡萄酒香水。有一个名叫凯利的香水师在一次葡萄酒品鉴会中产生了灵感，她发现，葡萄酒所释放的香气与香水的香型十分相似，于是设计了五款独具特色的葡萄酒香水，它们分别是长相思、赤霞珠、雷司令、霞多丽和梅洛。这些香水风格迥异，但是又相互协调。长相思香水散发着一种柚子、阳桃的味道，非常清新，比较适合约会。曾经的女神梦露，一生挚爱两样东西：香水和葡萄酒。她曾经在一次商拍中提出条件，为她准备三瓶 1953 年的唐培里侬香槟，和一款让她爱得不行的香水——香奈儿 5 号香水。

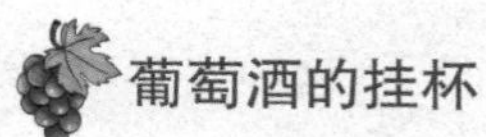

葡萄酒的挂杯

喜欢喝酒的人都听到过“挂杯”这个词，许多人判定酒水品质高低的标准之一就是“挂杯”。挂杯的酒液，就像是葡萄酒的“眼泪”，有如同泪滴的感觉，很多人以为能够挂杯的葡萄酒才是高品质的葡萄酒。其实，这只是一种生活经验，并不能成为判断葡萄酒品质高低的标准。葡萄酒的挂杯现象与单宁有关，丰富的单宁让葡萄酒的酒体变得厚重，当然也与葡萄酒酒体中的酒精、残糖、甘油等成分有关。但是，葡萄酒的品质并不是以单宁、残糖、酒精、甘油以及其他内含物的含量高低为参照标准的，而是以葡萄酒内所有物质的比例所形成的均衡口感来判断的。葡萄酒的品质取决于香气的丰富性和复杂性、口感上的均衡度，以及是否有着长久的幽香回味。如果一款酒仅仅只是挂杯出色，而均衡度很差，这样的葡萄酒也不是优质的葡萄酒。

葡萄酒的初闻和二闻

葡萄酒的“闻香”很是关键，通过闻香可以感受葡萄酒的风格和特点，才能与葡萄酒“交流”。当然，并不是所有的葡萄酒都有着雅致的香气和迷人的风格，或许也有一些“李鬼”在里面滥竽充数。在葡萄酒圈子里，我们经常听到“初闻”与“二闻”的说法，难道初闻与二闻还有区别？就像一位朋友问的：“不就是闻香吗？难道还要闻两次？”在我看来，初闻意味着葡萄酒留给人们“初步印象”，就像两个人见面，第一眼是非常重要的。如果第一眼印象不好，也就不会有未来的故事了；如果第一印象非常好，那才能建立最基本的关系。二闻，就是在初闻的基础上进一步巩固这种印象。再有经验的人，也有看走眼的时候。二闻葡萄酒，需要适度地摇晃酒杯，让葡萄酒的香气充分释放出来，用短促的呼吸方式闻 2～3次。此时，人的嗅觉也能彻底打开，葡萄酒中所包含的各种香气（水果香、花香、香料味、炙烤味、皮革味）也会充分释放出来，由神秘变得不再神秘，二闻也能使人对一款葡萄酒的判断更准确。

有紫罗兰香气的葡萄酒

著名的畅销书作家安德鲁·马修斯在《宽容之心》一书中写道："一只脚踩扁了紫罗兰，它却把香味留在那脚跟上，这就是宽恕。"紫罗兰是一种美丽的花卉，也是芳香宜人的花卉，甚至还是爱情的象征。在葡萄酒的香气中，也有一种紫罗兰的味道，尤其在红葡萄酒中，那种芳香宜人的紫罗兰气味来自葡萄里的 α－紫罗兰酮和 β－紫罗兰酮两种物质，这两种物质也是紫罗兰香水所需的提取物。通常来说，用梅洛、小维铎、西拉、黑皮诺、慕合怀特、内比奥罗、马尔贝克、佳美等葡萄酿造的红葡萄酒会带有明显的紫罗兰香气。当然，许多葡萄酒爱好者第一次闻到的带有紫罗兰花香的葡萄酒往往来自法国，比如来自法国波尔多产区的混酿，而波尔多地区多以梅洛为主要酿酒葡萄，然后再进行混酿。法国勃艮第产区的黑皮诺红葡萄酒也拥有着迷人的紫罗兰香气，甚至还能闻到芬芳的红玫瑰的香气。除此之外，用佳美葡萄酿造的博若莱新酒也有甜美的紫罗兰香气。

麝香味的葡萄酒

麝香是一种动物香，很多人是通过电视剧《甄嬛传》熟知麝香的，争斗不休的后宫嫔妃们，为了距离皇帝更近，不惜使用麝香让自己的竞争对手流产，可谓心肠歹毒……麝香的主要成分是麝香酮，当然还有麝香醇、麝香吡啶等，葡萄酒中也有一种麝香味型的酒。当然，喝麝香味型的葡萄酒不会对身体造成伤害，与电视剧里所描述的情节完全是两码事。根据相关资料，在酿酒领域里，麝香葡萄常常被用来制作天然甜葡萄酒，在比较知名的产区有法国的里韦萨特、芳蒂娜、博姆－德－威尼斯等，希腊的萨摩斯，意大利的潘泰莱里亚，葡萄牙的塞图巴尔，而西班牙的麝香葡萄种类丰富，种植广泛。说到底，带有麝香味道的葡萄酒只是采用麝香葡萄酿造的葡萄酒而已，而这种麝香葡萄酿造的葡萄酒自然而然就会带有这种神奇的动物香气。除此之外，许多麝香类葡萄非常甘甜，水分也很足，非常适合鲜食，甚至价值不菲。

葡萄酒的层次感

什么是葡萄酒的层次感？所谓“层次感”，就是多种元素叠加在一起形成的复合感受。我们可以用一道菜品进行解释。众所周知，川湘菜是辣的，广东菜非常清淡，北方人爱吃咸，口味比较重，西北地区喜欢吃酸，而有一道经典川菜鱼香肉丝，这道菜甜、咸、酸、辣，口味俱全，是典型的味道有层次感的菜品。葡萄酒也是如此，有些品质一般的葡萄酒给人呈现出非常单一的口感，要么是非常辛辣，要么是非常甜腻，要么是非常苦涩，这样的葡萄酒好喝吗？一款优质的葡萄酒，一定不是口感单一的，而是像鱼香肉丝那样有层次感的，从入口到吞咽下去，酒的前味、中味、后味、余味是非常均衡的，而且是多种香气相互深度叠加，就像一个跌宕起伏的故事。比如，当你喝到一款波尔多混酿时，在感受那种饱满厚重的酒体的同时，还能从中品尝到花的香气、烤面包的味道，甚至还有可可或者咖啡的香气，而这就是一款葡萄酒的层次感。

品酒笔记的撰写

许多人有写日记的习惯，记录自己的日常点滴，对于一个葡萄酒爱好者而言，养成写品酒笔记的习惯是非常好的一件事。冰心先生说：“日记是写给自己看的，只要能把自己对这一天周围的一切事物的真情实感自由畅快地写下去，留下心泉流过的痕迹，就好。”写品酒笔记也是如此，只要是真情实感的流露，并不需要在意你的品酒笔记是否权威，也不必与所谓的“标准”达成一致。葡萄酒的品鉴感受是主观的，写笔记更是随心随意的，写品酒笔记的重点在于积累葡萄酒方面的经验。正如葡萄酒品酒大师杰西丝·罗宾逊所说：“学习辨别葡萄酒味道的最简单的方法就是为自己品过的酒做笔记，努力把自己喝过的葡萄酒味道都记录下来。当你知道自己要描述某种葡萄酒时，就会下意识地集中精力，在以后对比葡萄酒时，这些笔记将会为你提供宝贵的经验。”只要你根据自己的品鉴体验，如实地将葡萄酒的颜色、香气、口感、明亮度、酒体浓郁度、结构、层次感、平衡性等信息记录下来，就达到了写品酒笔记的目的。

让品酒变得更有趣更容易

有朋友告诉我：“品酒也是一个苦差事，尤其是从事葡萄酒相关的工作时，品酒是很枯燥的。”是啊，当一个葡萄酒爱好者将爱好变成了职业，曾经的品酒乐趣会随着对葡萄酒的熟悉而变化。也有朋友问我：“如何才能让品酒变得不那么枯燥，甚至成为很有趣的事情？”其实，我也查询了相当多的资料，甚至走访、咨询了许多葡萄酒行业内的精英，他们告诉我一个方法：对比品鉴。有时候，我们的枯燥在于只品鉴一款葡萄酒，这种品鉴因缺乏对比性而让人失去兴趣。如果组织品鉴会，或者自己独立进行葡萄酒品鉴，一定要多安排几款葡萄酒进行对比。比如，同一葡萄品种的垂直品鉴会，完全可以选择多款酒进行品鉴，如波尔多赤霞珠干红、美国加州赤霞珠干红、宁夏贺兰山东麓赤霞珠干红和澳洲赤霞珠干红，有了这种对

比，品鉴才有意思。当然，也可以进行横向品鉴，如同年份、同产区、不同品牌的葡萄酒，或者进行品种品鉴、风土品鉴都是可以的，有了对比，就有了品种与品种之间的“碰撞”，也就能碰撞出激情的火花。

品酒的时候准备矿泉水

有人问我：“品鉴葡萄酒的时候，是否需要准备一瓶矿泉水？”其实，这也是一个很好的问题。如果是正式场合，比如有权威性的品鉴会，组织方都会准备一些矿泉水，让参与者在品鉴不同葡萄酒的时候进行漱口，以此获得最准确的感受。毕竟，不同的葡萄酒有着迥异的风格，换酒的时候漱口，也是非常重要的环节。在品酒的时候，准备一瓶矿泉水还是很有必要的，主要好处有四个：其一，葡萄酒是酒精饮料，尤其是高度葡萄酒（白兰地等），有时候需要用矿泉水进行稀释，从而降低酒精带来的刺激感；其二，喝酒的时候补充水分还能加速乙醇在身体里的代谢，对人体有一些好处；其三，冲淡口腔中的杂味，获得葡萄酒的真实信息，达到品酒、喝酒的目的；其四，有的酒有一种辛辣的刺激感，喝矿泉水可以缓解这种辛辣。

品酒会上的品酒顺序

在品鉴会上品酒时，需要按照一定的顺序进行，即使自己一个人品酒，最好也按照如下的顺序进行品鉴。

第一，先喝起泡酒，再喝非起泡酒。起泡酒非常活跃，酒体轻盈，适合开胃，而静止葡萄酒则更加适合配餐饮用。

第二，先喝干型葡萄酒，再喝甜葡萄酒。干型葡萄酒更适合配餐，而甜酒适合餐后饮用，因为甜酒有“止饿”的效果。

第三，先喝酒体比较轻的葡萄酒，再喝酒体比较重的葡萄酒。如果都是品鉴干红葡萄酒，也要遵循这个顺序。不同品种的干红葡萄酒的酒体轻重有所区别，如赤霞珠干红葡萄酒的酒体较品丽珠干红葡萄酒的酒体更重，品鉴干白也是如此。

第四，先喝干白，再喝干红。干白单宁含量高，口味偏酸，具有开胃作用，干红偏甜的口感更适合佐餐。

第五，先喝年份短的葡萄酒，再喝年份长的葡萄酒。年轻的葡萄酒尚未成熟，风味简单，而年老的葡萄酒早已经熟化，风味更加复杂。

第六，先喝酒精度较低的葡萄酒，再喝酒精度较高的葡萄酒。酒精度数高的葡萄酒有更强烈的刺激感，因此要由浅入深。

品酒要结合葡萄品种和酒庄来讲解

巴西作家保罗·柯艾略认为：“人生路上所经历的一切，都是生活给予我们的一杯杯风味各异的葡萄酒，有些酒你只需浅尝辄止，有些酒你必须一饮而尽。”不同的葡萄酒，给人们带来不同的体验，即使来自同一个庄园，不同年份的葡萄酒，也会带来不同的体验。如果你想做一名优秀的葡萄酒爱好者，并且对品酒感兴趣，那么就需要结合葡萄品种和葡萄酒庄园进行品鉴。不久前，有一位法国朋友组织了一场木桐庄园葡萄酒的品鉴会，并且准备了不同年份的葡萄酒，这种品鉴比较是非常有趣的，我也有幸感受到两款在不错的年份生产的高品质的葡萄酒。法国的波尔多地区有许多庄园，这些庄园都会选择混酿的工艺去酿酒。如果身处一场法国波尔多庄园葡萄酒品鉴会中，我们必须深入了解并结合不同的庄园进行品鉴；除此之外，我们更要熟悉不同品种的酿酒葡萄，结合葡萄品种进行品鉴，这才是“专业人做专业事”，才能在品酒中学习到更多与葡萄酒相关的知识。